普通高等教育“十三五”规划教材(风景园林/园林)

计算机辅助园林设计实训手册

刘　丽　杜　娟　段晓宇　主编

中国农业大学出版社
·北京·

内容简介

本实训手册共分两个案例，分别是案例1办公区环境景观设计图纸绘制实例及案例2居住区环境设计图纸绘制实例。在案例1中，以项目图纸的绘制流程顺序先后介绍了如何运用四个软件(AutoCAD 2016、Sketchup 2015、Photoshop CC、Indesign CS6)进行方案的CAD绘制、彩平的设计及绘制、效果图部分和分析图部分的绘制，以及后期的ID排版及必要的施工图绘制。通过全套流程的操作，使读者可以系统掌握园林设计实例所涉及的图纸绘制具体的绘制步骤及要点。再通过案例2居住区环境设计图纸绘制实例进一步练习方案绘制中需要强化掌握的部分内容。本实训手册提供的操作练习素材参见随书光盘。

图书在版编目(CIP)数据

计算机辅助园林设计实训手册/刘丽，杜娟，段晓宇主编. —北京：中国农业大学出版社，2019.10

ISBN 978-7-5655-2280-2

Ⅰ.①计… Ⅱ.①刘… ②杜… ③段… Ⅲ.①园林设计-计算机辅助设计-应用软件-手册 Ⅳ.①TU986.2-39

中国版本图书馆CIP数据核字(2019)第209381号

书　名 计算机辅助园林设计实训手册

作　者 刘　丽　杜　娟　段晓宇　主编

策划编辑 梁爱荣　　**责任编辑** 郑万萍

封面设计 郑　川

出版发行 中国农业大学出版社

社　址 北京市海淀区学清路甲38号　　**邮政编码** 100083

电　话 发行部 010-62733489，1190　　读者服务部 010-62732336

编辑部 010-62732617，2618　　出　版　部 010-62733440

网　址 http://www.caupress.cn　　**e-mail** cbsszs @ cau.edu.cn

经　销 新华书店

印　刷 涿州市星河印刷有限公司

版　次 2019年11月第1版　　2019年11月第1次印刷

规　格 889×1194　16开本　13印张　365千字

定　价 53.00元

普通高等教育风景园林/园林系列
“十三五”规划教材编写指导委员会

编写人员

主　编

刘　丽（四川农业大学）
杜　娟（四川农业大学）
段晓宇（四川农业大学）

参　编

（按照姓氏拼音排序）

包润泽（铜仁学院）
付而康（四川农业大学）
刘玉平（内蒙古民族大学）
彭俊生（成都理工大学）
冉国强（四川工商职业技术学院）
宋佳璐（四川农业大学）
张　超（长江师范学院）

出版说明

进入21世纪以来，随着我国城市化快速推进，城乡人居环境建设从内容到形式，都在发生着巨大的变化，风景园林/园林产业在这巨大的变化中得到了迅猛发展，社会对风景园林/园林专业人才的要求越来越高、需求越来越大，这对风景园林/园林高等教育事业的发展起到巨大的促进和推动作用。2011年风景园林学新增为国家一级学科，标志着我国风景园林学科教育和风景园林事业进入了一个新的发展阶段，也对我国风景园林学科高等教育提出了新的挑战、新的要求，也提供了新的发展机遇。

由于我国风景园林/园林高等教育事业发展的速度很快，办学规模迅速扩大，办学院校学科背景、资源优势、办学特色、培养目标不尽相同，使得各校在专业人才培养质量上存在差异。为此，2013年由高等学校风景园林学科专业教学指导委员会制定了《高等学校风景园林本科指导性专业规范（2013年版）》，该规范明确了风景园林本科专业人才所应掌握的专业知识点和技能，同时指出各地区高等院校可依据自身办学特点和地域特征，进行有特色的专业教育。

为实现高等学校风景园林学科专业教学指导委员会制定规范的目标，2015年7月，由中国农业大学出版社邀请西南地区开设风景园林/园林等相关专业的本科专业院校的专家教授齐聚四川农业大学，共同探讨了西南地区风景园林本科人才培养质量和特色等问题。为了促进西南地区院校本科教学质量的提高，满足社会对风景园林本科人才的需求，彰显西南地区风景园林教育特色，在达成广泛共识的基础上决定组织开展园林、风景园林西南地区特色教材建设工作。在专门成立的风景园林/园林西南地区特色教材编审指导委员会统一指导、规划和出版社的精心组织下，经过2年多的时间系列教材已经陆续出版。

该系列教材具有以下特点：

（1）以“专业规范”为依据。以风景园林/园林本科教学“专业规范”为依据对应专业知识点的基本要求组织确定教材内容和编写要求，努力体现各门课程教学与专业培养目标的内在联系性和教学要求，教材突出西南地区各学校的风景园林/园林专业培养目标和培养特点。

（2）突出西部地区专业特色。根据西部地区院校学科背景、资源优势、办学特色、培养目标以及文化历史渊源等，在内容要求上对接“专业规范”的基础上，努力体现西部地区风景园林/园林人才需求和培养特色。院校教材名称与课程名称相一致，教材内容、主要知识点与上课学时、教学大纲相适应。

(3)教学内容模块化。以风景园林人才培养的基本规律为主线，在保证教材内容的系统性、科学性、先进性的基础上，专业知识编写板块化，满足不同学校、不同授课学时的需要。

(4)融入现代信息技术。风景园林/园林系列教材采用现代信息技术特别是二维码等数字技术，使得教材内容更加丰富，表现形式更加生动、灵活，教与学的关系更加密切，更加符合“90后”学生学习习惯特点，便于学生学习和接受。

(5)着力处理好4个关系。比较好地处理了理论知识体系与专业技能培养的关系、教学体系传承与创新的关系、教材常规体系与教材特色的关系、知识内容的包容性与突出知识重点的关系。

我们确信这套教材的出版必将为推动西南地区风景园林/园林本科教学起到应有的积极作用。

编写指导委员会

2017.3

前　　言

本实训手册由办公区环境景观设计与居住区环境设计两个综合案例所涉及的相关图纸的绘制内容组成。按照完整设计图纸的绘制过程，集中演练了相应的平面图、效果图、分析图及平面施工图的绘制方法及详细的绘制过程。图文并茂、循序渐进地讲解了如何运用四个软件（AutoCAD、SketchUp、Photoshop、InDesign）进行园林图纸绘制、表达与编排的具体操作及步骤演练。这两套完整的练习案例，对提升园林专业图纸的计算机绘制能力有很好的帮助。教师可根据教学计划做出相应部分的练习安排，学生也可以根据自己的兴趣选择相应内容进行练习。

本书由四川农业大学刘丽、杜娟、段晓宇主编。参编的老师有四川农业大学宋佳璐、付而康以及长江师范学院张超，铜仁学院包润泽，成都理工大学彭俊生，内蒙古民族大学刘玉平，四川工商职业技术学院冉国强。成都吉景设计顾问有限公司、成都艾景景观设计有限公司为案例素材提供资料。四川农业大学冯柱铭、刘星灏、范樱川、王亚林、董雨薇等为素材及书稿校正提供了帮助，在此表示衷心感谢。

本实训手册与刘丽、杜娟、段晓宇主编的《计算机辅助园林设计》教材配套使用，亦可供其他相近专业使用和参考。

由于编者学术水平有限，书中难免存在不妥，希望广大读者批评指正。

编者

2019.5

目　录

案例1　办公区环境景观设计图纸绘制实例

案例2 居住区环境设计图纸绘制实例

案例 1　办公区环境景观设计图纸绘制实例

1.1 道路的绘制

1.1.1 主干道的绘制

①打开光盘案例 1—操作素材—CAD—底图.dwg,如图 1-1-1 所示,其中有 6 栋建筑。

②新建图层,命名为“图层 1:道路”;颜色设置为黄色:40;起点 A 相对于点 B 的相对坐标为 0,31856.1,打开【对象捕捉】,确定起点 A,如图 1-1-2 所示。

③确定 A 点后,启用【多段线】命令向左水平画长度为 27976,再垂直向上画 27627,然后打开极轴追踪,依次按以下角度和距离画线:角度 126°、距离 74863;角度 200°、距离 72740;角度 126°、距离 94244;角度 180°、距离 34267;角度 133°、距离 41778;角度 90°、距离 38249;回车结束于 C 点,调出【对象捕捉】工具条,启用【直线】命令,打开【捕捉自】命令捕捉点 C,相对坐标为@8500,2000,将点定位于 D 点,并从 D 点画垂线与

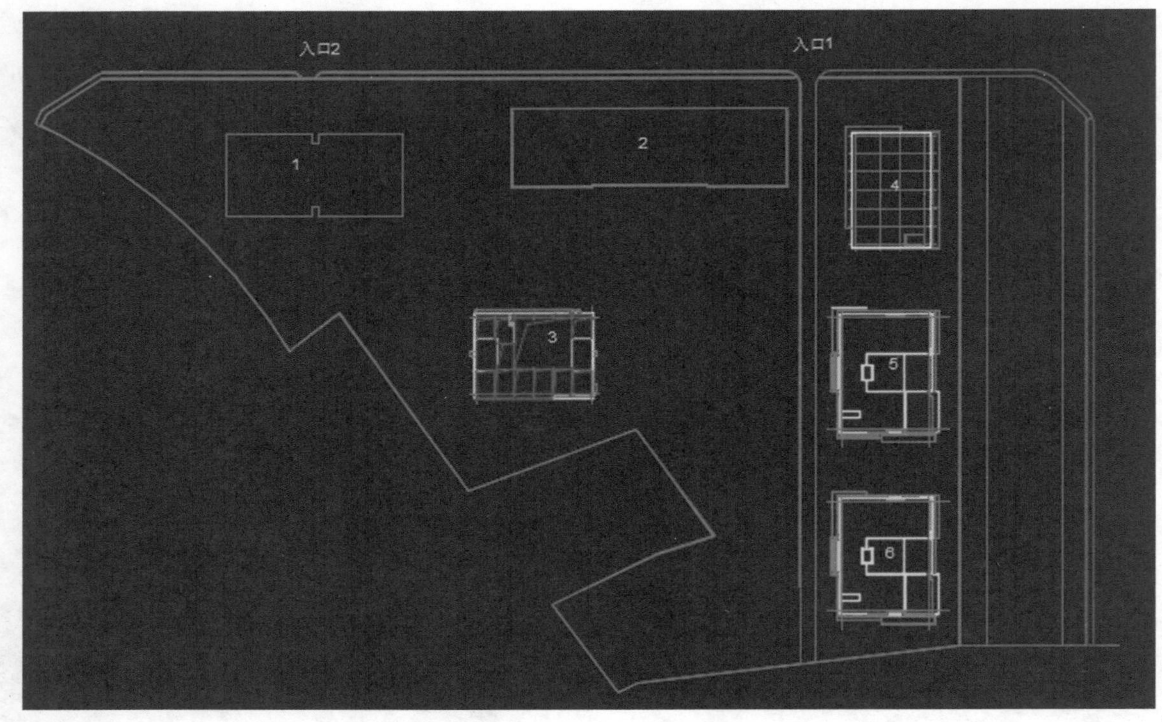

图 1-1-1 案例 1 底图

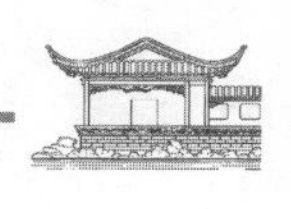

1 号建筑上边垂直相交于 E 点即可；然后启用【圆弧】命令在 C、D 之间画一条半径为 4500 的圆弧。如图 1-1-2、图 1-1-3、图 1-1-4、图 1-1-5 所示。

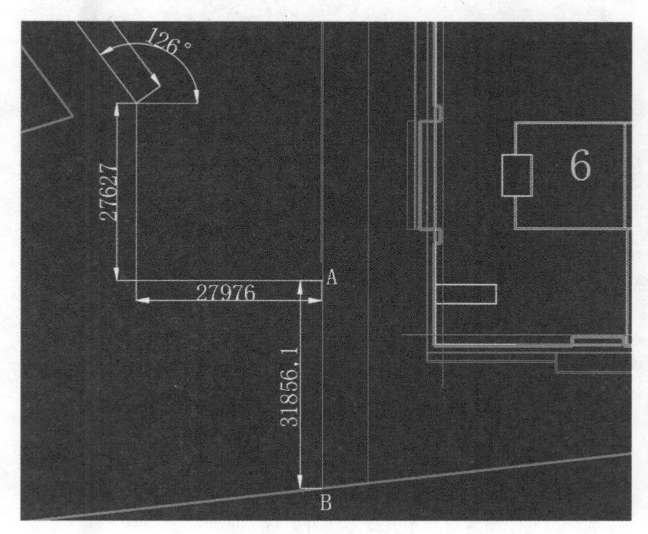

图 1-1-2　确定 A 点

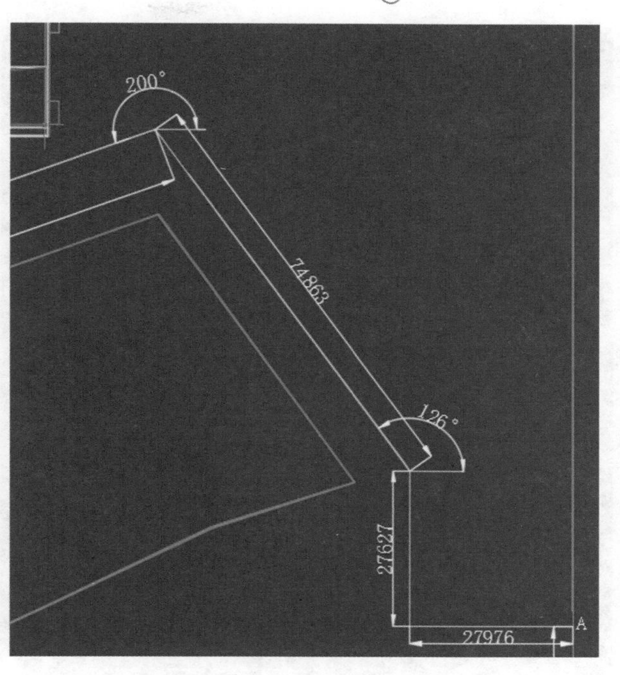

图 1-1-3　画线一

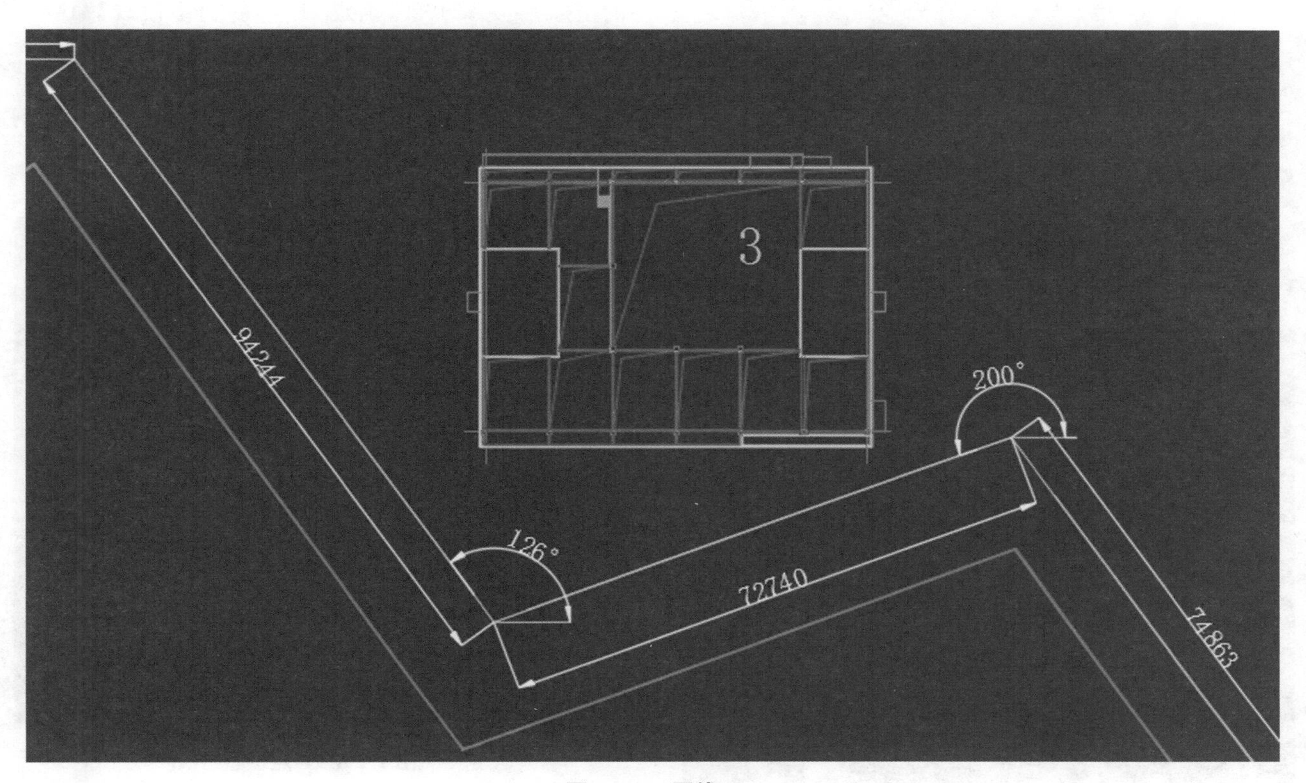

图 1-1-4　画线二

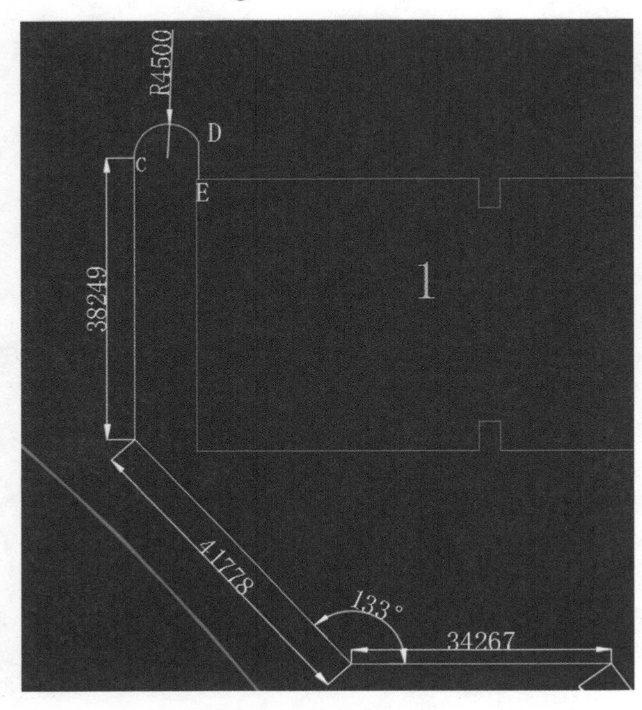

图 1-1-5　确定点 C,D,E

④用【PE】命令将所画的 AE 线段合并为多段线，回到起点 A,完毕并向内(上)侧偏移 150,接下来开始进行道路边的倒圆角操作。具体数据如下,从 A 点开始倒圆角半径依次为:3000、2850,4500、4350,6000、6150,13000、13150,6000、5850,13000、13150,6000、5850,6000、5850,如图 1-1-6 所示;主干道一侧绘制完毕,如图 1-1-7 所示。

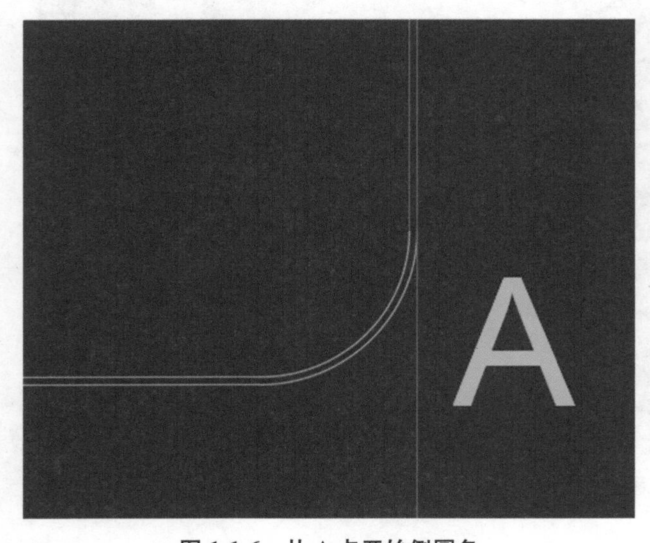

图 1-1-6　从 A 点开始倒圆角

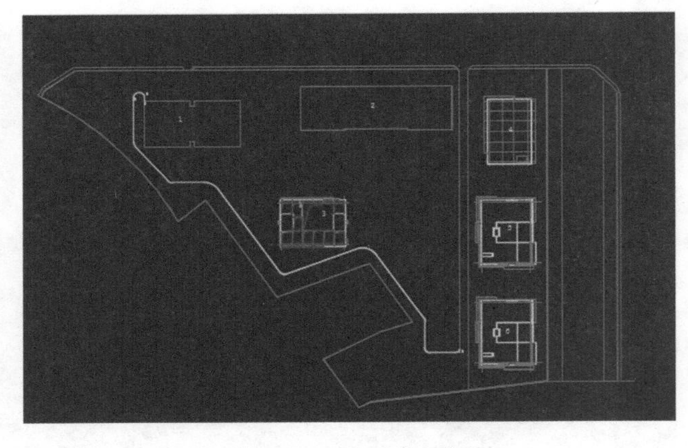

图 1-1-7　主干道一侧

⑤用【分解】命令将 AE 边分解,然后用【PE】命令将从 F 点开始到 C 点的线段合并为多段线,如图 1-1-8、图 1-1-9、图 1-1-10 所示,选中 FC 边,向下偏移 7150,然后再将偏移后的线向上偏移 150,主干道宽度为 7000,如图 1-1-11、图 1-1-12 所示。

⑥利用【对象捕捉】工具定点 H,点 H 相对于点 G 的坐标为@0,24050;确定 H 点后用【多段线】命令向左水平 30334,再向下垂直 17034,再向右水平 30334 与 GH 垂直相交。然后开始对两个直角以半径为 4500 进行倒圆角处理,如图 1-1-13 所示。用【修剪】【删除】命令处理成如图 1-1-14 所示。

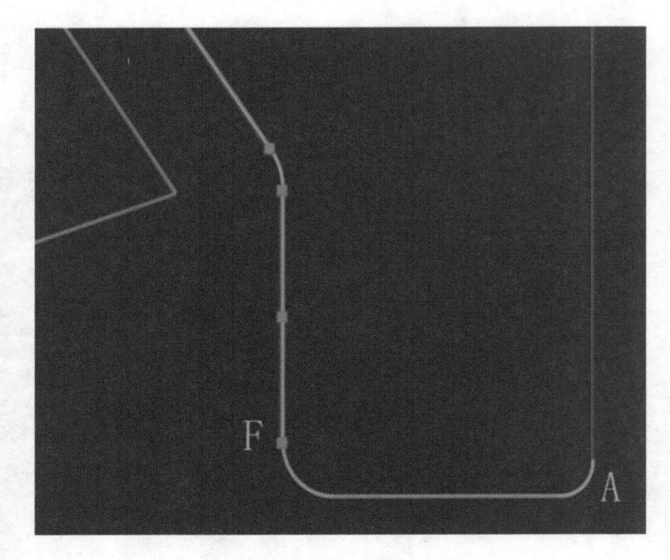

图 1-1-8　F 点位置

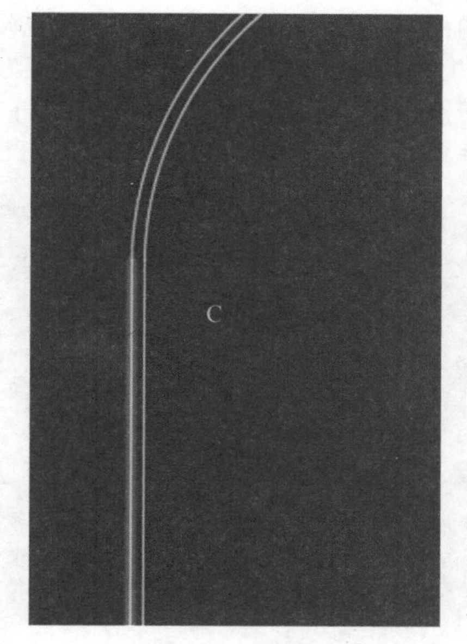

图 1-1-9　C 点位置

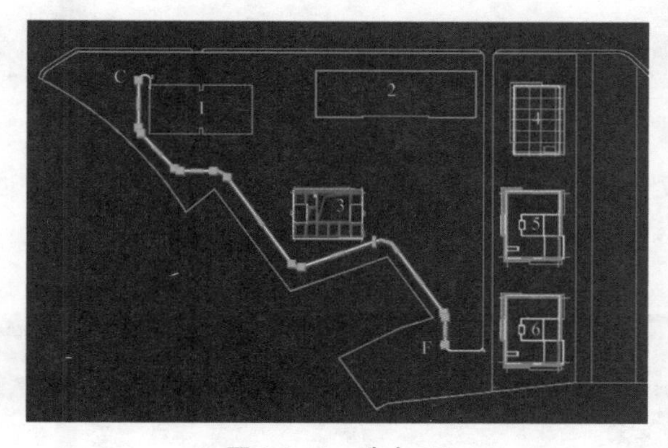

图 1-1-10　选中 FC

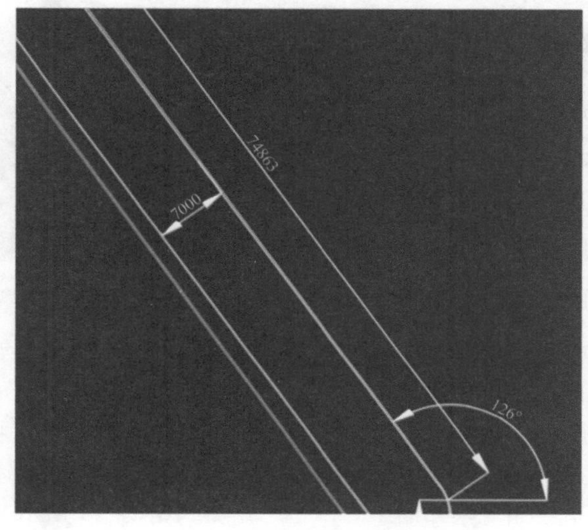

图 1-1-11　偏移后主干道宽度为 7000

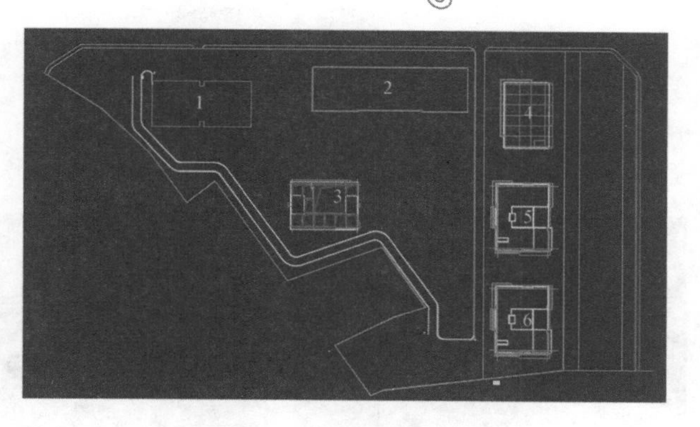

图 1-1-12　偏移完毕的主干道

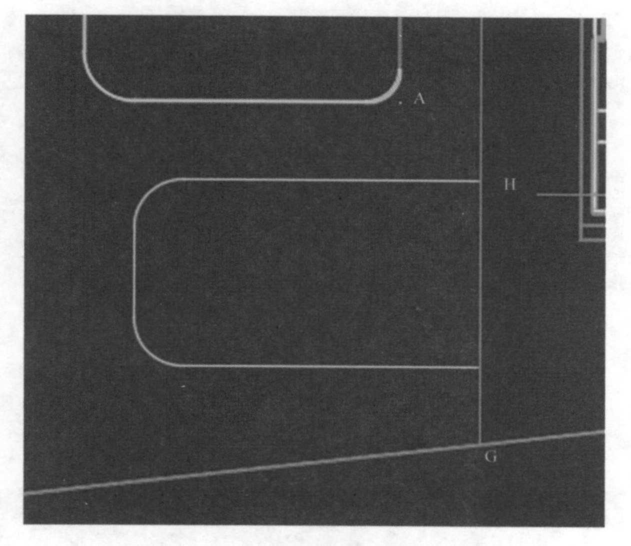

图 1-1-13　多段线命令画线、倒圆角

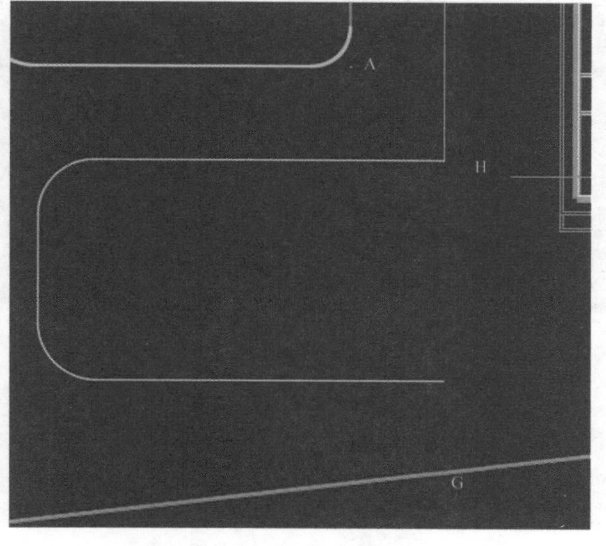

图 1-1-14　修剪、删除

⑦用【PE】命令将图 1-1-15 所选中的外边线合并为一条多段线，然后向左偏移 150，在图上捕捉到断点，用极轴追踪确定 J 点，角度：277°，距离：4050。从 J 点开始画线，极轴追踪角度：187°，距离 13812；用【圆弧】命令画出线段相切的半径为 6000 的两段圆弧，然后水平画线 15000，向上垂线 25300，向右水平线 17915，半径为 4500 的圆弧与 F 点相交。将 JF 合并为多段线然后向外偏移 150，删除 I 点向右的水平线，结果如图 1-1-16 所示。

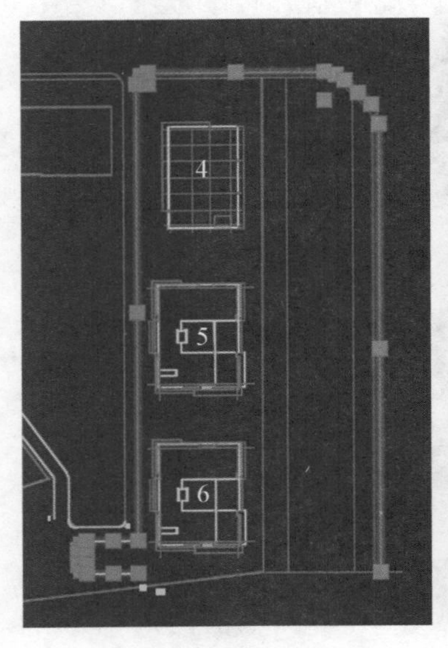

图 1-1-15　合并多段线

图 1-1-16　确定 JF

⑧从 J 点开始，打开极轴追踪画线，追踪角度和距离依次为，距离 150，角度 277°；距离 34300，角度 7°；距离 4500，角度 97°；距离 34300，角度 187°；距离 4350，角度 277°。然后将画好的四边形向内偏移 300，从 IJ 边取中点画出一条中线。如图 1-1-17 所示。

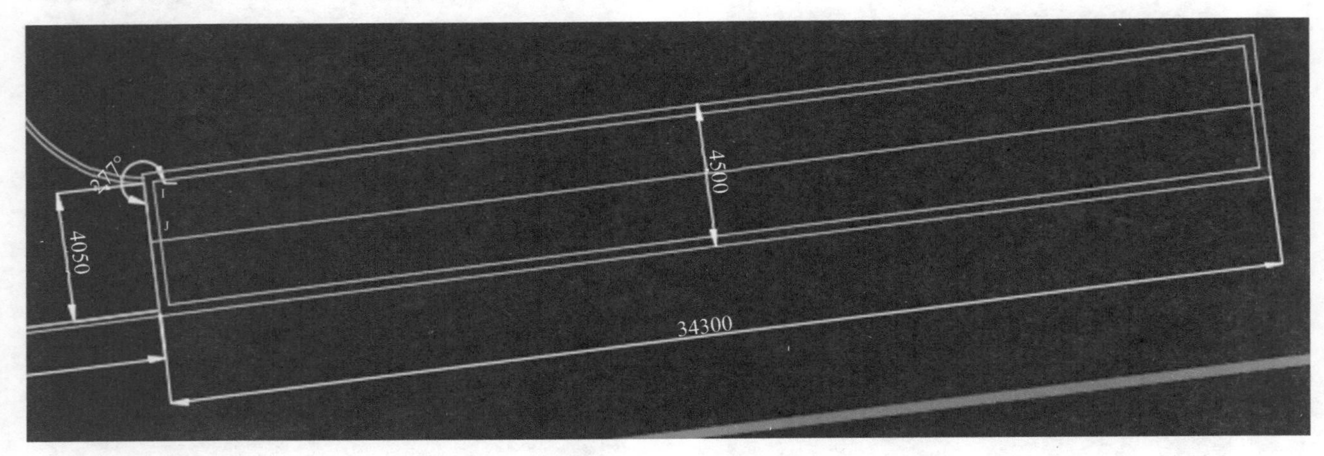

图 1-1-17　画线

⑨从入口 2，捕捉如图 1-1-18 所示的 K 点，用【多段线】命令水平向左 6100，向下 3375，向左 25145，向下 6950，向左 31180，向上 150，向左 10000，以垂直距离 13000 处为圆心，半径 13000 画圆弧，角度为 156°；第二条圆弧的起点与第一条圆弧的起点垂直距离相差 8000 的位置开始，圆心不变角度不变画半径为 5000 的圆弧后闭合开口，再向右水平 10000，向上 150，再向右 10000 后与主干道用半径为 6030.21 的圆弧闭合。将所画的多段线合并，然后向内偏移 150，接口闭合。主干道绘制完毕如图 1-1-19、图 1-1-20、图 1-1-21 所示。

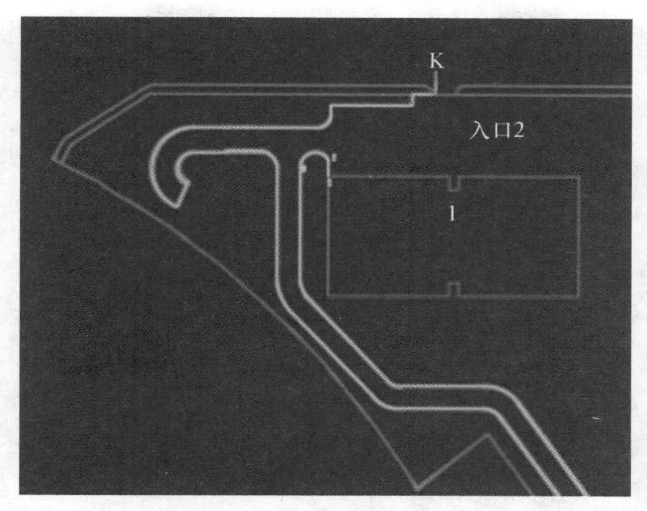

图 1-1-18　K 点位置

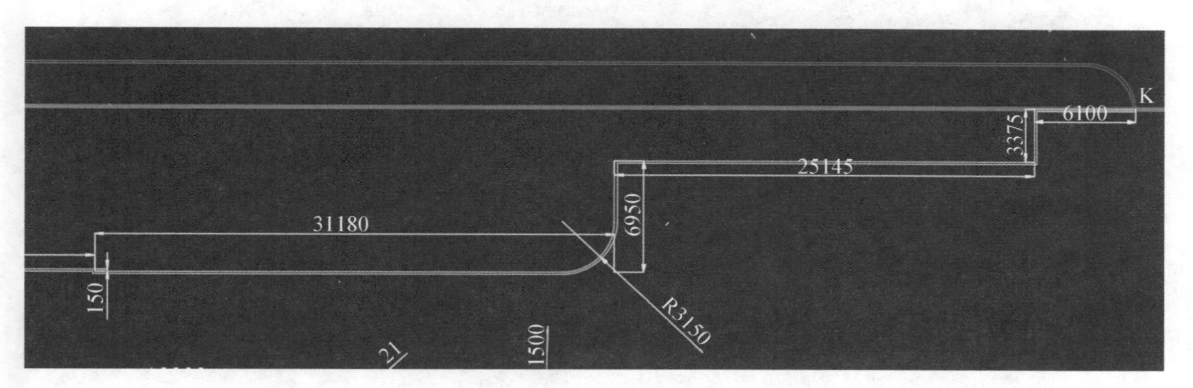

图 1-1-19　画线

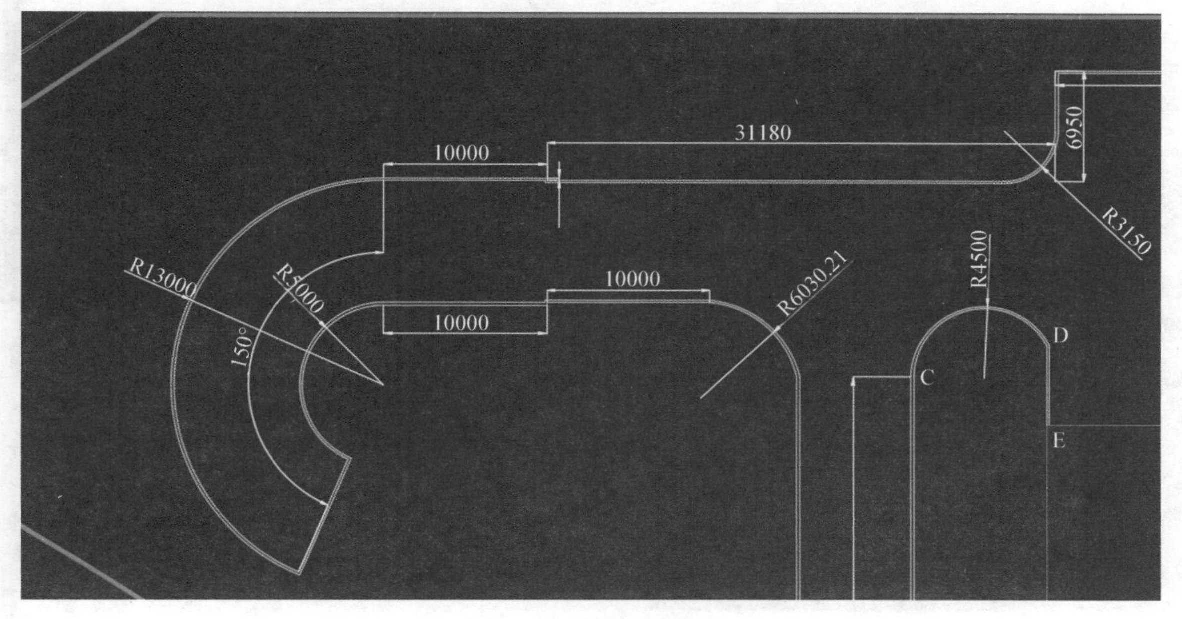

图 1-1-20　画线、画圆弧

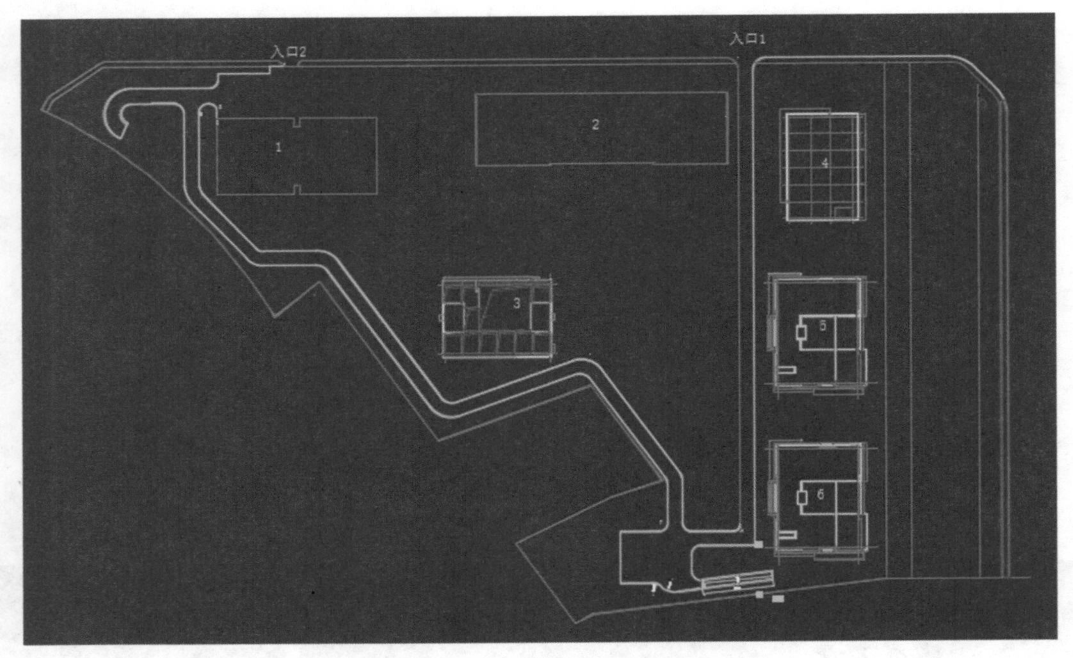

图 1-1-21　绘制完毕的主干道

1.1.2　次干道的绘制

①打开正交，垂直距离入口 1 为 68260 处的 L 点开始画水平线 241800，然后向下偏移 4000，从 1 号建筑右上角点开始水平向右 23100，然后垂直向下画线 98890，然后向右偏移 4000，上端水平画线垂直于 2 号建筑。距离 L 边线 66180 处开始画垂直线与主干道相交并向左偏移 4000。确定 M 点（与上面次干道距离 26246），然后水平向左画线与左侧次干道相交即可，然后向下偏移 4000。如图 1-1-22 所示。

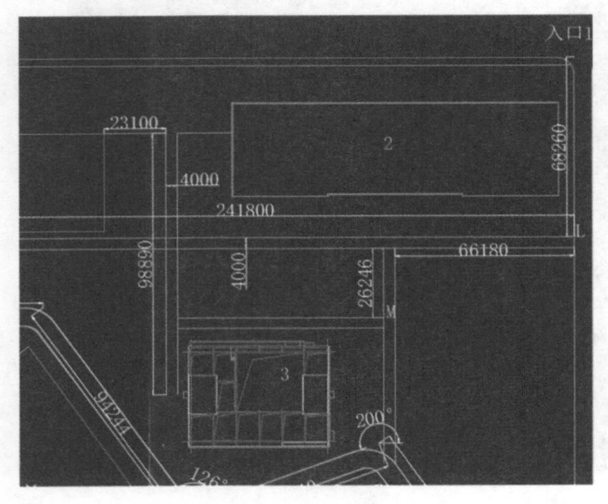

图 1-1-22　画线

②倒圆角处理，对次干道相交的线条进行修剪然后开始倒圆角，除了与 1、2 号建筑相邻的两个倒圆角半径为 3000 以外，其余的倒圆角半径均为 10000，完毕后如图 1-1-23 所示。

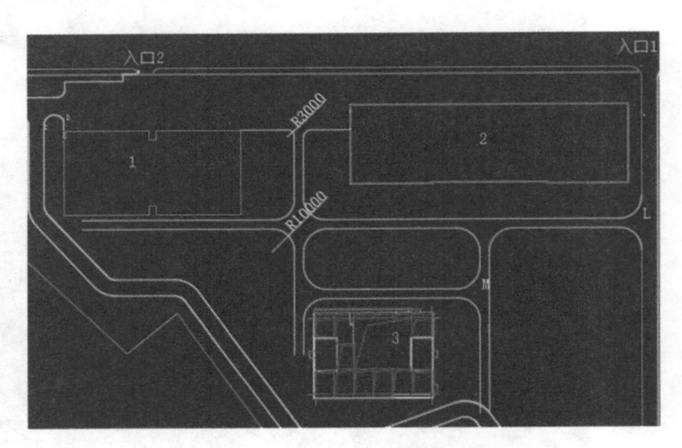

图 1-1-23　倒圆角处理后的次干道

③处理次干道入口 N；紧邻 1 号建筑下面的次干道入口，先确定 N 点，从次干道第二条线端点开始画垂线垂直于主干道，垂足为 N，见图 1-1-24。然后将线段向上偏移 5600，延长线后与次干道的第一条线的延长线相交即可。

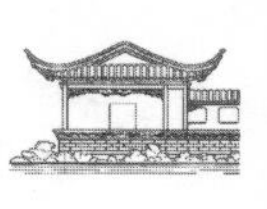

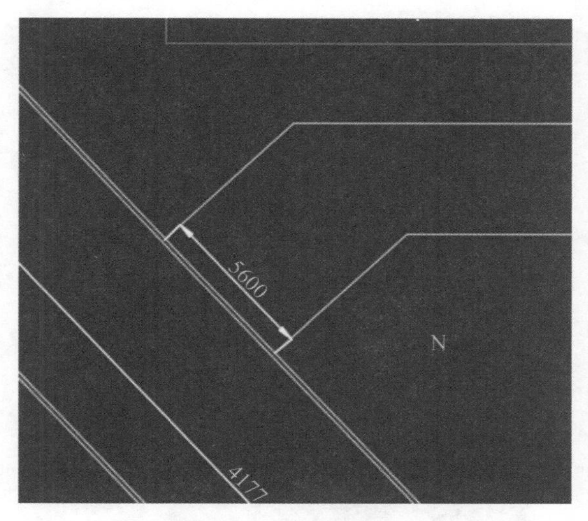

图 1-1-24　次干道入口 N

④处理次干道入口 O：紧邻 3 号建筑的次干道入口处理，确定 O 点，O 点距离转角线为 38418，从 O 点开始画垂线与建筑门口的铺装线相交，将垂线偏移 4000 后与次干道左侧线的延伸线相交。蓝色台阶左右的铺装线距离均为 2420。如图 1-1-25 所示。然后进行倒圆角处理，入口两处倒圆角半径均为 10000，其余两个为 3000，如图 1-1-26 所示。

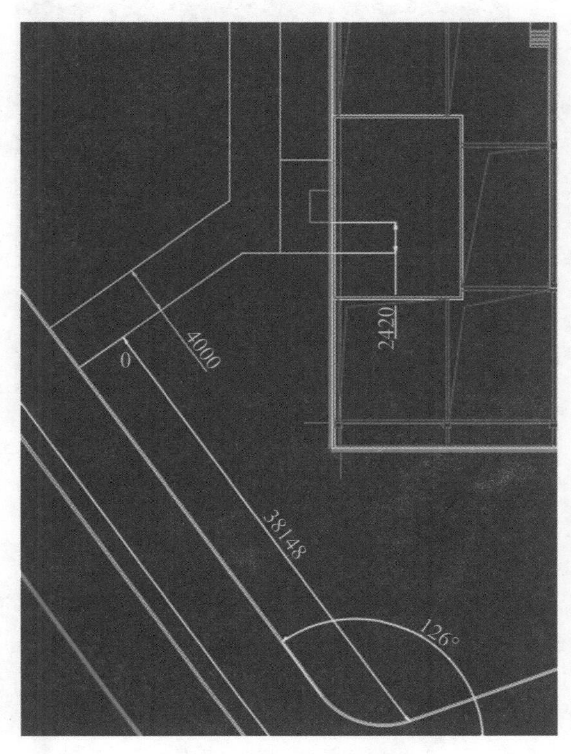

图 1-1-25　次干道入口 O

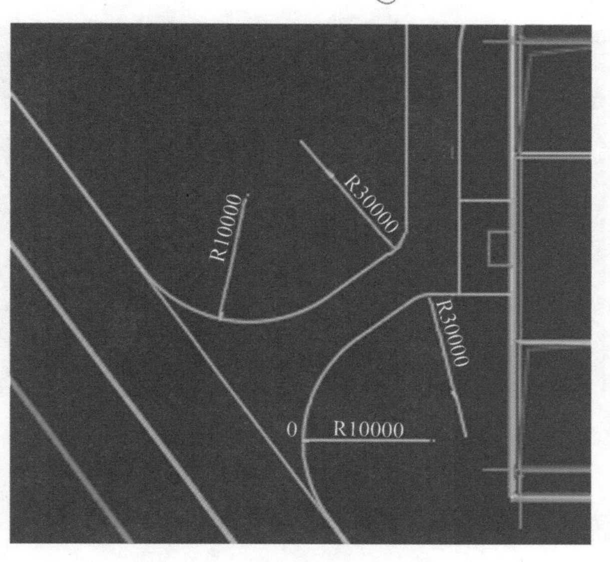

图 1-1-26　倒圆角后的入口 O

⑤处理次入口 P：用【修剪】命令把次干道与主干道相交多余的线段修剪后，以半径 10000 进行倒圆角处理，被删掉的弧线以【偏移】命令补充，再次修剪掉多余的线，结果如图 1-1-27 所示。3 个次干道的入口处理完毕，整图效果如图 1-1-28 所示。

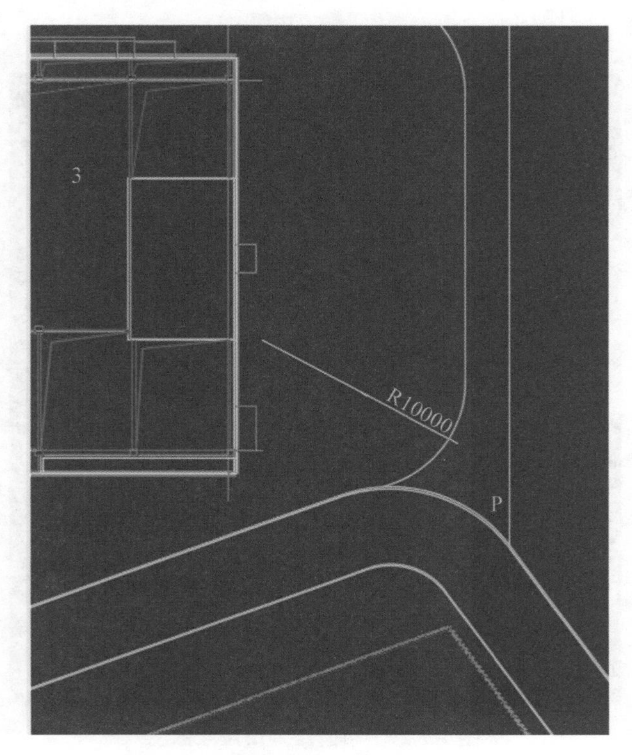

图 1-1-27　入口 P

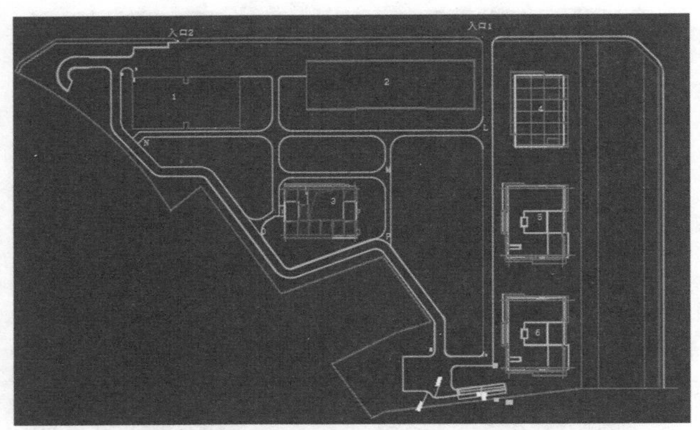

图 1-1-28　主干道和次干道

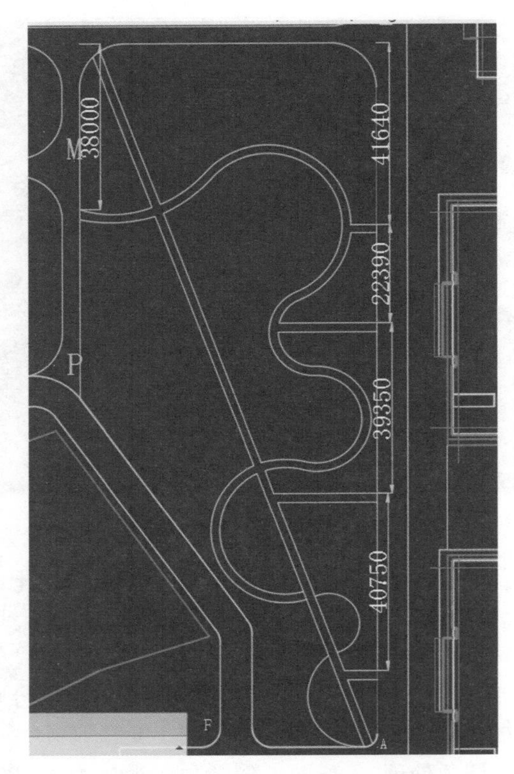

图 1-1-30　小园路入口尺寸标注

1.1.3　小园路的绘制

小园路主要以曲线为主，宽度为 2000，入口位置按标注的尺寸确定，如图 1-1-29 所示，数据分别为 7634，7000，30300。如图 1-1-30 所示，数据分别为 38000，41640，22390，39350，40750。如图 1-1-31 所示，按标注尺寸绘制。弧线可以依据图示的形状即可，不要求精准，画完后用【修剪】命令修剪相交的园路。

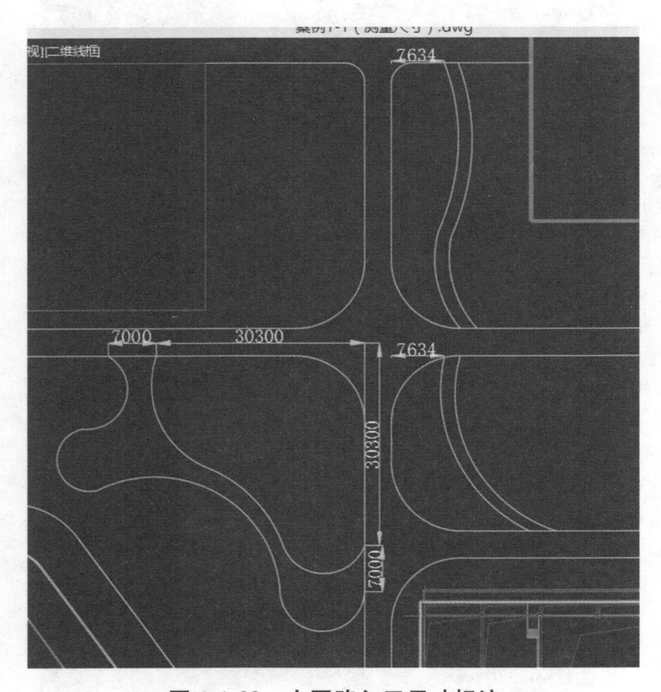

图 1-1-29　小园路入口尺寸标注

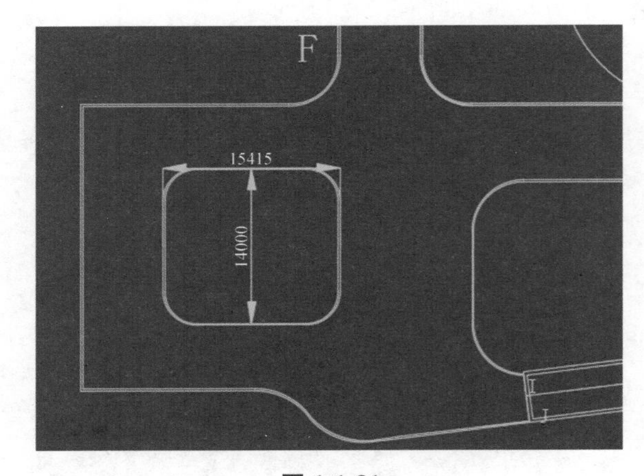

图 1-1-31

1.2　铺装地块绘制

①新建图层 3，命名为铺装地块，颜色为黄色：30。新建图层 4，命名为填充图案，颜色为灰色：8。按图 1-1-32、图 1-1-33、图 1-1-34、图 1-1-35 所标注的尺寸绘制建筑 4、5、6 号前后的铺装范围，并采用合适的填充图案在图层 4 里进行填充，调整图案的比例到合适大

小。对于图 1-1-34 所示的车道均按给出的尺寸绘制，然后倒圆角处理。完毕后效果如图 1-1-36 所示。

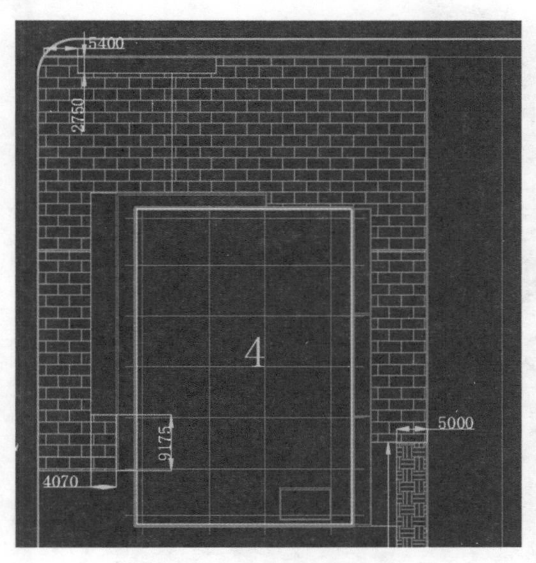

图 1-1-32　绘制铺装范围一

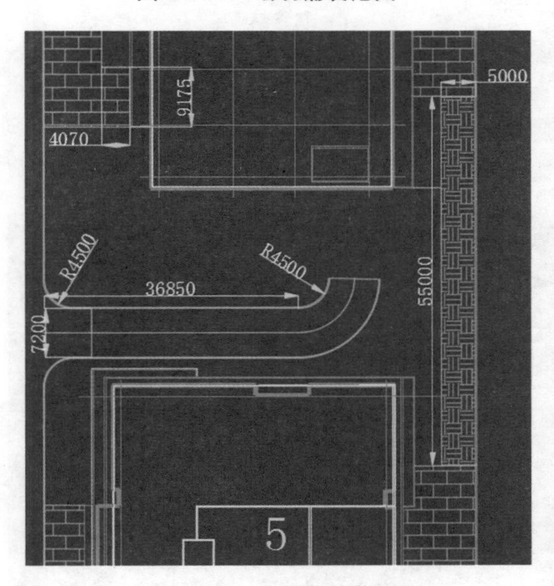

图 1-1-33　绘制铺装范围二

图 1-1-34　车道尺寸

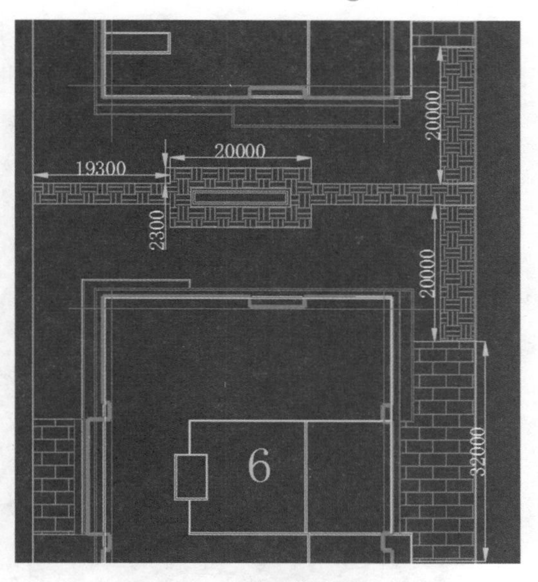

图 1-1-35　绘制铺装范围三

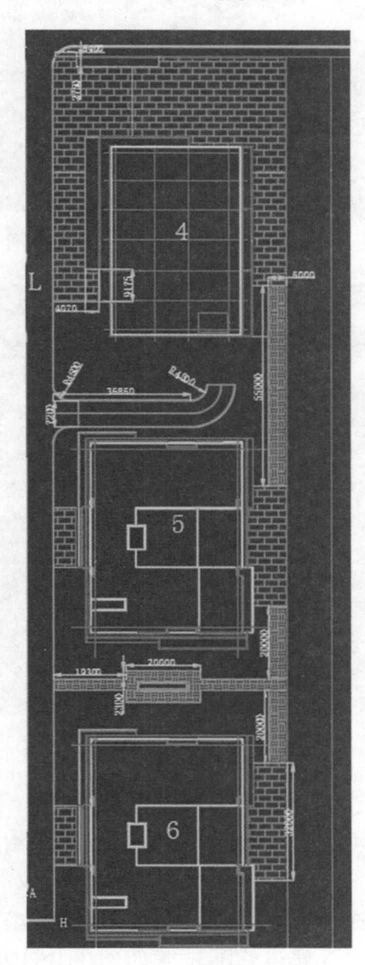

图 1-1-36　铺装地块效果图

②对1号和2号建筑绘制铺装线，2号建筑右上方第一个种植池的尺寸为2750×22200，其余四个的尺寸均为2750×24900，间距均为19497。绘制好后再填充图案层。如图1-1-37，图1-1-38所示。

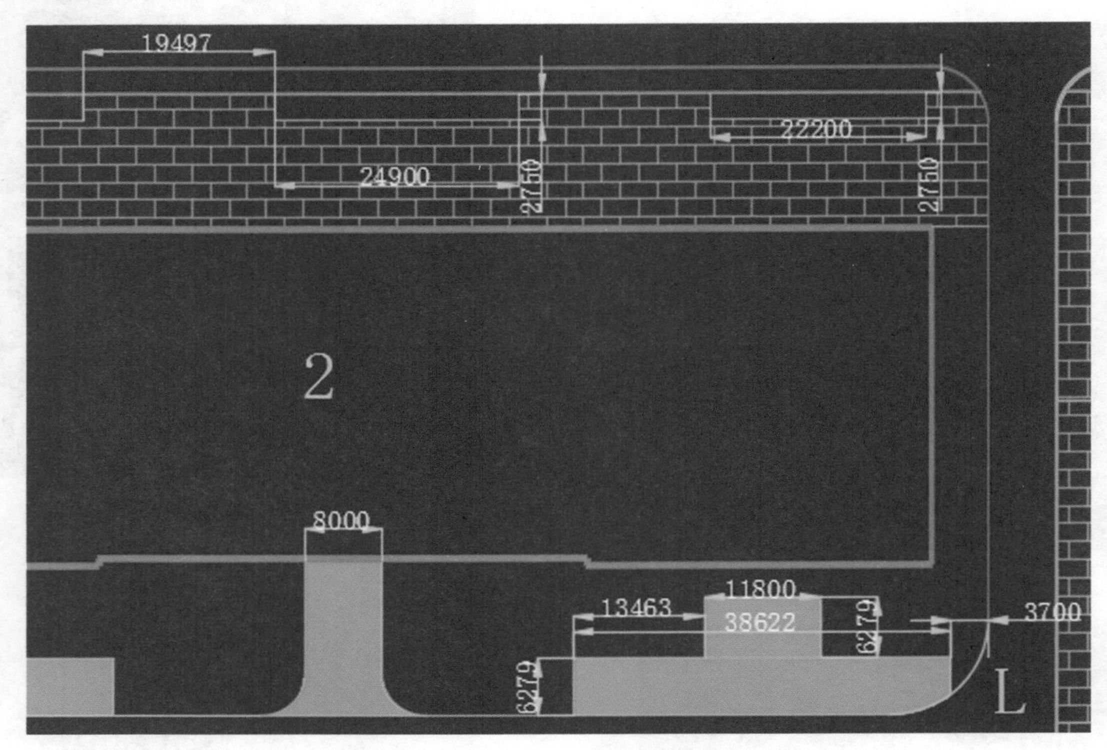

图1-1-37　2号建筑的铺装块尺寸

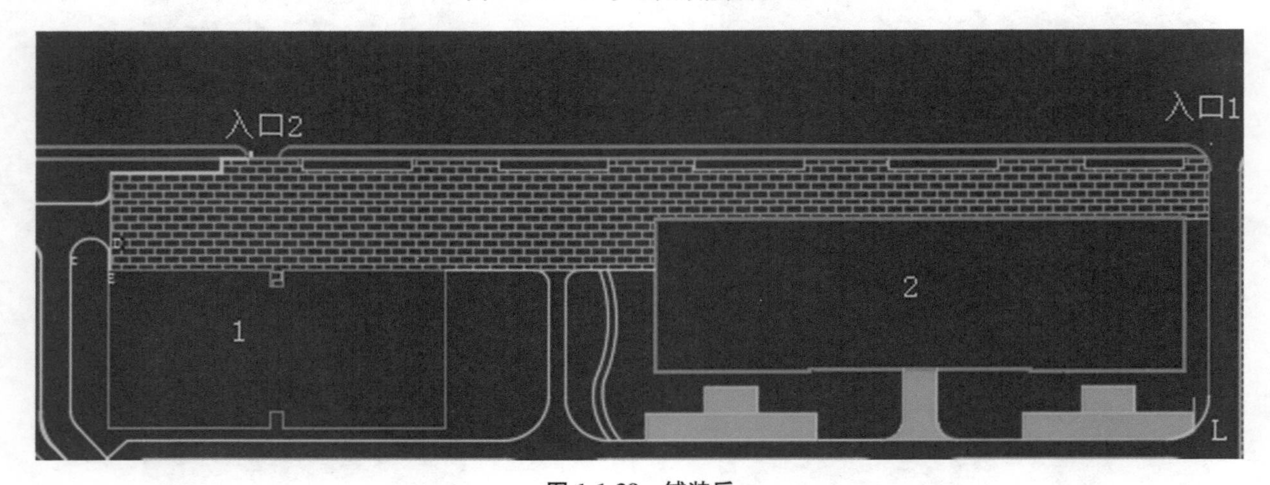

图1-1-38　铺装后

③5号建筑对面地块的铺装线如图1-1-39所示，用【圆弧】命令画出如图所示的曲线，按所给尺寸绘制，其余尺寸可以自拟，形状大致相同即可。6号建筑对面地块的铺装线绘制如图1-1-40所示。

④3号建筑周边的铺装线如图1-1-41所示，入口N处的铺装线尺寸如图1-1-42所示，按尺寸绘制并在填充层填充。

⑤填充主干道、次干道和小园路。如图1-1-43所示。注意填充区域的闭合。

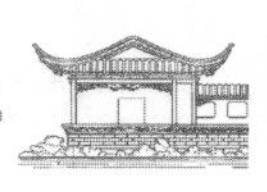

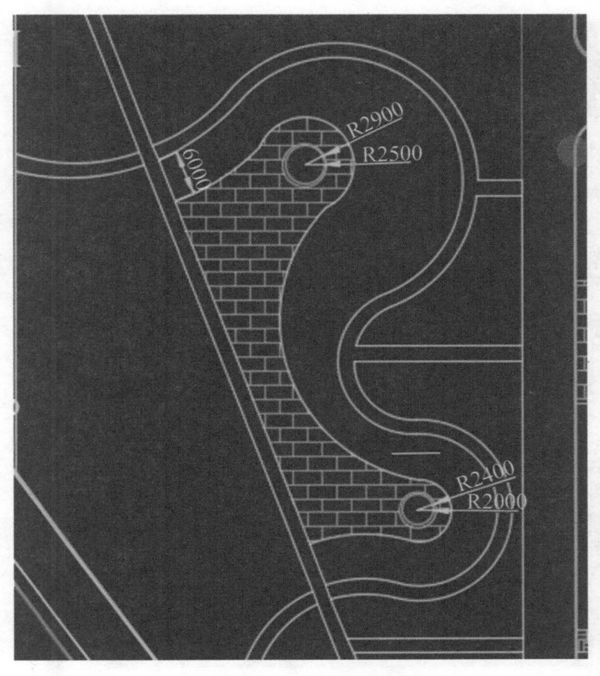

图 1-1-39　绘制铺装线一

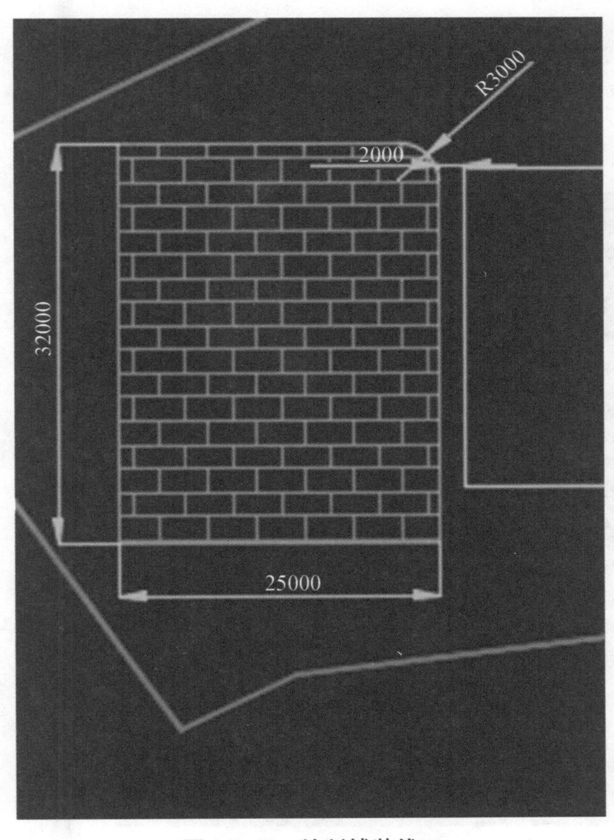

图 1-1-40　绘制铺装线二

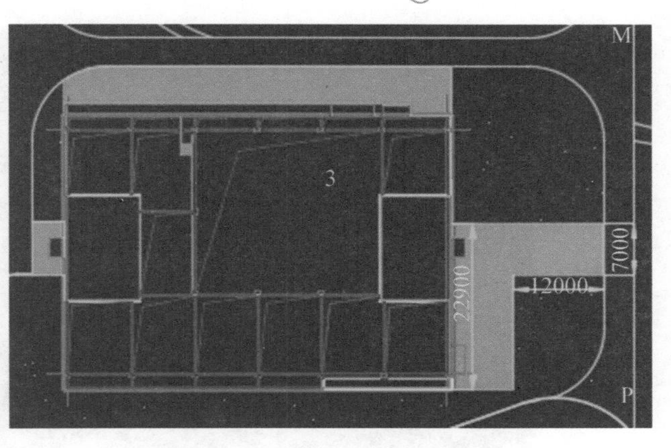

图 1-1-41　3 号建筑周边铺装线

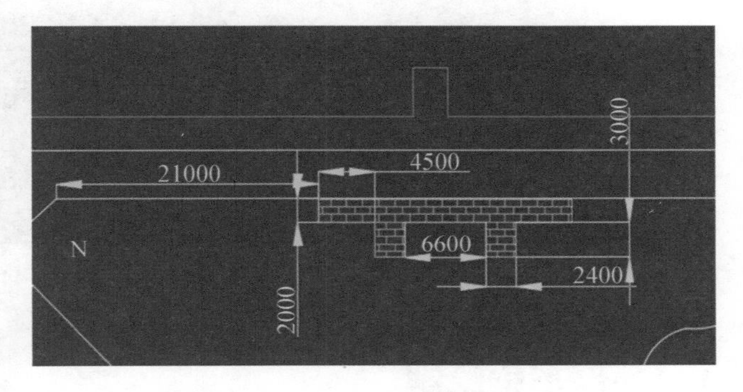

图 1-1-42　入口 N 处的铺装线绘制

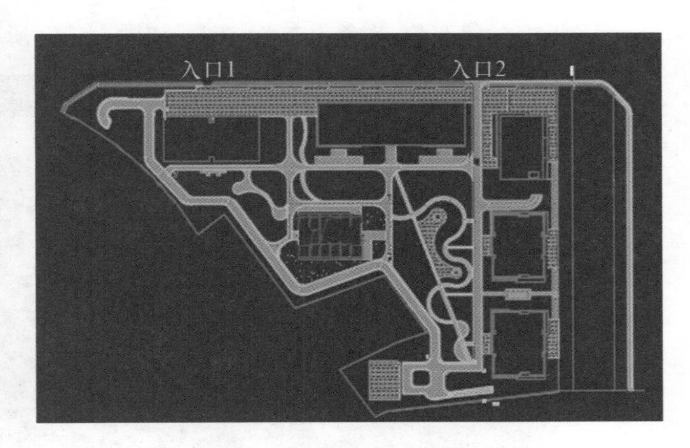

图 1-1-43　硬质铺装填充完毕后的效果

1.3　微地形绘制

新建图层：s-地形，绘制如图 1-1-44 所示的微地形。

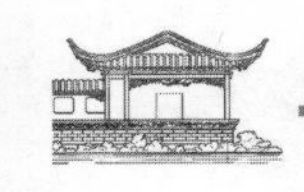

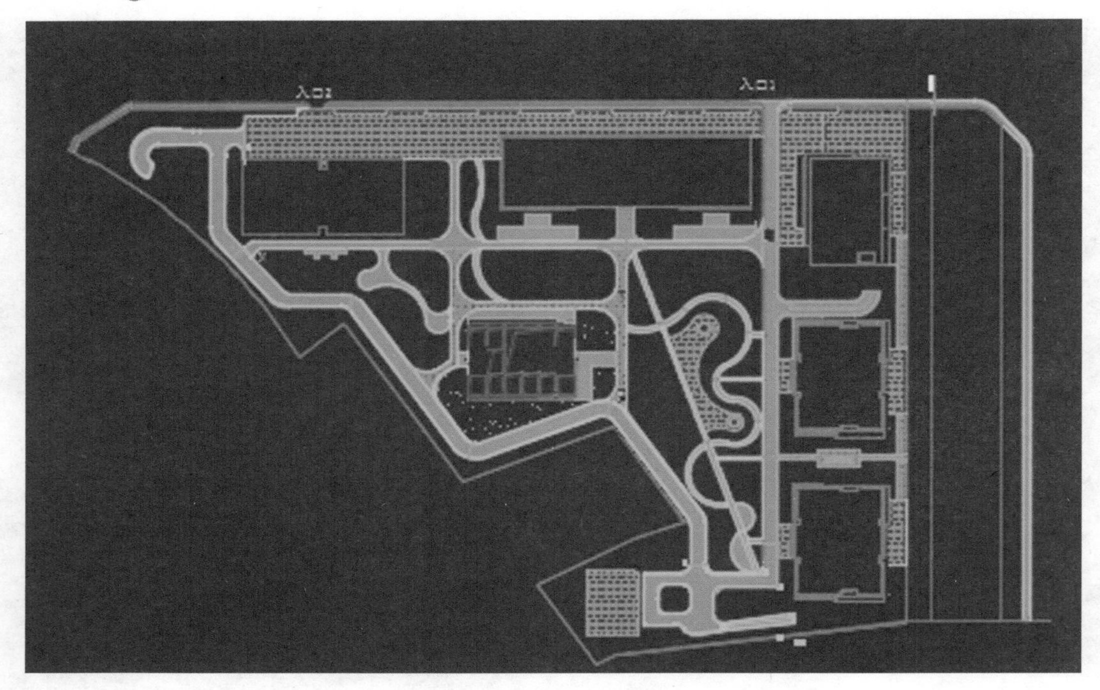

图 1-1-44 微地形

1.4 停车位绘制

新建图层:停车位,颜色为蓝色:150。如图 1-1-45 所示。单个停车位尺寸为 2500×5500。

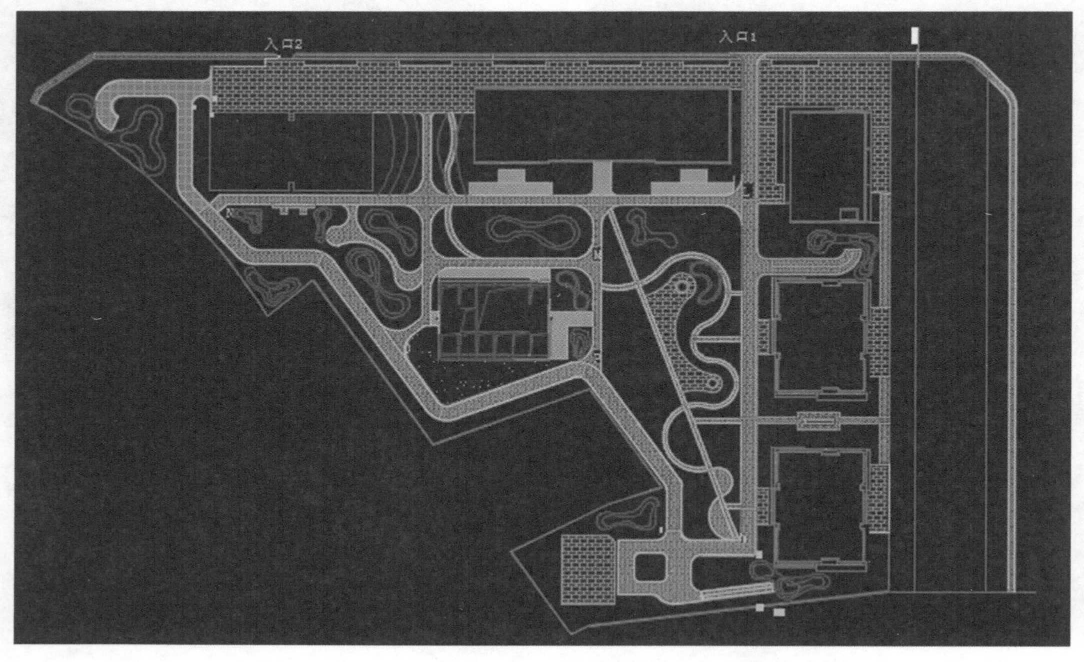

图 1-1-45 停车位

1.5　植物配置

将植物素材插入即可(素材是块,就会增加相应的图层),整张图绘制完毕。如图 1-1-46 所示。

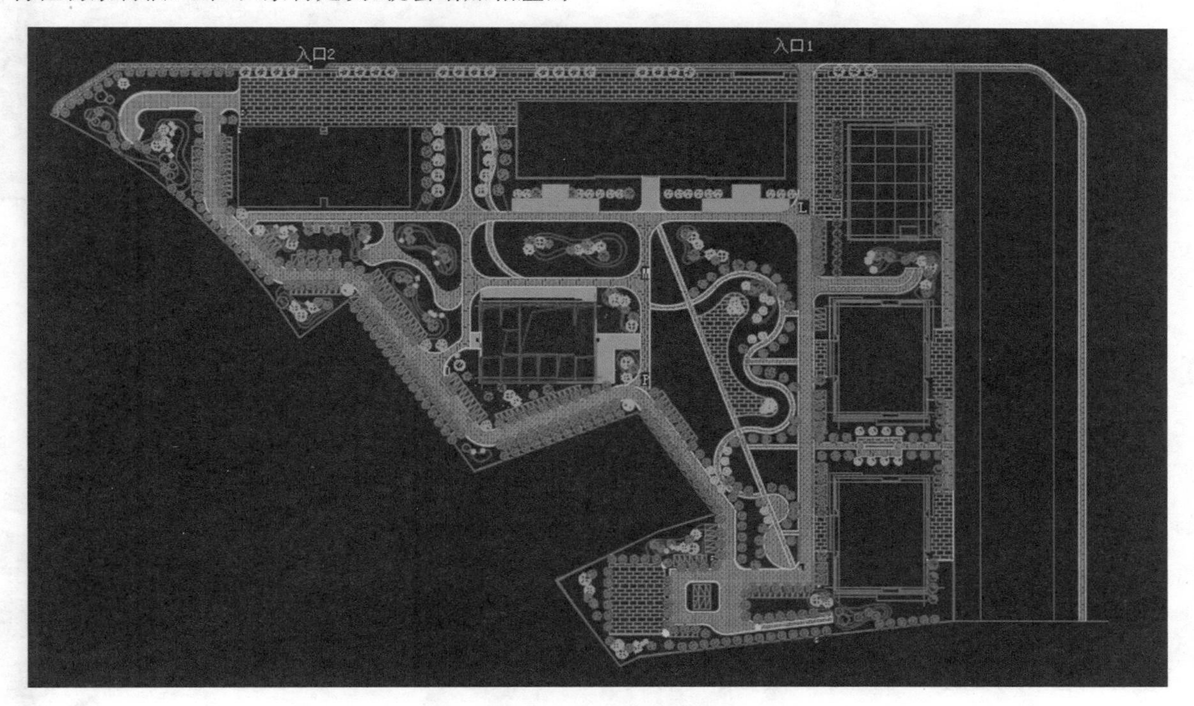

图 1-1-46　完整效果图

2 彩平的设计及绘制

2.1 彩平配色设计

色彩在日常生活中无处不在，在景观设计中，彩平图、效果图、分析图、文本编排等都需要做色彩的搭配与设计。好的配色会令作品更加赏心悦目。

2.1.1 色彩相关资料

(1)色彩的相关知识

在进行配色实践之前，对色彩本身的理解十分重要。首先，色彩是什么？色彩是人脑识别反射光的强弱和不同波长所产生的差异的感觉，与形状同为最基本的视觉反应之一。

色彩有“色相”“明度”“纯度”三个属性。

色相指色彩本身，色相的种类很多，为了易于辨认，人们对每个色彩赋予了特定的称呼，把色相按照波谱上的顺序排列，首尾相连，形成的环状结构叫作“色相环”。色相环上正相对位置上的色彩称为互补色，大体处于相反方向的色彩称为对比色，相邻的色彩称为类似色。在色相环中确定了色相之间的关系之后，配色实践就变得简单多了。色相环如图 1-2-1 所示。

明度指色彩的明暗程度。在任何一种色彩中添加白色，其明度都会升高，添加黑色，其明度都会下降。因此色彩中明度最高的是白色，明度最低的是黑色。白色-黑色的灰度色标是明度差异的表现，如图 1-2-2 所示。

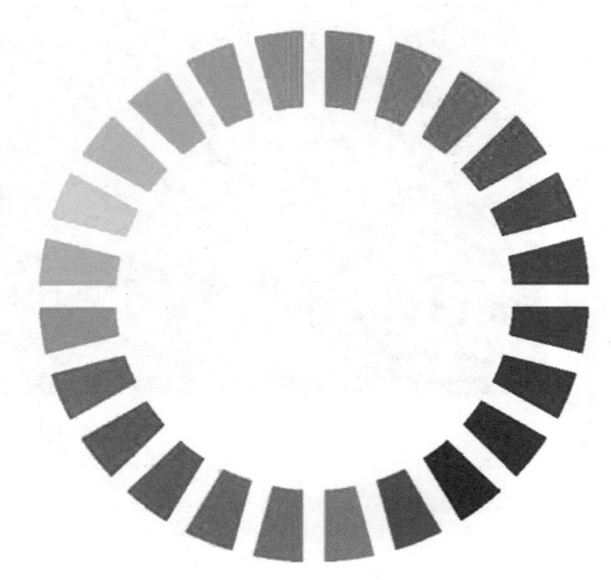

图 1-2-1　色相环

图 1-2-2　明度

另外，明度也是决定文字的可读性和设计图外观的重要因素。明度方面对比越强烈，色彩与色彩的交界部分越明显，更容易表达景观设计要素之间的关系。在实际的配色当中，整体印象不发生大的变动的前提下，维持色相、纯度不变，通过加大明度差的办法可以增加画面的张弛感。

纯度指色彩的鲜艳程度。同一色相中，纯度最高的鲜艳色彩代表“高纯度”，随着纯色中其他颜色的加入，纯度不断降低，色彩由鲜艳变浑浊，纯度最低的色彩是灰色(无彩色)。

(2)色彩的感觉

①温度感：或称冷暖感，通常称为色性。色性的产

生主要在于人的心理因素，在于人对自然界客观事物的长期接触和认知，积累了生活经验，由色彩产生一定的联想。如由红色联想到炎热与寒冬的太阳，感到温暖；由蓝色联想到水与炎热夏季的树荫、寂静的夜空与冰雪，产生了寒冷感等。

色彩按照冷暖分为两大类，暖色系和冷色系。一般来说，暖色系体现活跃、兴奋等动感的印象，冷色系体现稳重、安逸等静态印象。以黄色系为中心的红色、橙色等色彩常常用来做“光”的代用色，以蓝色系、绿色系、紫色系为中心的色彩常被用作“阴影”的代用色。绿是冷暖的中性色，在温度感上居于冷色和暖色之间，温度感适中。

②距离感：由于空气透视的关系，暖色的色相在色彩距离上有向前及接近的感觉；冷色的色相有后退和远离的感觉。大体上明度较高、纯度较高、色性较暖的色，具有近距离感；反之，则具有远距离感。六种标准色的距离感由近而远的顺序排列是：黄、橙、红、绿、青、紫。

在园林实践中，如园林空间深度感染力不足，为了加强深远的效果，做背景的树木最好选择灰绿色或灰蓝色的树种，如毛白杨、银白杨、桂香柳、雪松等。

③膨胀感：节日夜晚观看红、橙、黄的焰火，不仅使人感到明亮和清晰，也似乎格外膨大，离人很近。而绿、紫、蓝色的焰火，则感觉不仅幽暗、模糊，似乎被收缩了，离人比较远。

④重量感：不同色相的重量感不同，明度高的色相重量感较轻，明度低的重量感较重。例如，红色、青色较黄色、橙色为厚重，白色的重量感较灰色轻，灰色又较黑色轻。

同一色相中，建筑的部分宜用暗色调，显得稳重，建筑的基础栽植也宜选用色彩浓重的种类。

⑤面积感：橙色系的色相，主观感觉面积较大；而青色系的色相，主观感觉面积较小。白色及明色调，感觉面积较大；黑色及暗色调，感觉面积较小。互为补色的两个饱和色相配在一起，双方的面积感觉都扩大。

园林中水面的面积感觉比草地大，草地的感觉又比裸露地面大，受光的水面和草地比不受光的面积感觉大。园林的色彩构图，白色和色相的明色调成分多，也较容易产生扩大面积的错觉。

⑥兴奋感：明度最高的白色兴奋感最强。黄、橙、红各色，在明度较高的时候，均为兴奋色。明度最低的黑色感觉最沉静，青、紫各色，在明度较低的时候，都是沉静色。但是在青、紫的明度适中的时候，兴奋与沉静的感觉亦适中。

(3)色彩的感情

要领会色彩的美，主要是领会一种色彩所表达的感情。色彩的感情是一个复杂而微妙的问题，它不具有绝对的固定不变的因素，因人、因地及情绪条件等的不同而有差异，同一色彩可以引发这样的感情，也可以引发那样的感情。

红色：兴奋、欢乐、热情、活力及危险、恐怖之感。

橙色：明亮、华丽、高贵、庄严及焦躁、卑俗之感。

黄色：温和、光明、快活、华贵、纯净及颓废、病态之感。

蓝色：秀丽、清新、宁静、深远而悲伤、压抑之感。

紫色：华贵、典雅、娇艳、优雅及忧郁、恐惧之感。

褐色：严肃、浑厚、温暖及消沉之感。

白色：纯洁、神圣、清爽、寒冷、轻盈及哀伤之感。

灰色：平静、稳重、朴素及消极、憔悴之感。

黑色：肃穆、安静、坚实、神秘及恐怖、忧伤之感。

2.1.2 整体配色的理论与技巧

(1) 由相同或相近色构成的具有统一性的配色

①同一色相配色体现统一性、流畅性，但容易给人呆板、单调的感觉，所以大胆增加色调差异，即“同色深浅搭配配色”，将鲜明、昏暗不同的色调混合，形成深邃的印象，如图1-2-3所示。

C10	C0	C0	C20	C100	C100	C30	C90	C80	C100	C20	C85
M100	M100	M30	M95	M60	M80	M10	M65	M25	M0	M0	M15
Y50	Y70	Y20	Y70	Y30	Y0	Y0	Y10	Y75	Y70	Y20	Y85
K0	K0	K30	K0	K0	K0	K0	K0	K10	K0	K0	K0

图1-2-3 同一色相配色

②邻近色相配色演绎自然、和谐的印象。邻近色是指色相环上相邻的色相，色相相近，彼此易于整合，但与同一色相配色相比，由于色相上存在微妙的差异，所以配色效果能够体现纤细的变化，为了避免画面单调，最好通过色调营造出色彩的对比效果。邻近色配色如图 1-2-4 所示。

C0	C0	C30	C0	C90	C100	C100	C95	C100	C80	C40	C100
M75	M100	M100	M90	M90	M80	M40	M85	M10	M0	M0	M20
Y85	Y70	Y20	Y80	Y0	Y0	Y25	Y0	Y50	Y90	Y100	Y35
K0	K0	K0	K0	K0	K0	K0	K0	K0	K0	K0	K0

图 1-2-4　邻近色相配色

③类似色相配色最能体现突出印象。类似色是指色环上相邻的色相以及较小范围内的色相。例如，以黄色为基准时，从橙色到黄绿色都属于黄色的类似色。类似色的色相有共通成分，配色可以体现和谐、协调的印象，如图 1-2-5 所示。

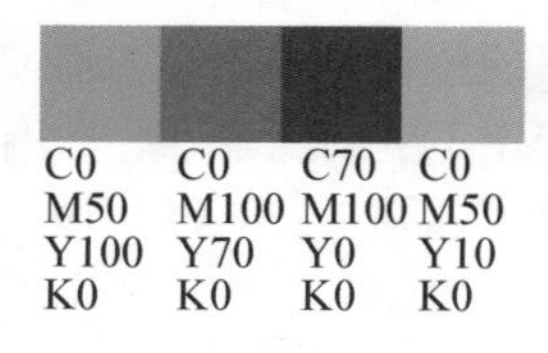

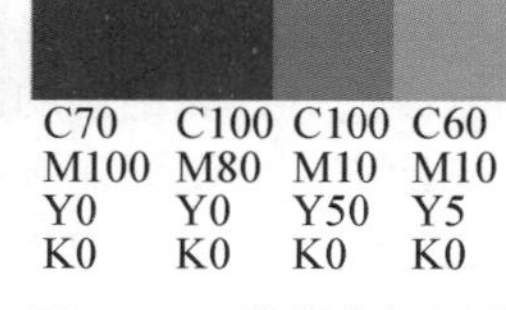

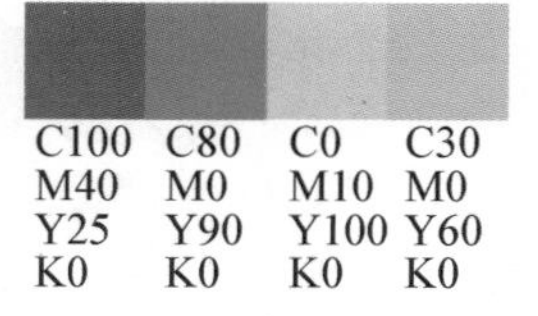

图 1-2-5　类似色相配色

(2)由互补色或对比色构成的具有变化性的配色

①互补色相配色是指通过在色相环上处于完全相对位置的色相构成的配色。互补色配色中色相相差较大，即使统一于同一色调中，也能体现充满活力和变化的印象，如图 1-2-6 所示。特别是高纯度色调下的互补色配色，能够展现刺激艳丽的印象，适用于表现高度视觉冲击效果的设计作品。但是也容易造成眼睛晕光的现象，使得文字信息难以阅读，甚至产生廉价、劣质的印象，这一点要注意把控。

C0	C100	C100	C0	C80	C30
M100	M10	M80	M50	M0	M100
Y70	Y50	Y0	Y100	Y90	Y20
K0	K0	K0	K0	K0	K0

图 1-2-6　互补色相配色

②对比色相配色是指色环上色相差很大的色彩构成的配色，也称相反色配色。对比色相配，效果十分强烈，色彩相互衬托，效果清晰、醒目，如图 1-2-7 所示。但是高纯度色彩对比效果强，容易形成过于强烈的印象，应重点考虑配色面积的比例和纯度。

C0	C40	C100	C0	C80	C90
M100	M0	M180	M100	M0	M90
Y70	Y100	Y0	Y70	Y90	Y0
K0	K0	K0	K0	K0	K0

图 1-2-7　对比色相配色

③中差色相配色是由中度色相差的色彩构成的配色类型，色彩基本没有共通性，种类包含了从类似色相到对比色相，配色效果的特征是能够体现色彩的张弛感，画面在统一的色调中不乏整体效果，如图 1-2-8 所示，较能体现民族氛围。

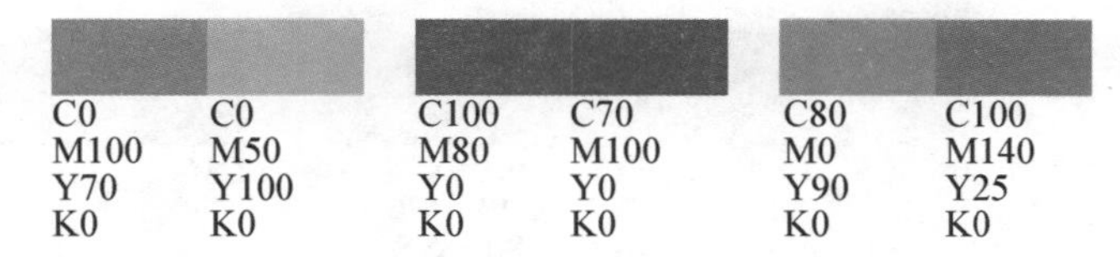

图 1-2-8　中差色相配色

(3)表现强烈视觉冲击效果的同类色的配色

在表现较强的视觉冲击效果以及活力四射的氛围时,色彩的运用是十分关键的。鲜艳、强烈的色彩组合,给人精力充沛、充满活力的印象。

①以纯色红、黄、蓝三原色为主的配色,如图 1-2-9 所示。用较少的色彩表现出比实际色彩更加丰富的印象,演绎明快活泼的氛围。由于色彩搭配本身就具有相当强的视觉冲击力,因此画面要简洁,还应注意文字的可读性。

C0	C0	C100	C100	C100	C0	C0	C100	C0	C100	C0	C100
M10	M100	M80	M0	M0	M100	M0	M10	M30	M0	M100	M90
Y100	Y100	Y0	Y100	Y80	Y0	Y100	Y0	Y100	Y50	Y90	Y0
K0	K0	K0	K0	K10	K0	K0	K0	K0	K0	K0	K0

图 1-2-9　以三原色为主的配色

②反自然配色,即色相相差较大的多色配色,如图 1-2-10 所示,将接近黄色色相的明度降低,将接近蓝色色相的明度提高,在演绎华丽形象的同时,也可以表现流行和新鲜感。

C0	C75	C10	C0	C100	C0	C40	C5	C60	C5	C60	C5
M10	M0	M100	M0	M0	M90	M0	M25	M0	M75	M10	M5
Y100	Y80	Y0	Y0	Y55	Y90	Y100	Y100	Y40	Y80	Y0	Y100
K0	K0	K5	K0	K0	K5	K0	K0	K0	K0	K0	K5

图 1-2-10　反自然配色

③添加黑色的多色配色,鲜艳色调构成的多色配色体现活力四射的印象,加入黑色,则强调刚劲有力、粗壮的印象,我们可以在华丽中感到一份厚重。如图 1-2-11 所示。

C100	C0	C0	C0	C0	C100	C0	C10	C100	C0	C5	C0
M0	M100	M0	M0	M0	M0	M70	M100	M60	M100	M20	M0
Y100	Y100	Y0	Y100	Y0	Y10	Y100	Y0	Y0	Y70	Y100	Y0
K0	K0	K100	K0	K100	K0	K0	K0	K0	K0	K0	K100

图 1-2-11　添加黑色的多色配色

(4)调整配色色调

色调是色彩的明度和纯度组合而成的概念,色调是决定色彩的基调和氛围的要素。无论色相如何,只要将其色调统一,就可以体现整体性和统一性,形成自然、和谐的配色。相反,通过将对比性的色调搭配组合,可以演绎富有变化的画面效果。

①同一色调配色,即在同一色调中选择色彩的配色方式,如图 1-2-12 所示。统一色调后,使用色相没有限制。为强调色调特征,充分表现配色主题,在实际设计配色中,往往会先确定反映主题的色调,随后再进行具体的配色。为了避免配色效果陷入乏味的印象中,一般来讲应该扩大运用色相的范围,尽可能多地出现不同的色彩。色相相差越大的设计,越有必要统一色调,由此来保证色彩之间的平衡。

C0	C0	C30	C20	C80	C80	C0	C40	C100	C20	C20	C100
M0	M30	M0	M0	M80	M0	M20	M0	M60	M20	M100	M20
Y30	Y0	Y0	Y20	Y0	Y40	Y80	Y80	Y20	Y100	Y80	Y80
K0	K0	K0	K0	K0	K0	K0	K0	K50	K50	K50	K50

图 1-2-12　同一色调配色

②类似色调配色，如图 1-2-13 所示，与同一色调配色相同，色调差为 0 的配色是追求统一效果的配色类型。淡色调、明亮色调等具有类似性的色调搭配，给人痛快、流畅的印象。与同一色调配色相比，类似色调配色更适合用于表现希望通过明度、纯度微妙的差异制造对比效果的设计。

C0	C0	C0	C0	C100	C10	C100	C20	C80	C100	C30	C100
M20	M60	M40	M80	M40	M0	M50	M40	M80	M20	M70	M40
Y40	Y60	Y30	Y20	Y25	Y100	Y0	Y100	Y30	Y100	Y80	Y20
K0	K0	K0	K0	K0	K0	K0	K0	K0	K50	K0	K50

图 1-2-13　类似色调配色

③对比色调配色，可以通过浅色调、暗色调等色调的对比，强调视觉对比效果，突出视觉重点。不同色调反映在同一种色相中的配色形式称为“同色深浅搭配色”，色调的对比性包括明度高低和纯度高低等方面的对比性，如图 1-2-14 所示。

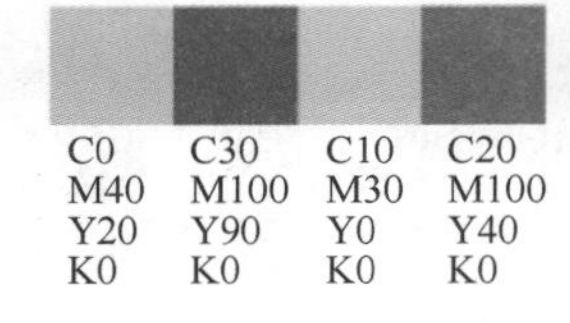

C100	C10	C100	C30	C0	C30	C10	C20	C30	C80	C50	C20
M60	M10	M10	M10	M40	M100	M30	M100	M10	M0	M30	M0
Y0	Y30	Y0	Y10	Y20	Y90	Y0	Y40	Y30	Y80	Y50	Y80
K0	K20	K0	K20	K0	K0	K0	K0	K20	K0	K40	K0

图 1-2-14　对比色调配色

2.1.3　园林的色彩构图

色彩是物质的属性之一，因此，组成园林中各种要素的色彩表现就是园林色彩构图。

园林中色彩的来源归纳起来有三大类：①自然山水和天空的色彩；②园林建筑和道路、广场、假山石等的色彩；③园林植物的色彩。

园林设计中主要靠植物的绿色来统一全局，加之长期不变的及一年多变的其他辅助色彩。在一种色相中浓淡相配，取得的效果称为单色调和。例如，穿上淡绿的裙子，深绿的衬衫，会使人有轻快之美。园林中早春的新绿、初秋的红叶及许多单色调的深浅搭配，会产生既和谐又有变化的色彩之美。

园林建筑的色彩，我国北方地区冬季寒冷，绿色匮乏，园林色彩常以建筑色彩为主，所以园林建筑崇尚红色为主调，并统一全园；相反，我国南方地区气候温暖，植物全年葱茏茂密，所以建筑色彩以茶褐色为多。

园林中色彩有统一，也有变化，尤其是对比色的运用。例如，墨绿色的松柏林前面一丛新绿的柳树，特别显出浓淡的对比；如果是一株红枫，更是红绿对比的良好搭配。园林中色彩的冷暖感觉能够影响情绪，人们眼睛喜欢少量色相的组合，一个园内用三个基本色相及其深浅的变化就已足够。

2.2　彩平绘制

2.2.1　前期工作

(1)整理 CAD 文件

①图层清理：清理标注及无用的线条和重线，注意线与线之间是否闭合。

②图层整理：同一性质的物体统一到同一图层，根据物体颜色和线型的不同，统一到不同的图层。

(2)打印输出

①安装CAD虚拟打印机:打开电脑控制面板,双击【autodesk绘图仪管理器】,点击【添加绘图仪向导】如图1-2-15所示。根据默认设置点击下一步,在【添加绘图仪—端口】对话框,选择【打印到文件】,如图1-2-16所示,点击下一步完成。

图1-2-15　点击【添加绘图仪向导】

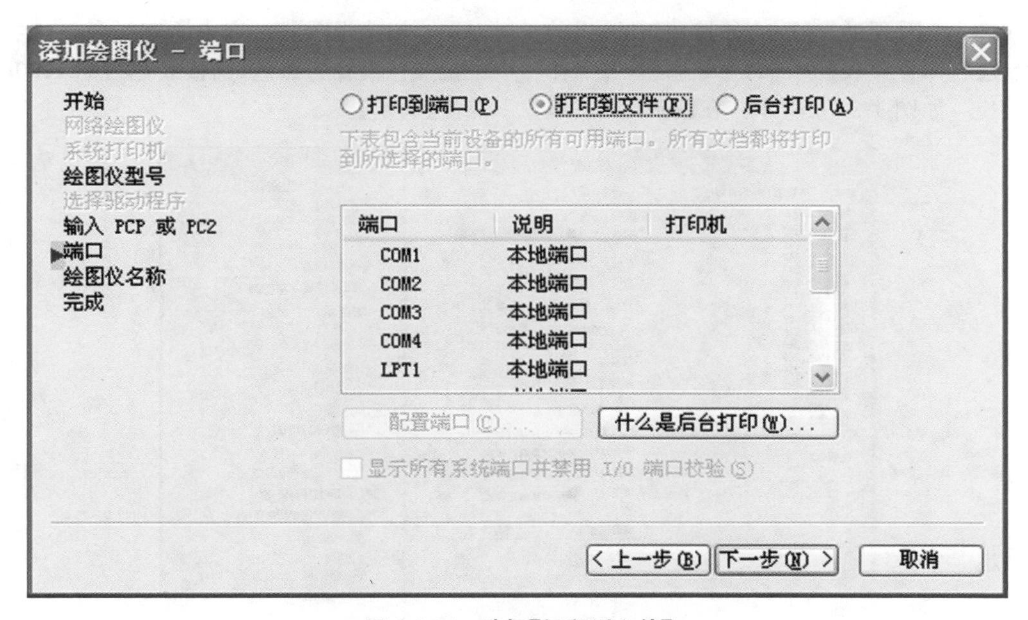

图1-2-16　选择【打印到文件】

②打印设置：整理好所需要打印的图形（图中打印为道路图层），单击【文件—打印】，选择【打印机/绘图仪—名称】为虚拟打印机中选择的打印机（默认为：postscript level 1. pc3），选择图纸大小（图中为 A2 大小）；打印范围选择窗口，并勾选布满图纸，如图 1-2-17 所示。

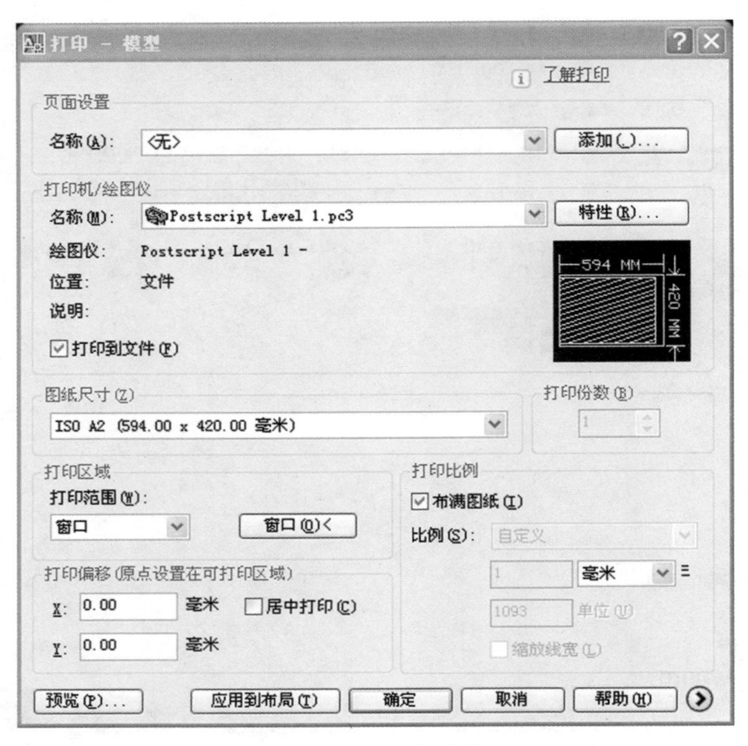

图 1-2-17　打印设置

③调整线性：点击【帮助】旁边的 按钮，在弹出的选项框中，设置【打印样式表】为 acad. ctb 选项，并点击调整文件线性 ，如图 1-2-18 所示。在【打印样式编辑器—格式视图】栏，选中所有颜色，在【特性—颜色】中把颜色设置为黑色，调整线宽为 0. 1000mm，确认后点击【确定】。

图 1-2-18　调整线性

④输出为 eps 格式，命名为“道路层”，如图 1-2-19 所示。

⑤使用相同方法输出其他所需的图层，并分别命名。

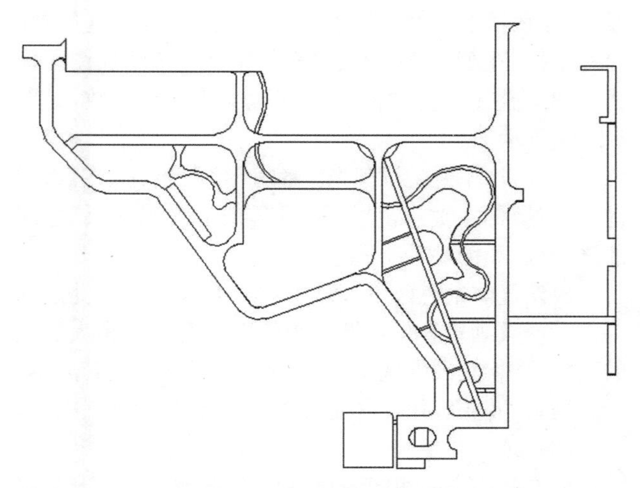

图 1-2-19　输出的 eps 格式

(3)CAD 导入 PS

运行 PS 软件，点击【文件—打开】选择保存的“道路层”eps 图形文件，在弹出来的对话框中设置参数，如图 1-2-20 所示(可根据需要适当调整分辨率)。点击【确定】，在此图层下方新建图层并填充为白色，如图 1-2-21 所示。依次导入其余图层，并栅格化。

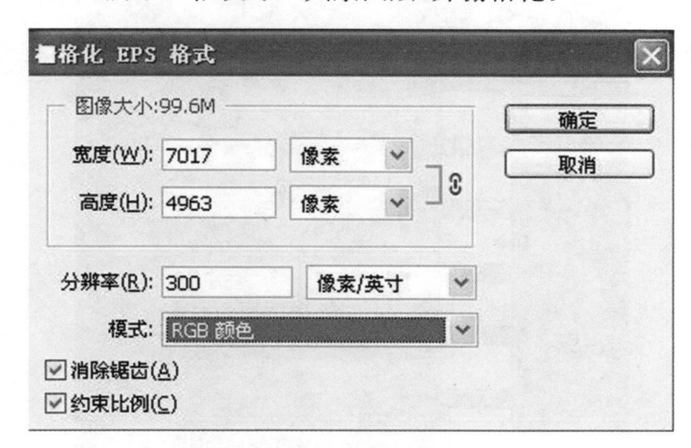

图 1-2-20　设置参数

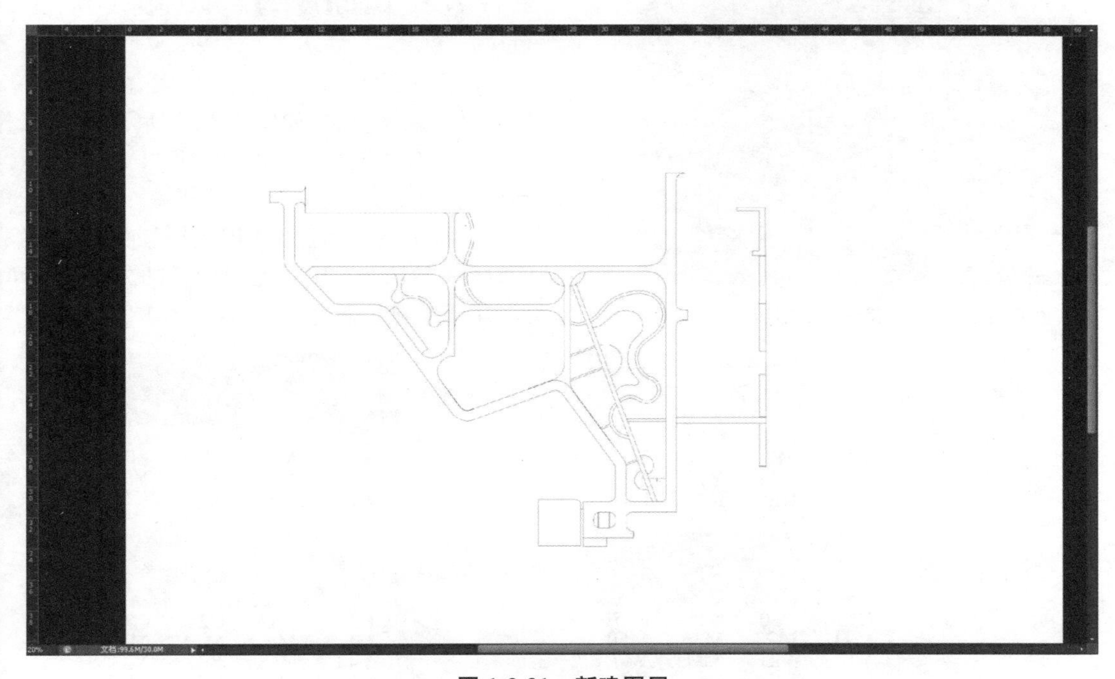

图 1-2-21　新建图层

2.2.2　CAD 到 PS 彩平图的绘制

(1)填充色块

①根据彩平图的内容创建填充图层并统一到“线稿组”，方便后面色块的填充，如图 1-2-22 所示。

②根据要营造的方案氛围选择一套配色方案，并根据该配色方案指导彩平图的绘制。

③另外在填充色块之前，还需要在 PS 中创建你所需的材质图案，方便后续的使用。

图 1-2-22　创建填充图层

(2)各部分的绘制

①道路

a)选择跟道路颜色相近的色彩(参考配色如图 1-2-23 所示,本案例选择的为 C 30,M 23,Y 21 K 0),在“道路线稿层”用【魔棒】工具点选道路所在选区,在填充层按住【Alt+Delete】填充色块,点击【添加图层样式—图案叠加】选择“混凝土”图案,并调整参数,如图 1-2-24 所示。

b)在此图层上新建“道路阴影”图层,按住【Alt】键,并用鼠标左键点击“道路层”与“道路阴影层”之间的缝隙处,如图 1-2-25 所示。

c)设置前景色(C 45,M 36,Y 34,K 0)比道路层深一点,选择【画笔】工具,调整画笔像素大小为稍大一点的数值,并将其硬度调至 0%。在“阴影层”沿道路边缘地带用画笔轻刷,并设置道路填充层透明度为 50%。

②草地

a)选择跟草地相近的颜色(本案例选择 C 53,M 25,Y 77,K 0),用【魔棒】工具点选草地所在区域,填充色块。

b)点击【添加图层样式—图案叠加】选择草地的图案素材并调整参数,如图 1-2-26 所示。使用【橡皮擦】工具调整其透明度为 20%,如图 1-2-27 所示,根据光线擦出草地亮部。

c)新建“草地阴影”图层,设置前景色(本案例选择 C 71,M 39,Y 91,K 1)使用同样的方法绘制草地的暗部,让草地看起来更加生动,如图 1-2-28 所示。

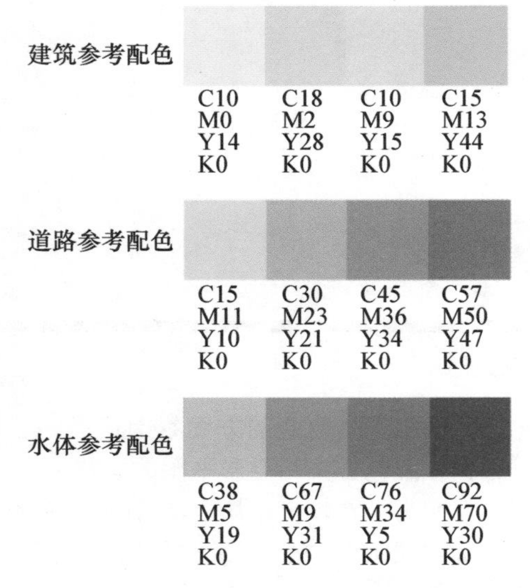

图 1-2-23　配色参考

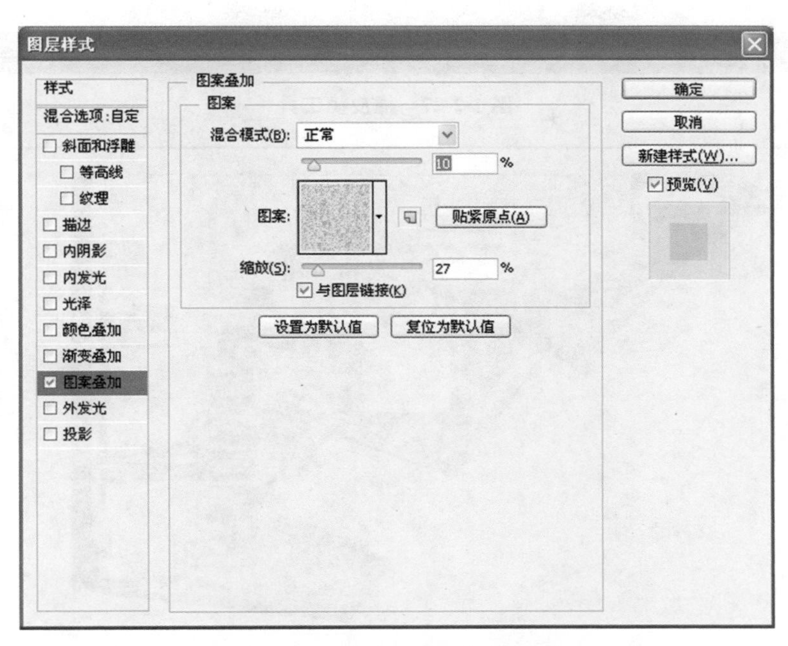

图 1-2-24　添加道路的图层样式

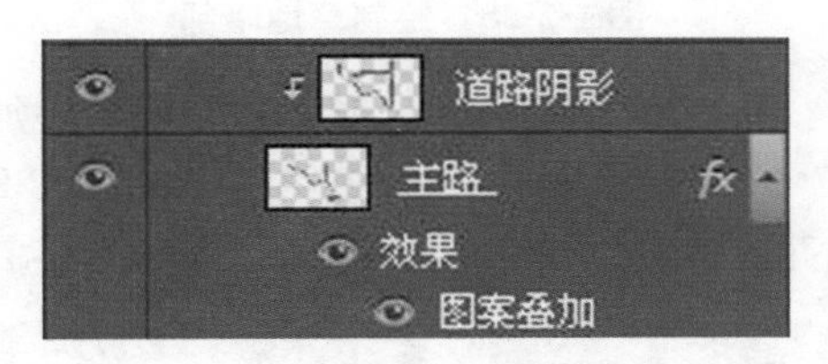

图 1-2-25　新建“道路阴影”图层

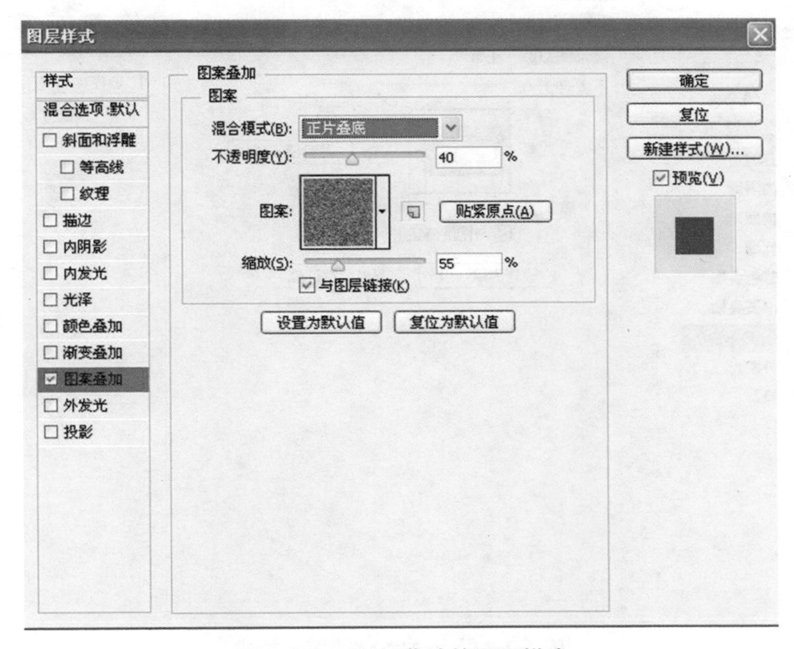

图 1-2-26　添加草地的图层样式

图 1-2-27　橡皮擦工具

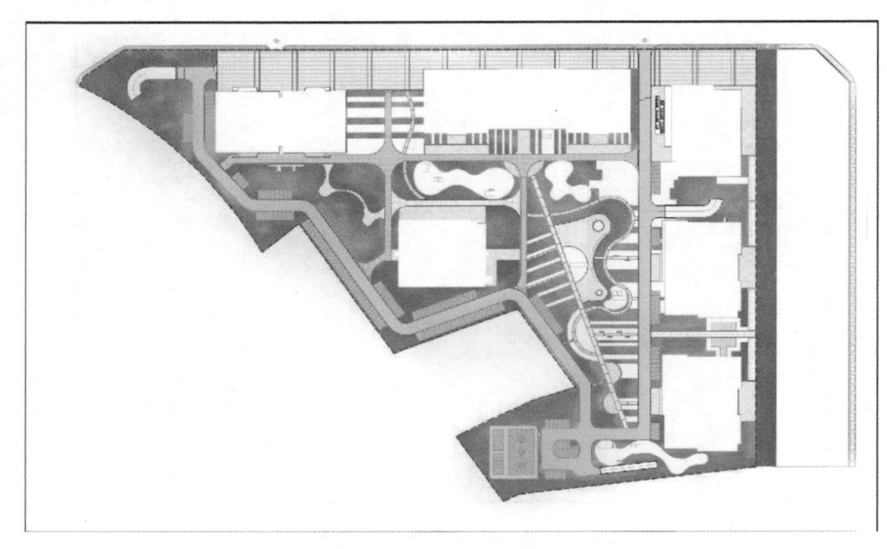

图 1-2-28　绘制草地暗部

③水体

a)设置前景色(本案例选择 C 38，M 5，Y 19，K 0)，选中水体色块并在填充层中填充。单击【添加图层样式—图案叠加/内阴影】选择水纹理图案素材并调整参数，如图 1-2-29 所示。

b)调整水体透明度为 70%，使画面更和谐。

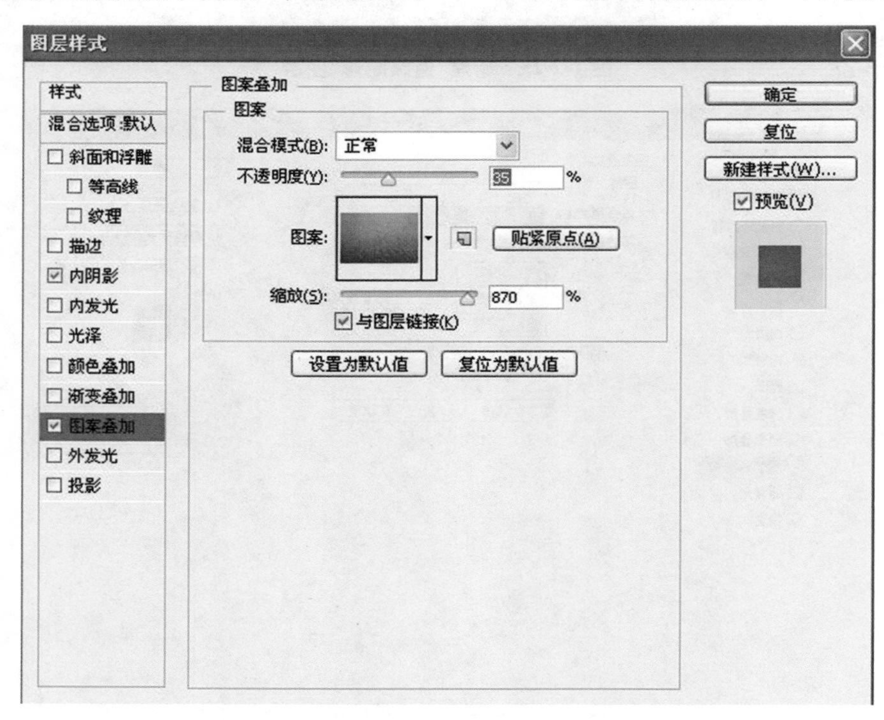

图 1-2-29　添加水体的图层样式

④建筑

设置前景色(本案例选择 C 10,M 0,Y 14,K 0),选中建筑色块并在填充层中填充。单击【添加图层样式—投影】,根据建筑高度调整其投影距离、大小等,并调整投影的透明度,如图 1-2-30 所示。到这一步,我们的完成效果图如图 1-2-31 所示。

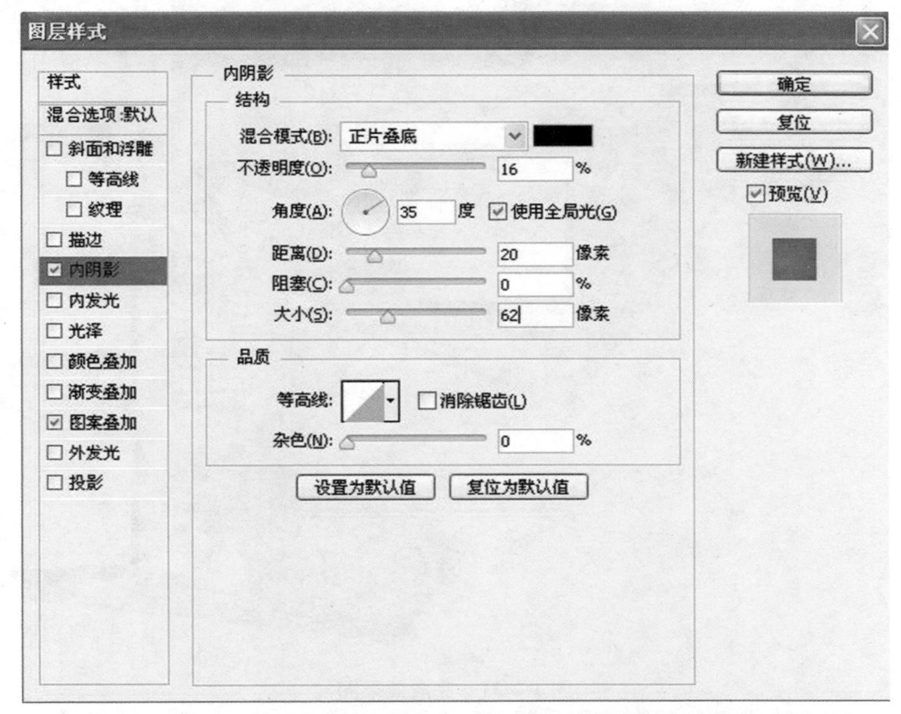

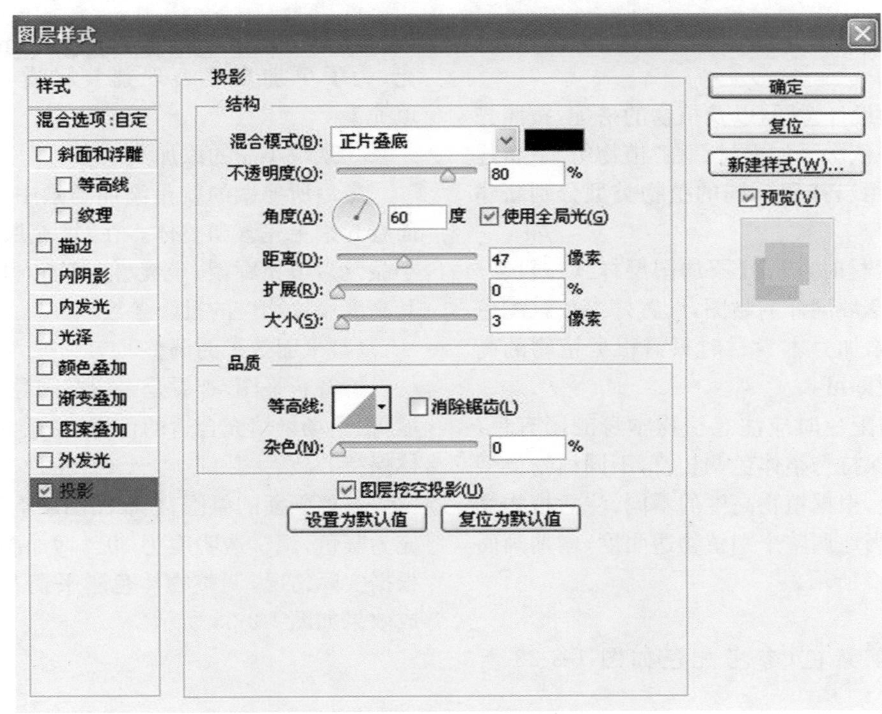

图 1-2-30　添加建筑的图层样式

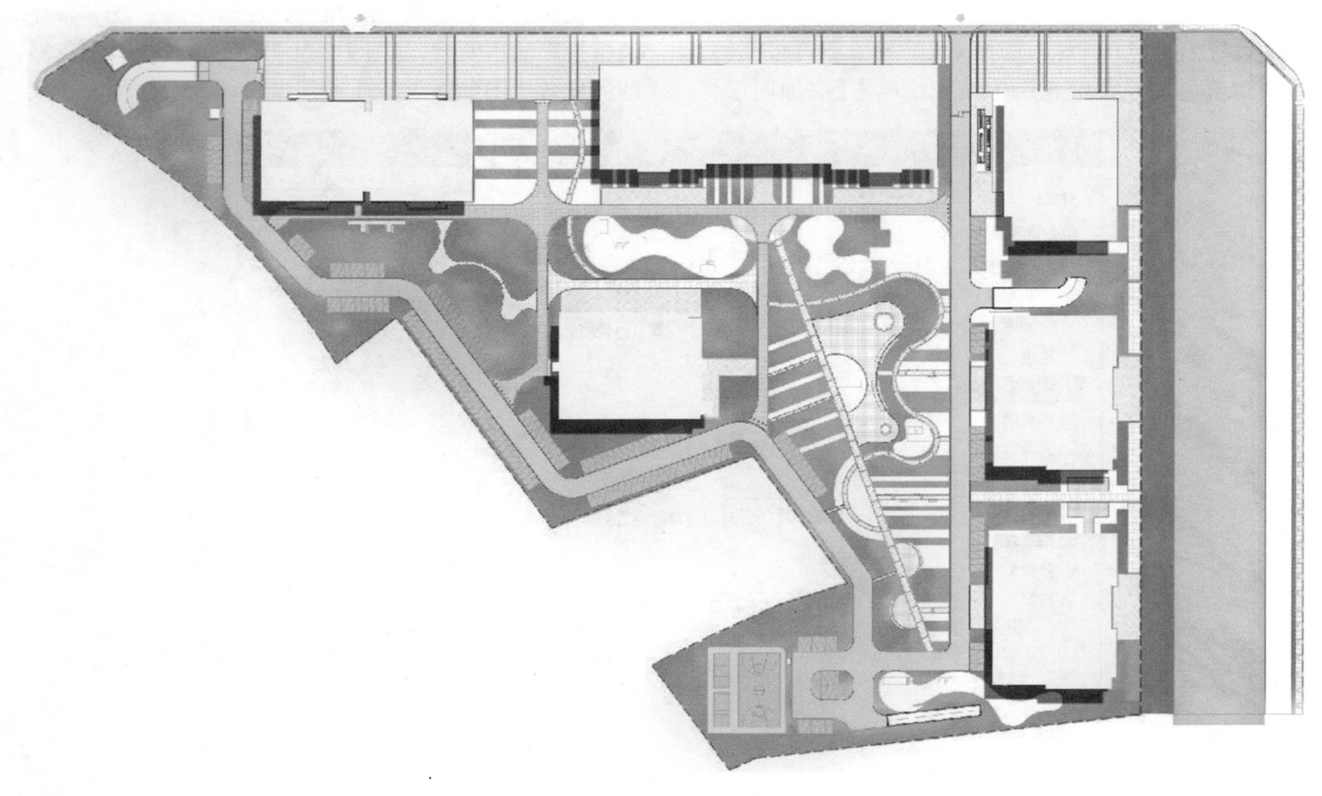

图 1-2-31　完成效果图

(3)植物的添加及细节的处理

①植物的添加

a)根据方案的设计意图,以及植物的搭配,按照先灌木后乔木的顺序依次添加素材。在“植物组”下新建“灌木组”与“乔木组”,按照不同的植物类型分别新建图层。

b)添加灌木素材时,点击【添加图层样式—投影/图案填充】使用与草坪同样的贴图,设置好参数,(配色参考图 1-2-23)。添加乔木素材时只需根据植物的高度设置好投影参数即可。

c)在选择植物配色时应注意植物本身的固有色,在此基础上,尽量保持与整体色调相符,不同植物类型应设置不同的颜色,根据植物高度的不同,注意植物之间的层叠关系,适当地调整个别植物透明度,增加画面生动感,如图 1-2-32 所示。

②铺装材质

设置铺装的前景色(参考配色如图 1-2-23 所示),选择有铺装材质的道路,按住【Alt+Delete】填充,为了更加真实表现铺装材质,同样进行【图案填充】。

③景观小品的添加

最后所要做的就是添加场景中的景观小品,使画面看起来更完善和整体。在“填充层”组下新建“景观小品”组,填充廊架、坐凳、停车场入口等区域,并根据其高度设置相应的投影参数。

(4)平面效果的调整

检查彩平图,查看是否留有间隙,选择这些留白区域,根据场景填充合适的色块,注意其效果样式要与整体保持一致。

调整画面的氛围,在底图图层上新建一个图层,填充为灰色,调整透明度为 20%增加画面的层次感。可根据实际情况,调整物体色彩平衡及透明度。最终完成效果如图 1-2-33 所示。

图 1-2-32　添加植物

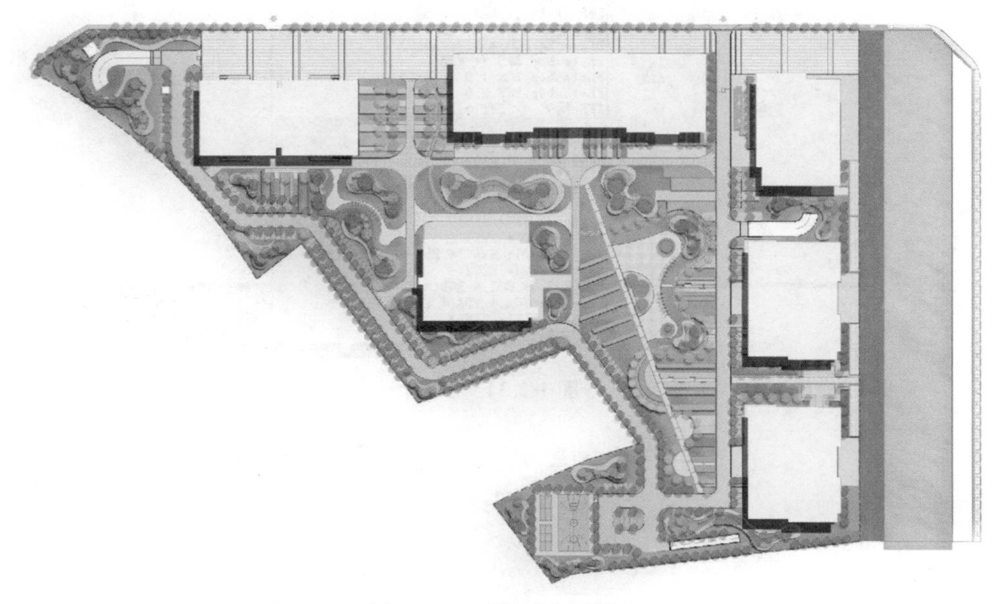

图 1-2-33　调整平面效果

2.2.3 出图

完成彩平图的绘制，按住【Ctrl＋S】保存为“psd 格式”的源文件。

点击【文件—存储为】，在弹出的选项框中，选择你所要保存的格式（一般保存为“jpg 格式”或“pdf 格式”），在弹出来的选项框中把【品质】调至最佳，点击【确定】，如图 1-2-34 所示。

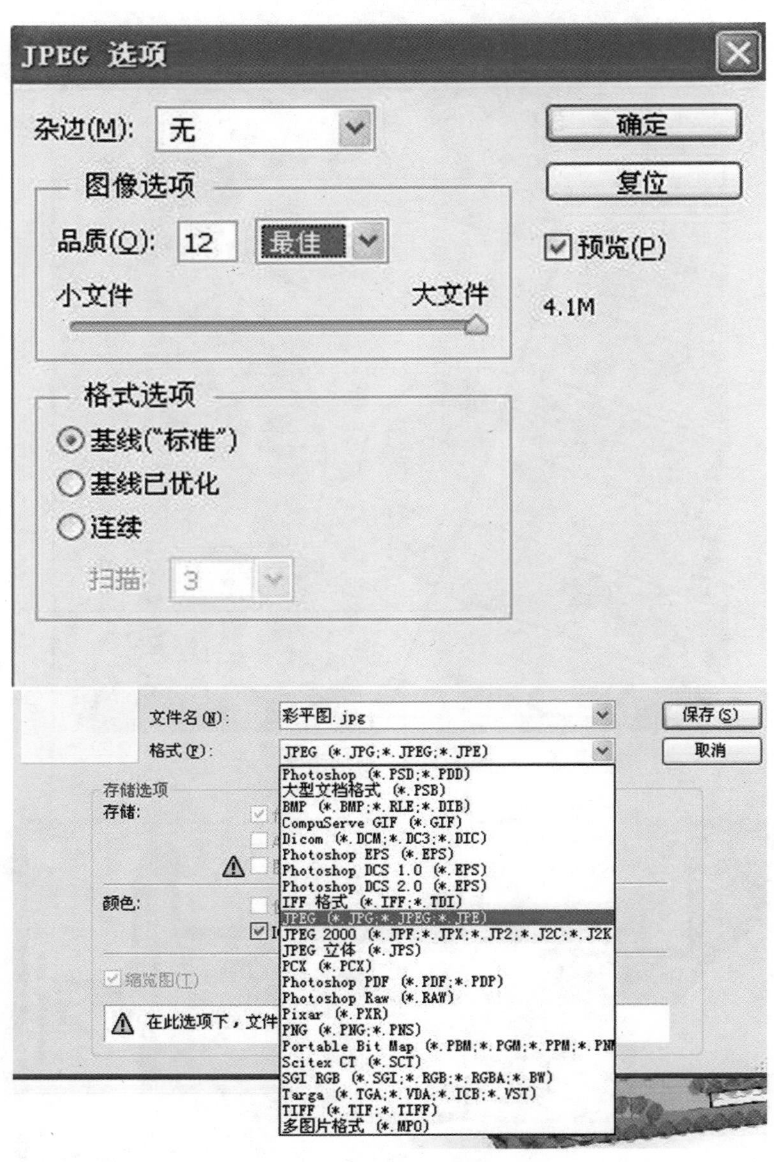

图 1-2-34 出图

3 效果图部分

3.1 建模前期工作

3.1.1 清理 CAD 文件

打开 CAD，如图 1-3-1 所示，使用命令：【X】炸开整个图形；删除不需要的部分，如尺寸、标注、文字、轴线等；框选所需的图形，使用天正命令【XCCX】消除重线；使用命令【PU】，在弹出的选项框中勾选【确认要清理的每个项目】以及【清理嵌套项目】清理多余图层及图块等，如图 1-3-2 所示。

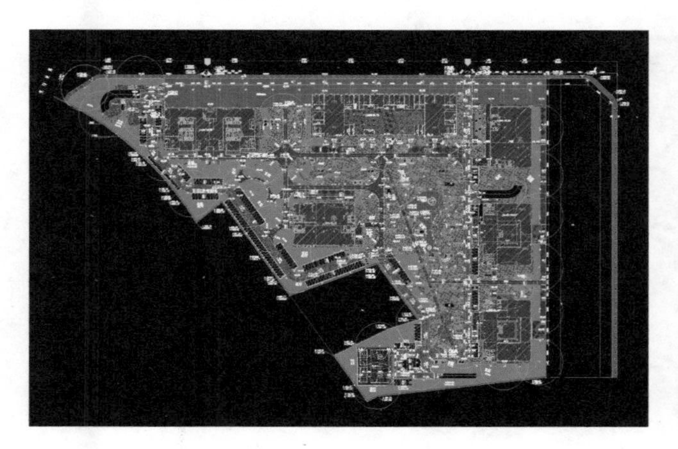

图 1-3-1 CAD 文件

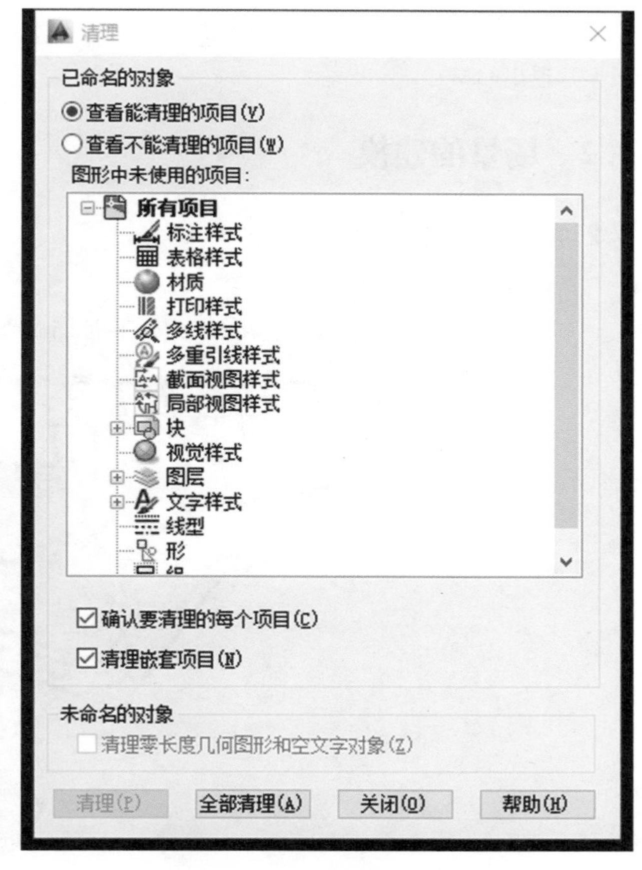

图 1-3-2 清理 CAD 文件

3.1.2 统一标高

框选所有图形，使用天正命令【TYBG】统一标高。

3.1.3 整理图层

框选所有图形，统一到“0 图层”，将所有线型及线宽设为默认，完成图层整理，如图 1-3-3 所示。

图 1-3-3 完成图层整理

3.1.4 出图

保存 CAD 文件为 DWG 格式(建议保存为 2004 版本),退出 CAD。

3.2 场景的建模

3.2.1 CAD 导入 SU

(1)安装插件

下载 SU 封面工具插件,安装在 SU 文件下 plugins 文件中。

(2)图形封面

打开 SU,在【文件—导入】选择 dwg 格式的 CAD 文件,点击【选项】勾选【合并共面平面】以及【平面方向一致】;在【比例】一栏选择单位,在弹出的选项框中点击【关闭】,如图 1-3-4 所示。

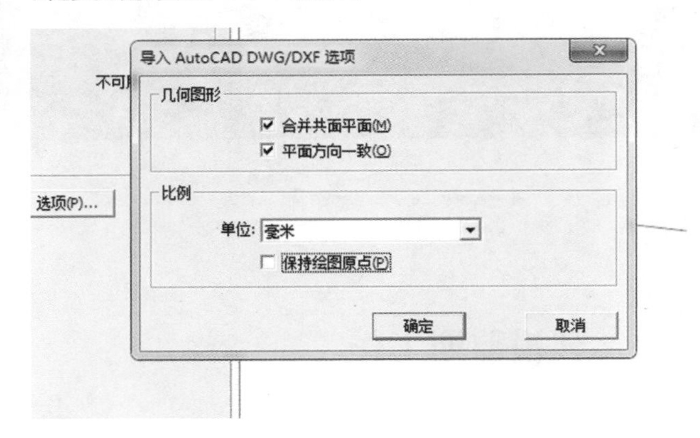

图 1-3-4 导入选项

使用命令【Ctrl+A】全选整个图形,使用封面插件对图形进行封面,没有封闭的面应先找到开口,用【直线】封闭后再生成面,如图 1-3-5 所示。

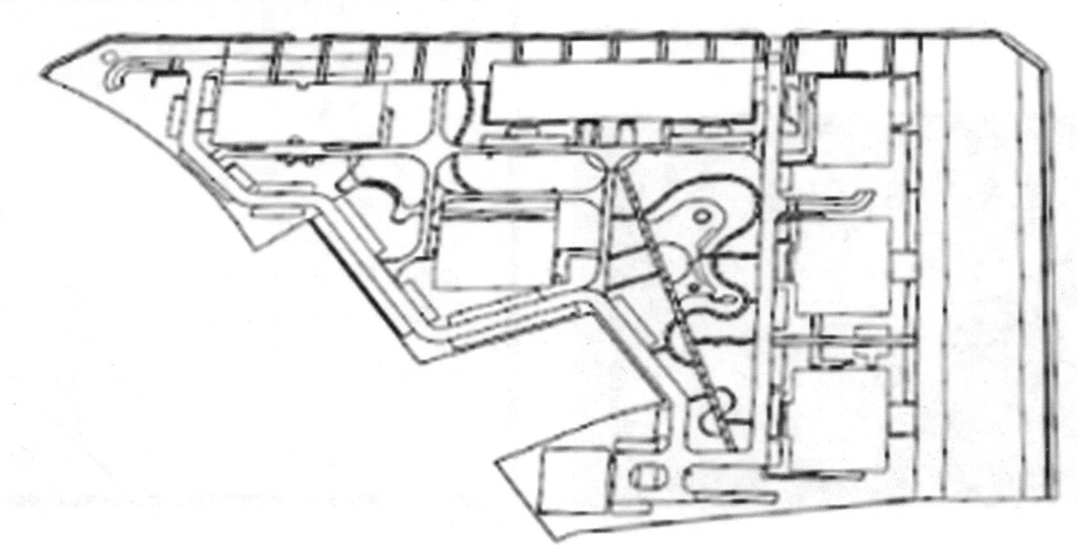

图 1-3-5 图形封面

(3)编组与分图层

按住【Shift】选中建筑所在的区域,右键【创建组】;在图层中添加【建筑】图层,选中建筑,右键【图元信息】归到建筑图层中,如图 1-3-6 所示。依次创建“景观小品”“场景”“材质”图层,绘制该图层景观时应先定位到该图层。

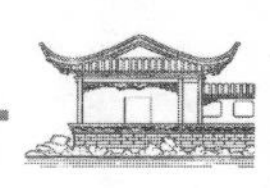

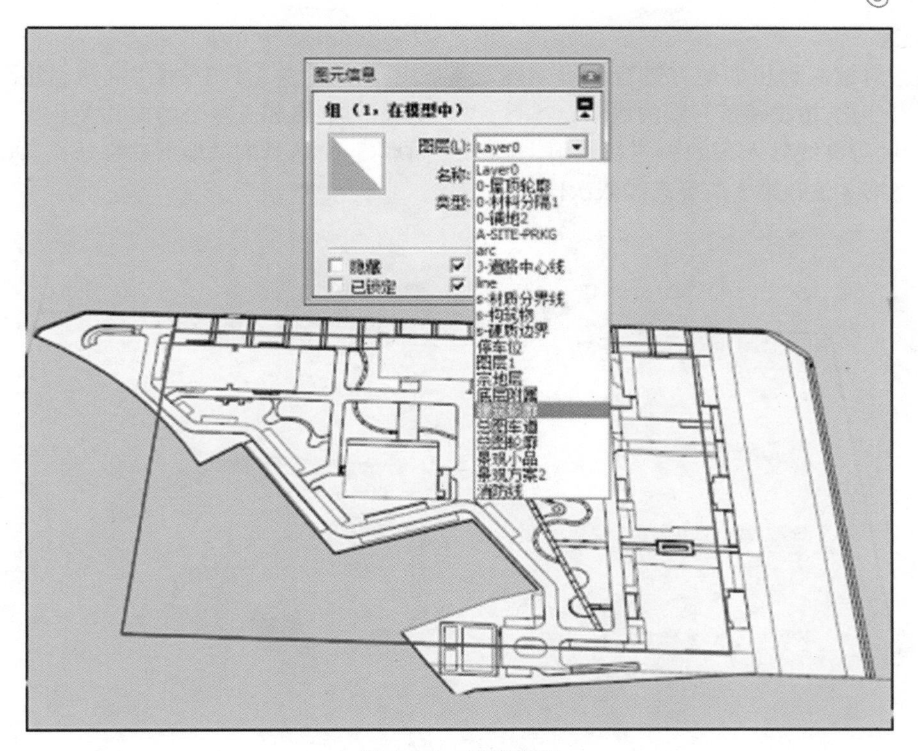

图 1-3-6　图层编组

(4)坡道处理

根据图纸上所标高差,对有坡度的道路进行放坡处理。

①假设这个道路坡道的最高点比最低点高出 1000mm,先用【直线】标出此段道路,并创建组件,再用【推拉】推 1000mm。

②先选中顶视面低的一边,用【移动】垂直向下使之与最底边重合,就绘好了坡道,如图 1-3-7 所示。同理,整个道路地形也就绘好了。

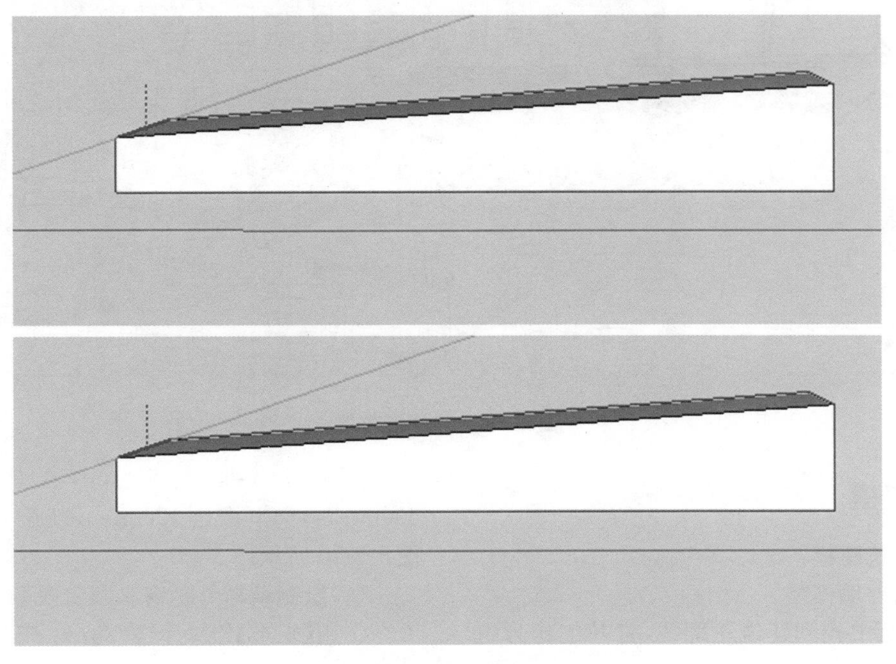

图 1-3-7　坡道处理

(5)微地形处理

微地形处理指对植被种植的地方进行地形处理，以达到地形起伏有变化、植物错落有致的效果。

①将 CAD 中的等高线导入 SU 中，进行封面。

②用【移动】将第 2 条和第 3 条等高线依次向上移动 200mm、500mm。

③用沙盒工具中的【等高线创建面】将三条等高线生成微坡，再删去多余的面和等高线，如图 1-3-8 所示。同理，整个场景的微地形就绘好了，如图 1-3-9 所示。

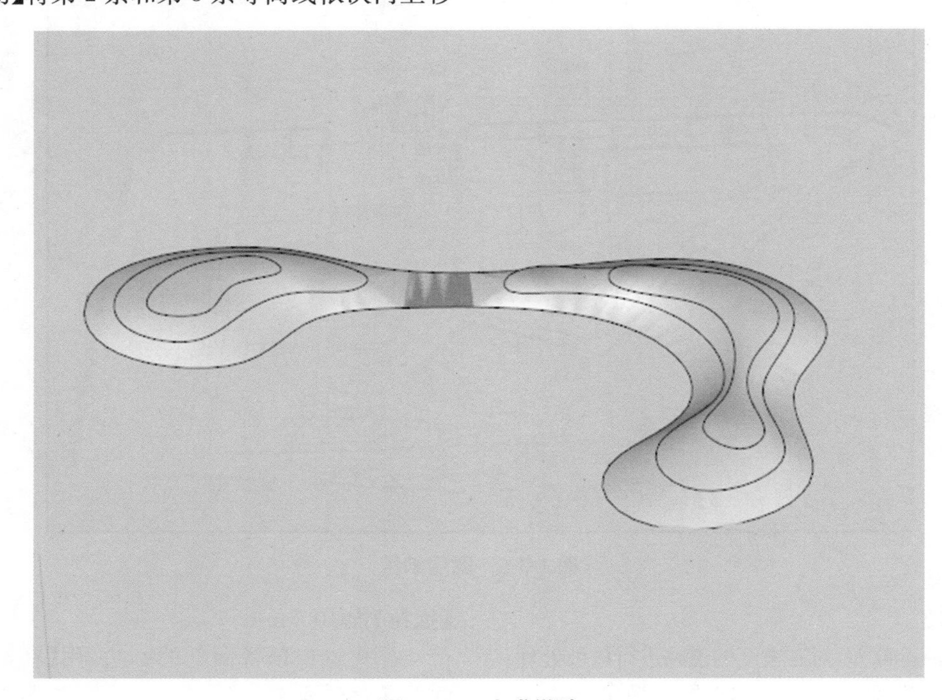

图 1-3-8　生成微坡

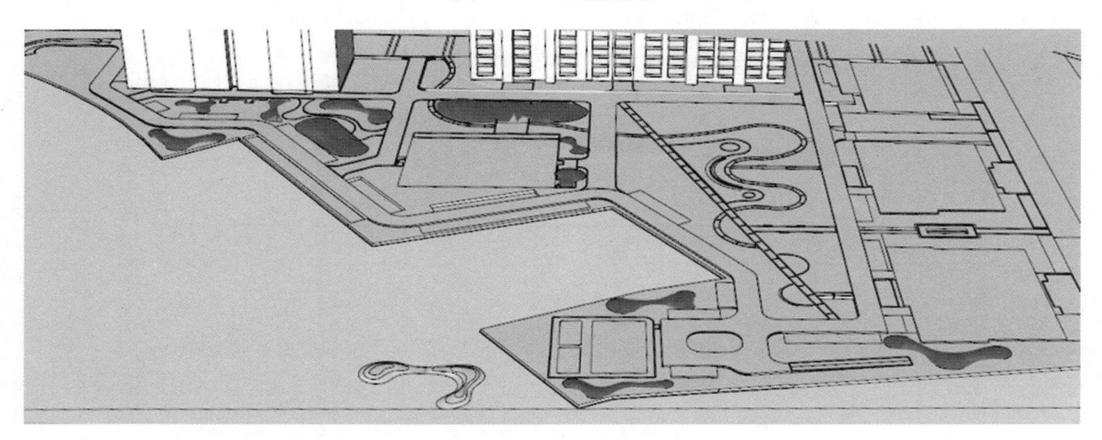

图 1-3-9　微地形效果

3.2.2　单体建模

3.2.2.1　建筑建模

(1)绘制精简外墙模型

在先封好的面中找到建筑轮廓线，将其创建为组件，用【推拉】推 180000mm，在其顶面向内偏移 500mm，再向下推拉 1200mm，就绘好了精简外墙，如图 1-3-10 所示。

(2)绘制精简外飘窗和阳台模型

①用【矩形】绘一个 2000mm×500mm 的矩形并创

建为组件，再用矩形在其短边分别绘出两个 500mm×3000mm 的矩形，最后用【填充】填颜色，就绘好了精简外飘窗，如图 1-3-11 所示。

②用【矩形】绘一个 2020mm×520mm 的矩形并创建组件，用【推拉】向上推 300mm，再用【偏移】向里偏移 200mm，并向上推拉 950mm，再删掉后视面，就绘好了精简阳台，如图 1-3-12 所示。

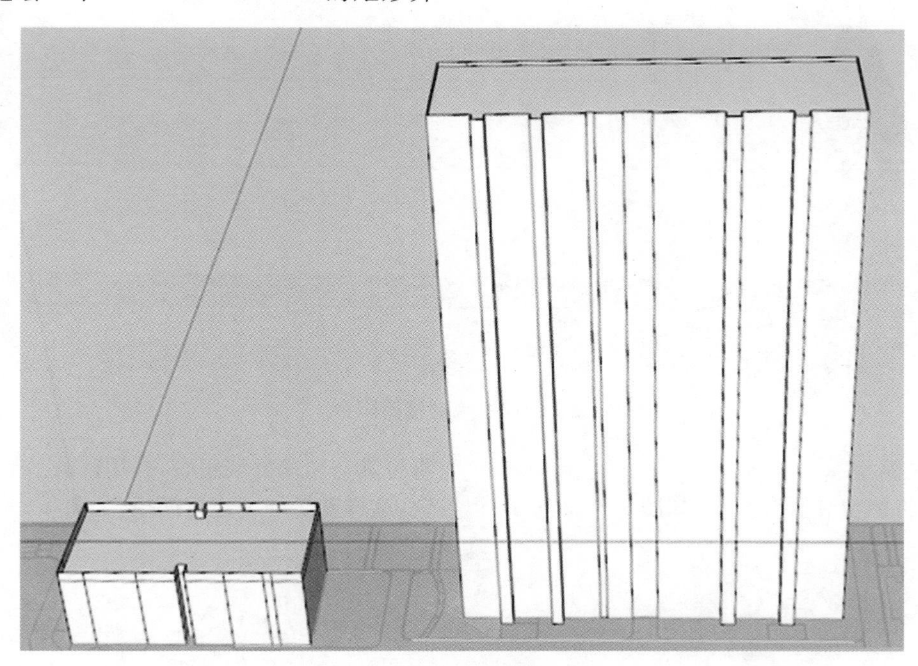

图 1-3-10　绘制精简外墙

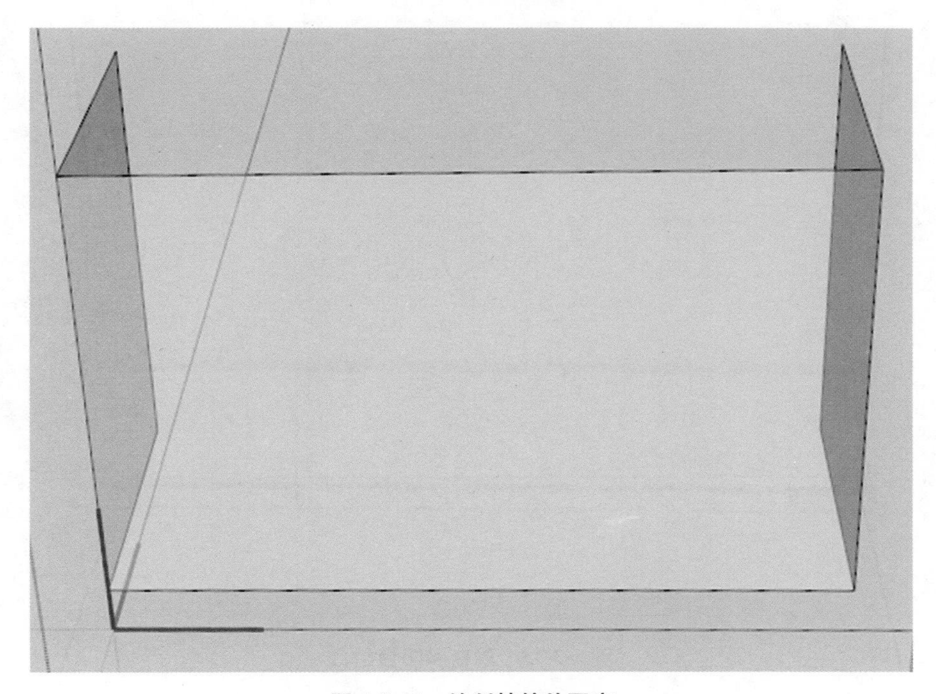

图 1-3-11　绘制精简外飘窗

图 1-3-12　绘制精简阳台

(3)组合最终模型

①用【移动】将飘窗和阳台组合,如图 1-3-13 所示。再将其与精简外墙组合,并用【Ctrl+移动】得到多个阳台,这样就绘好了建筑简模,如图 1-3-14 所示。

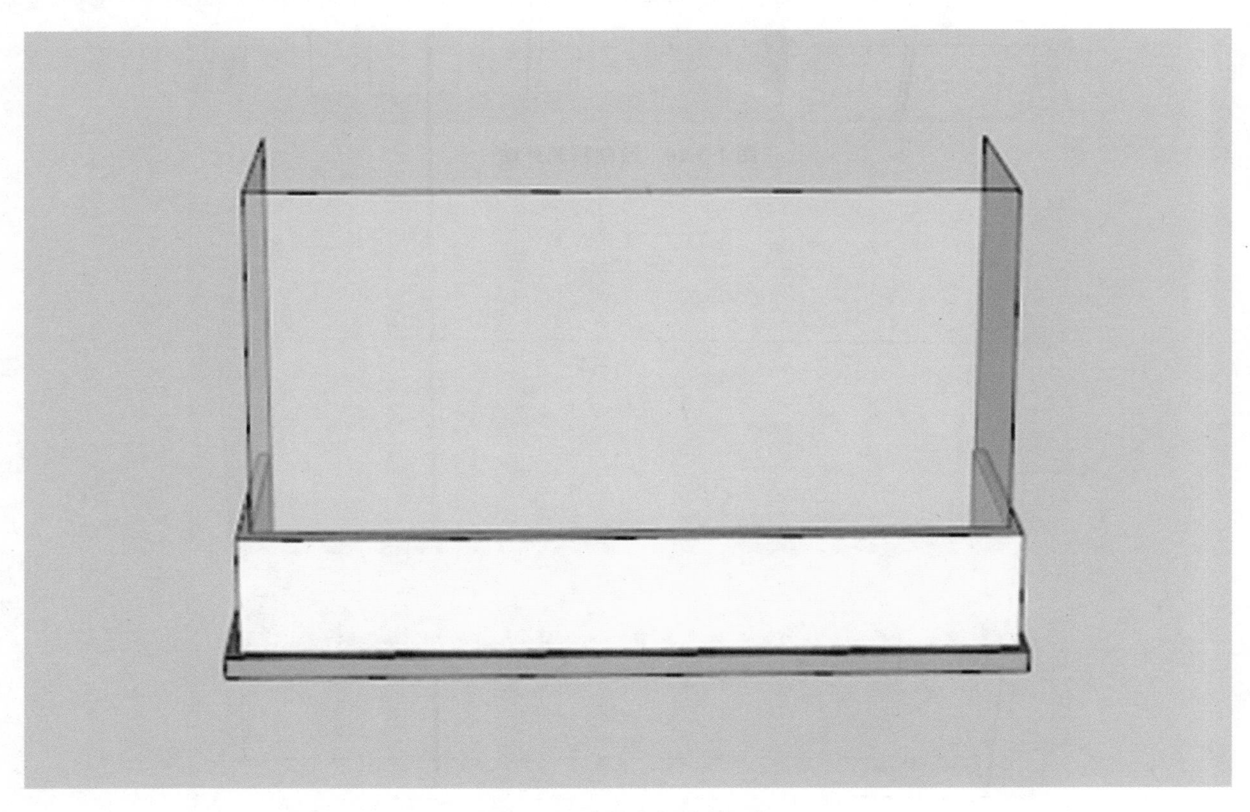

图 1-3-13　飘窗和阳台组合

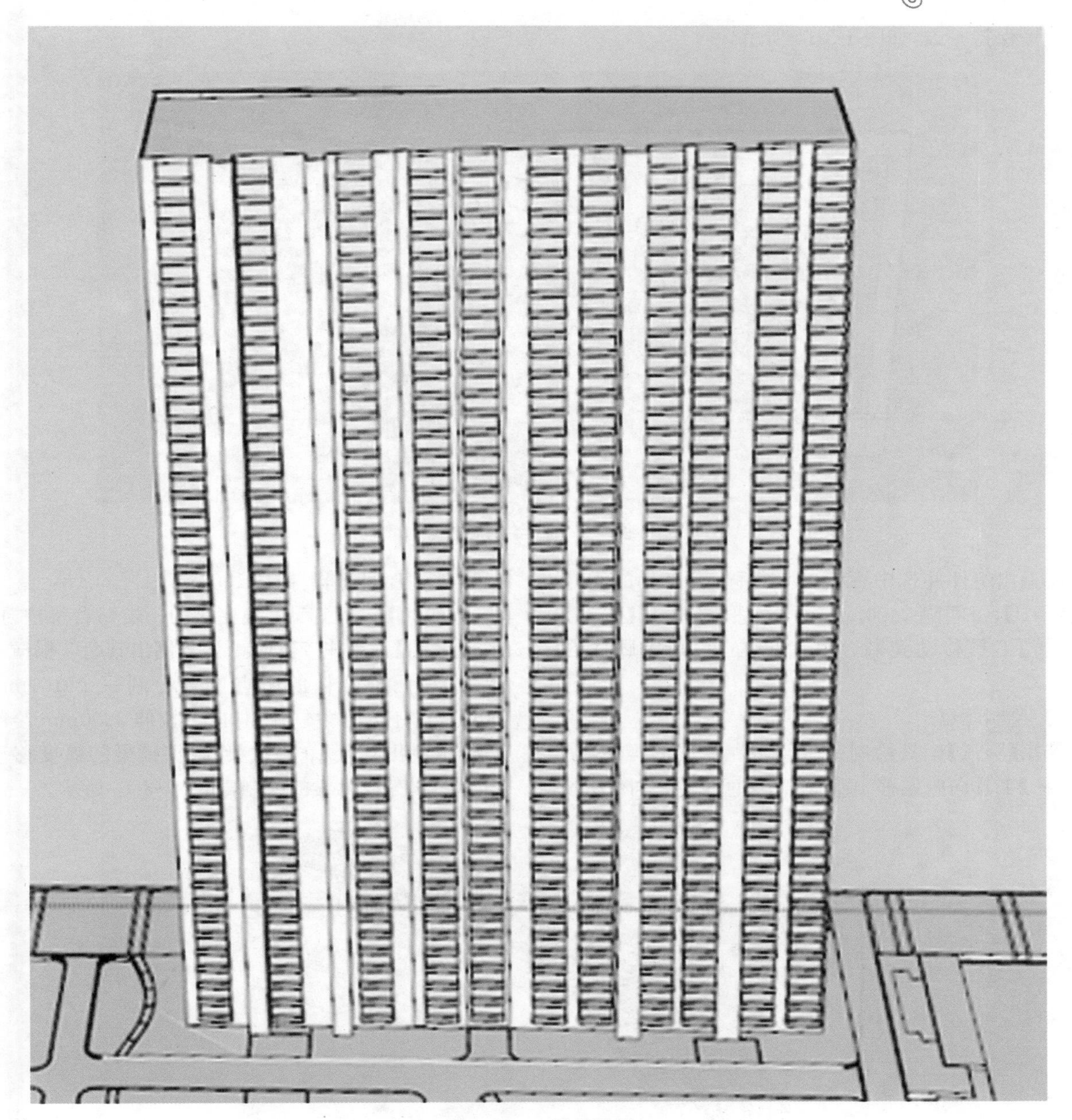

图 1-3-14　最终模型

3. 2. 2. 2　景观小品建模

1. 廊架

(1)绘制基台与坐凳

①根据廊架的平面及设计意图,用【圆弧】工具沿廊架弧度绘制一条曲线,并向内偏移 400mm,用【直线】工具封闭两端使之形成一个面,创建组。

②用【推拉】工具向上推拉 400mm 绘制基台,再按住【Ctrl】向上推拉 50mm,绘制坐凳。

(2)绘制廊柱

①用【矩形】工具绘制一个 200mm×200mm 的正方形,创建组件,向上推拉 3000mm 绘制廊柱。

②用【矩形】工具在廊柱上方绘制 200mm×200mm 的正方形,向前推拉 3200mm 绘制主梁,选中底线,使用【移动】工具向上移动 100mm。

③用【测量】工具分别在廊柱与主梁上定点,用【直线】工具连接形成面,再用【推拉】工具向前推拉使之与

廊柱宽度保持一致，如图 1-3-15 所示。

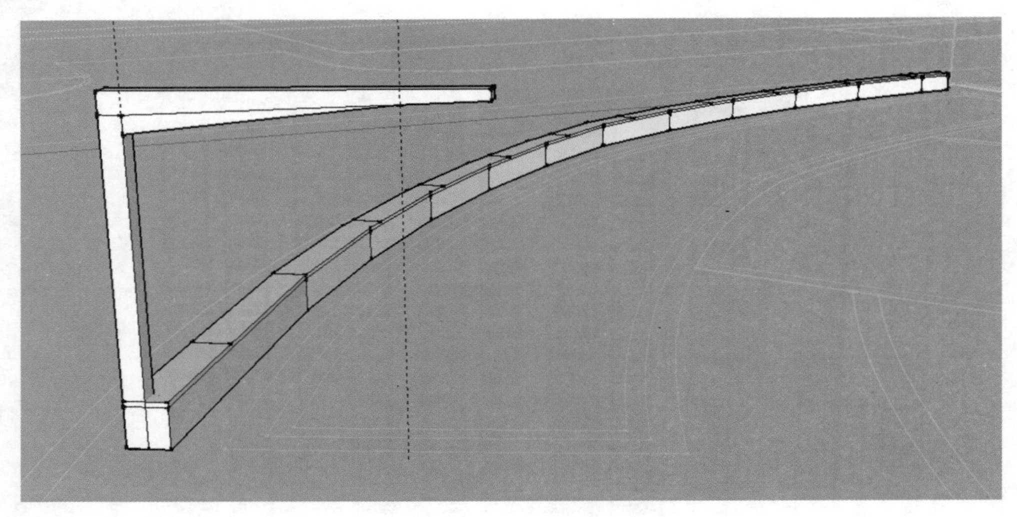

图 1-3-15　绘制廊柱

④退出组件并选中廊柱，使用【移动】工具的同时按住【Ctrl】，每间隔 2400mm 设立一根廊柱，用【移动】和【旋转】工具移动到贴合基台的位置，完成廊柱的绘制。

(3)绘制廊梁

①用【圆弧】工具绘制一条与坐凳相同的弧线，使用【偏移】工具向内偏移 100mm，用【直线】工具闭合形成面，并创建组，向上推拉 100mm。

②使用【移动】工具，使横梁的一端贴合梁柱；再次使用【移动】工具并按住【Ctrl】，复制出其余 3 根横梁。

③在两根廊柱的中点位置绘制一个 100mm×100mm 的正方形并创建组，向前拉伸 3200mm 绘制出次梁，复制出其余 10 根次梁，根据横梁的弧度移动到合适位置，完成廊梁的绘制，如图 1-3-16 所示。

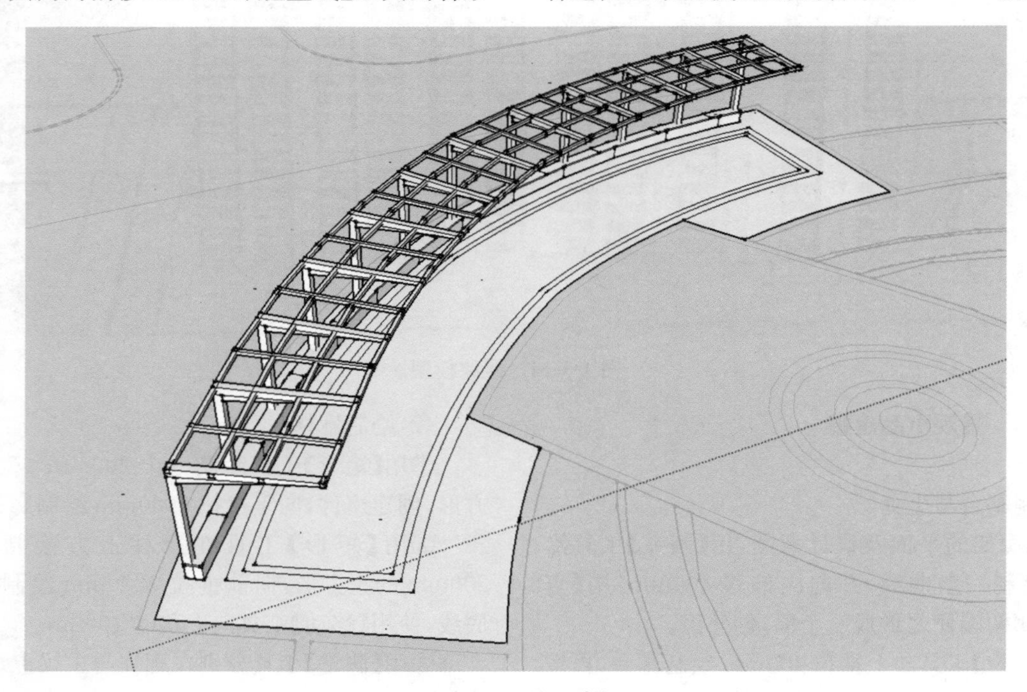

图 1-3-16　绘制廊梁

(4)绘制顶板

沿横梁绘制弧线,并用【直线】工具封面,选中面向外偏移500mm,创建组,使用推拉工具向上推拉5mm,完成顶板绘制。

2. 自行车库

(1)绘制石基

根据自行车库的平面及设计意图,用【直线】工具绘制车库石基底面并创建组,向上推拉500mm,按住【Ctrl】向上推拉220mm,根据实际需求向外推拉150mm,完成石基绘制。

(2)绘制柱体及护栏

①在石基上用【矩形】工具绘制一个150mm×120mm的矩形并创建组,推拉1600mm。

②使用【移动】和【Ctrl】等距复制9根相同的柱体,依次调整柱体的高度。

③用【直线】工具在石基一侧中点画一条小线段,使用【测量】工具,双击线段形成参考线,删除线段,用此方法绘制4条参考线。

④选中柱体创建组,复制2组到石基参考线位置,删除参考线,完成柱体绘制。

⑤选择两根柱体,在距离石基250mm处,用【矩形】工具在之间绘制一个等宽的面并创建组,向上推拉40mm。

⑥移动并复制一个副本到相邻的柱体之间,在数值控制框中输入“8＊”复制8倍,选中所有护栏创建组并向上移动复制2组,间距为300mm。

⑦选中3组护栏,移动复制并按住方向键,移动到合适位置,完成护栏绘制,如图1-3-17所示。

图1-3-17 绘制柱体及护栏

(3)绘制横梁及连接驳爪

①用【直线】工具连接两端柱体端点,在端点处用【矩形】工具绘制150mm×20mm的矩形,选中直线,使用【路径跟随】工具,点击矩形面,三击物体创建组。

②选中物体向上移动复制1组,间距180mm,框选2组物体,复制移动并按住方向键,移动到其余柱体上。

③在柱体中心增加两条参考线,在2组梁的中间用【直线】工具封面,推拉至5500mm。

④根据柱体的位置,复制出相应数量的横梁,完成梁的绘制。

(4)绘制顶棚

用【矩形】绘一个20000mm×2700mm的矩形,并创建组,再用【移动】将其移到横梁上,再用【旋转】将其旋到合适的角度,如图1-3-18所示。

图1-3-18 绘制顶棚

3. 地下车库

(1)绘制石基

①根据地下车库的平面及设计意图,用【矩形】工具绘制 23200mm×8000mm 的矩形并创建组,向上推拉 2400mm 得到一个柱体,再用【直线】连接其正立面的对角线,再推拉掉下半边柱体。

②选中柱体的顶面,用【偏移】向里偏移 200mm,用【推拉】推 1200mm,完成石基的绘制,如图 1-3-19 所示。

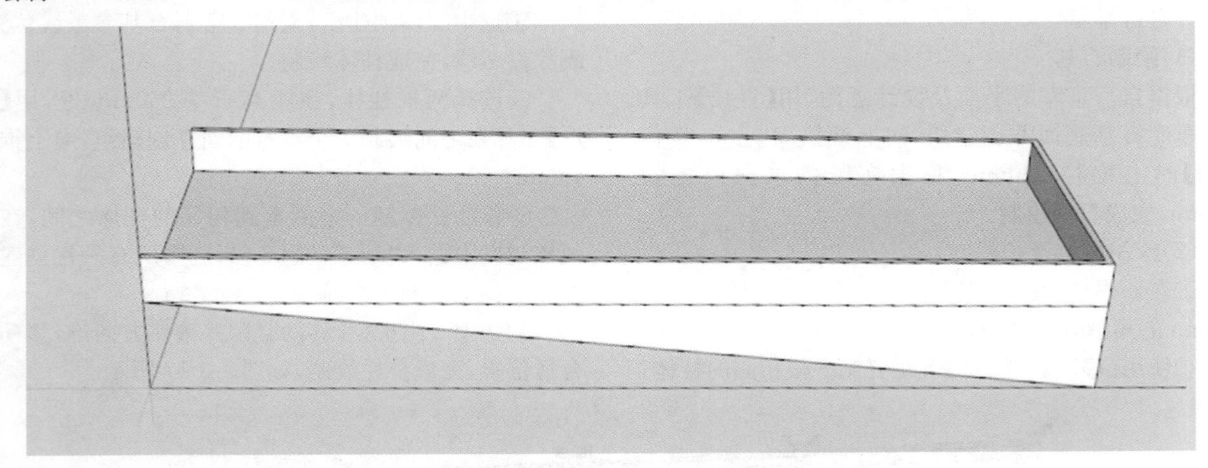

图 1-3-19 绘制石基

(2)绘制横梁和护栏

①用【矩形】绘制一个 200mm×200mm 的矩形,创建组件,再用【推拉】推 1200mm,再用【移动+Ctrl】移动 7960mm,得到两个主体,再用【直线】连接两个主体的顶面,形成一个新面,用推拉向下拉 200mm,就得到一个横梁。

②再用【Ctrl+移动】,将横梁先向右移 2900mm,在数值处输入"×2"就会得到 3 个横梁,将 3 个横梁成组,同理用【Ctrl+移动】,先向右移 8900mm,在数值处输入"×2"就会得到 3 组横梁。

③再用【缩放】,对后面两组横梁进行压缩,最后得到完整的横梁和护栏,如图 1-3-20 所示。

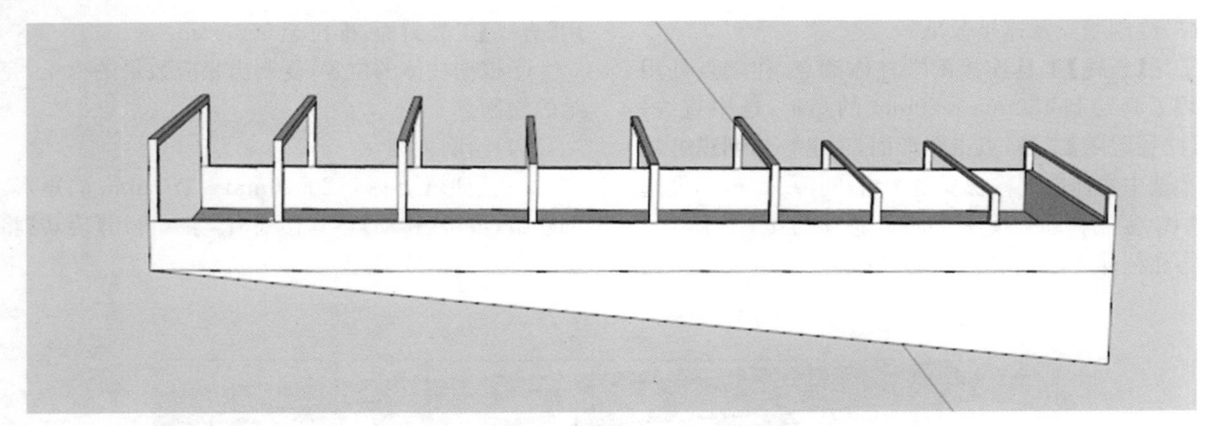

图 1-3-20 绘制横梁和护栏

3.2.3 模型材质

3.2.3.1 材质填充

可以通过【工具】—【选择】—【材质】对模型进行填色,如图 1-3-21 所示。"材质"是指材质库中所有能激活的常用材质,如图 1-3-22 所示。双击材质库文件夹,材质在左上角的预览窗中显示,同时在"材质库"标签中的材质样本上显示缩略图,如图 1-3-22 所示。选中图后,用填充图标点击所要填充的面,材质即可在模型中显示出来,如图 1-3-23 所示。

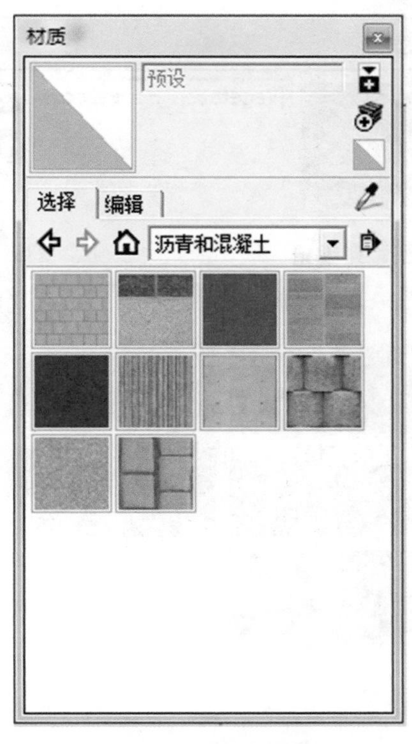

图1-3-21　对模型填色

图1-3-22　材质库

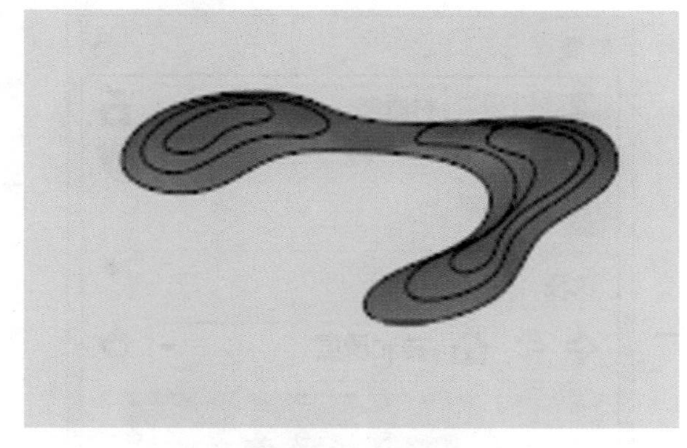

图1-3-23　填充材质

现在结合此次项目进行材质填充。

①道路材质填充，如图1-3-24所示。

②商业街、广场的铺装，如图1-3-25所示。

③植被填充，如图1-3-26所示。

④自行车车库填充，基台填充的水泥砖，扶手和驳爪用的金属，顶棚用的玻璃材质，如图1-3-27所示。

⑤地下车库填充，基台填充的水泥砖，扶手填充的金属，如图1-3-28所示。

⑥整个模型的材质，如图1-3-29所示。

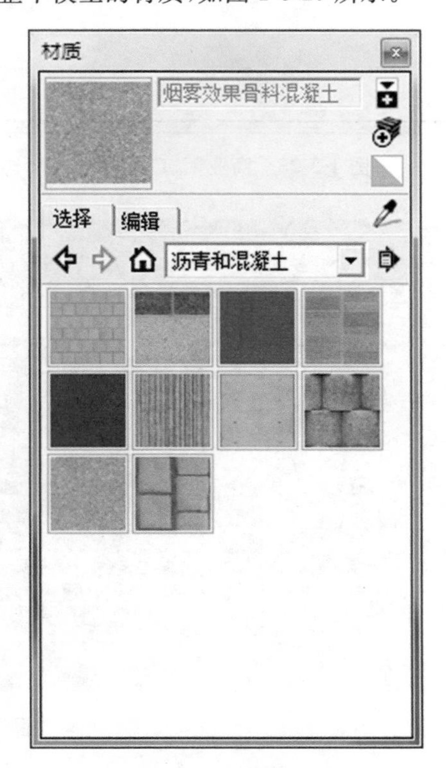

图1-3-24　道路材质

图 1-3-25　商业街、广场材质

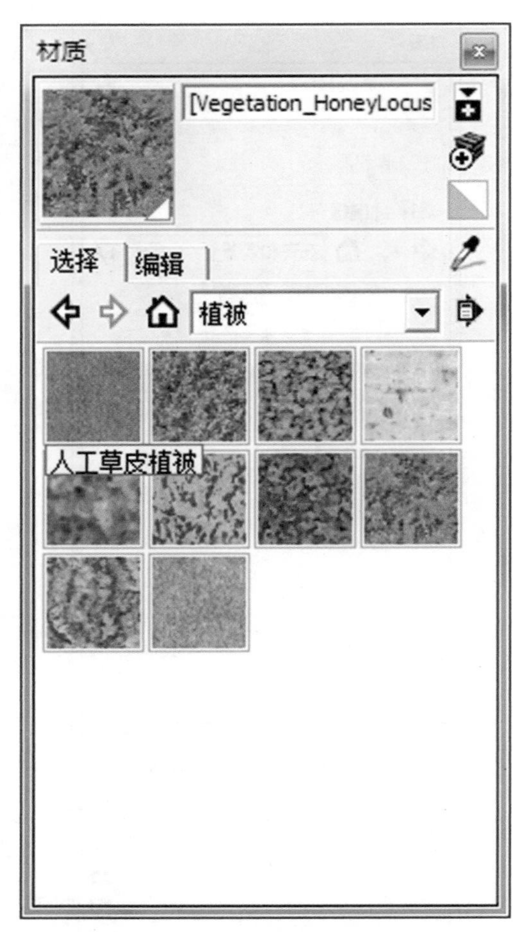

图 1-3-26　植被材质

图 1-3-27　自行车车库填充

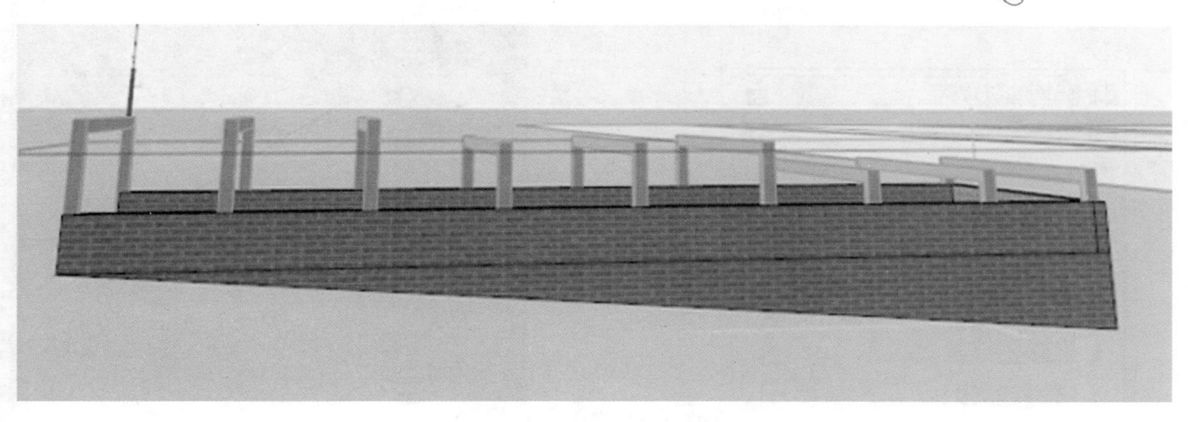

图 1-3-28 地下车库填充

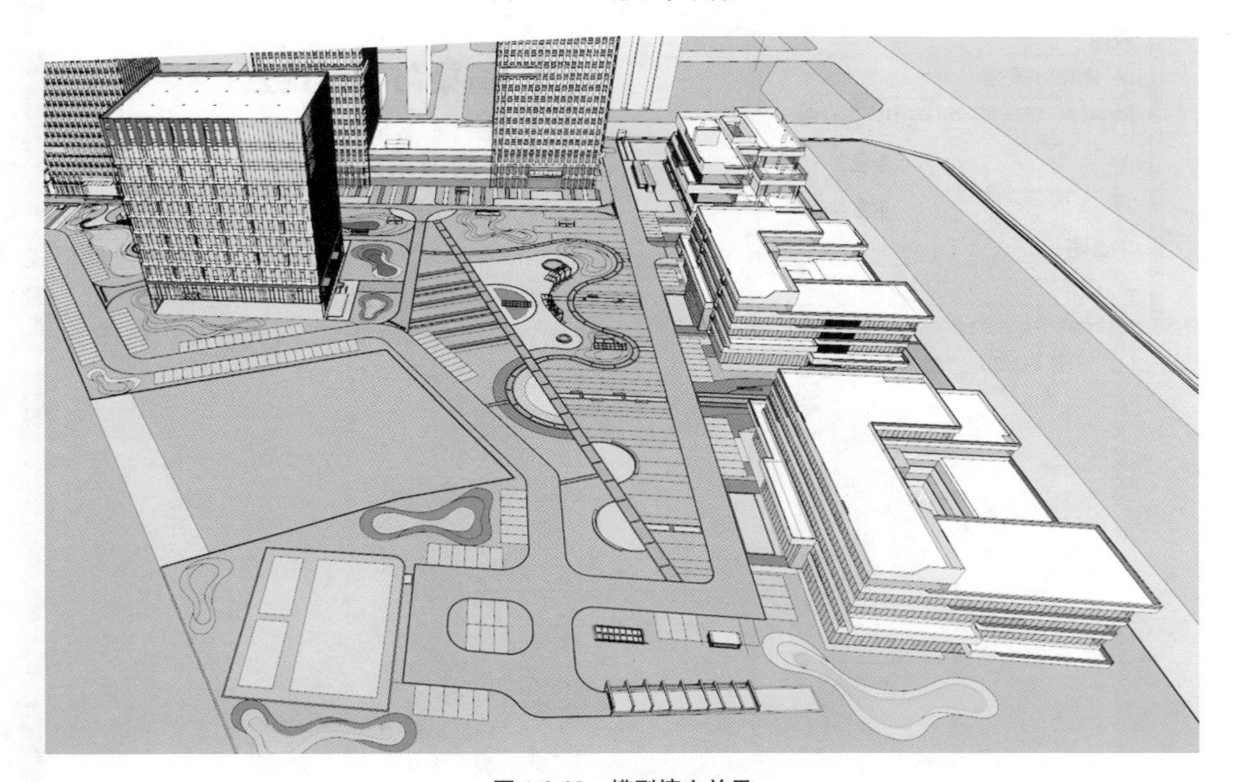

图 1-3-29 模型填充效果

3.2.3.2 材质编辑

材质选择并赋予后，其颜色、大小并不一定符合要求，因此必须对材质进行一定的修改。选中材质后，点击材质面板上的“编辑”选项，出现如图 1-3-30 所示的面板。其包括“颜色”“透明”“纹理”3 个选项。下面主要讲“纹理”的操作。

(1)纹理

如选中的材质没有纹理，点击了“使用纹理图像”后，软件自动转到“浏览”选择纹理，选中纹理过后可以对其尺寸进行修改，更改时长宽比可以进行锁定和解锁，或进行颜色的重新设定。

(2)修改纹理

【选中纹理】—【右键】—【纹理】—【位置】，就会出现如图 1-3-31 所示的 4 个坐标点，根据需要可对 4 个坐标点进行调整，得到理想的效果。

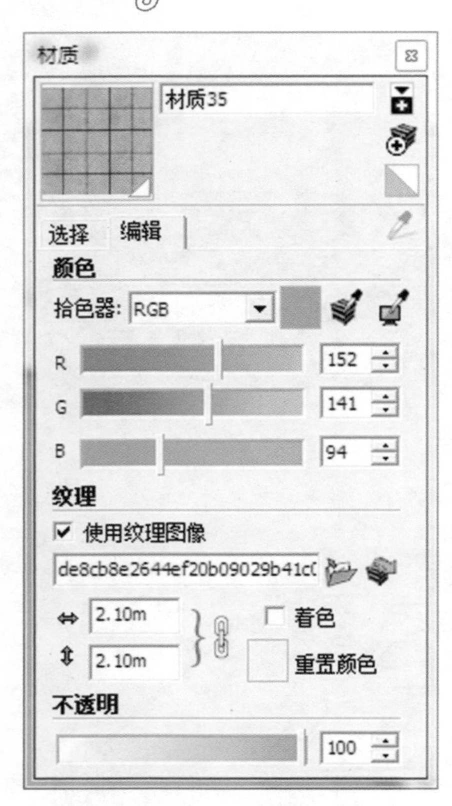

图 1-3-30 “材质”面板

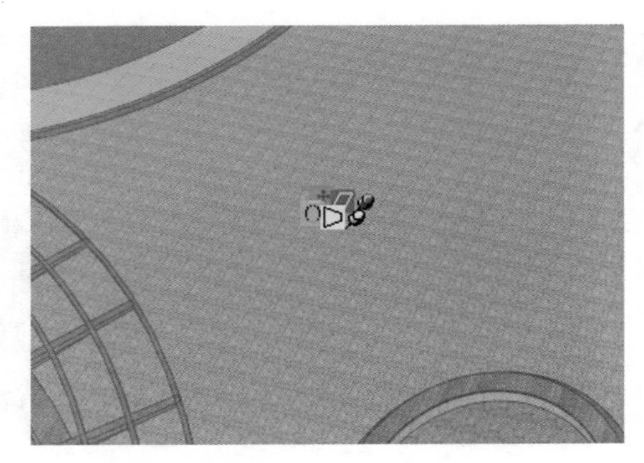

图 1-3-31 坐标点

3.3 渲染与显示设置

3.3.1 面渲染风格

标准显示模式

SU 有多种模型显示模式，分别是线框模式(图 1-3-32)、消隐线模式(图 1-3-33)、后边线模式(图 1-3-34)、贴图着色模式(图 1-3-35)、X 光透视模式(图 1-3-36)和单色模式(图 1-3-37)。

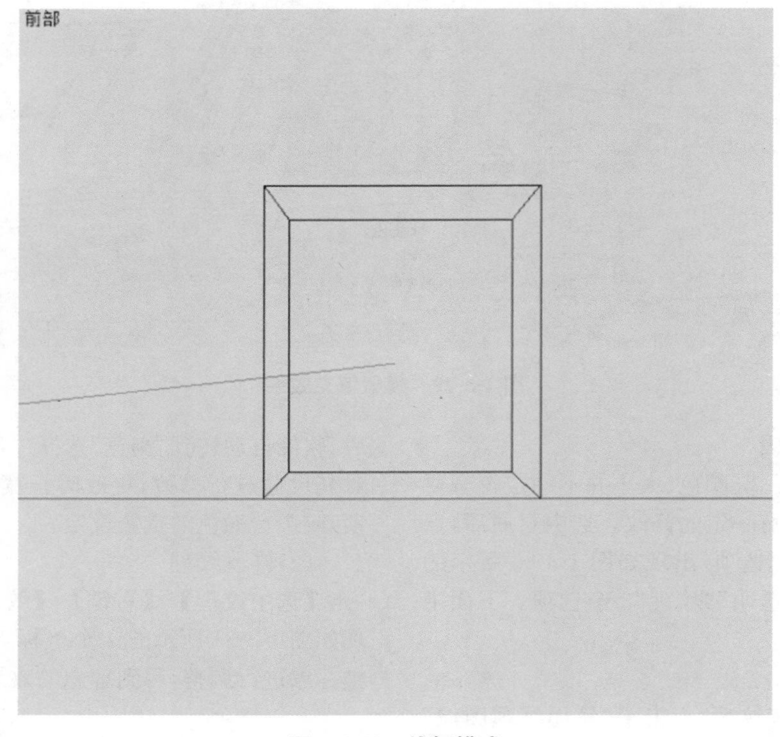

图 1-3-32 线框模式

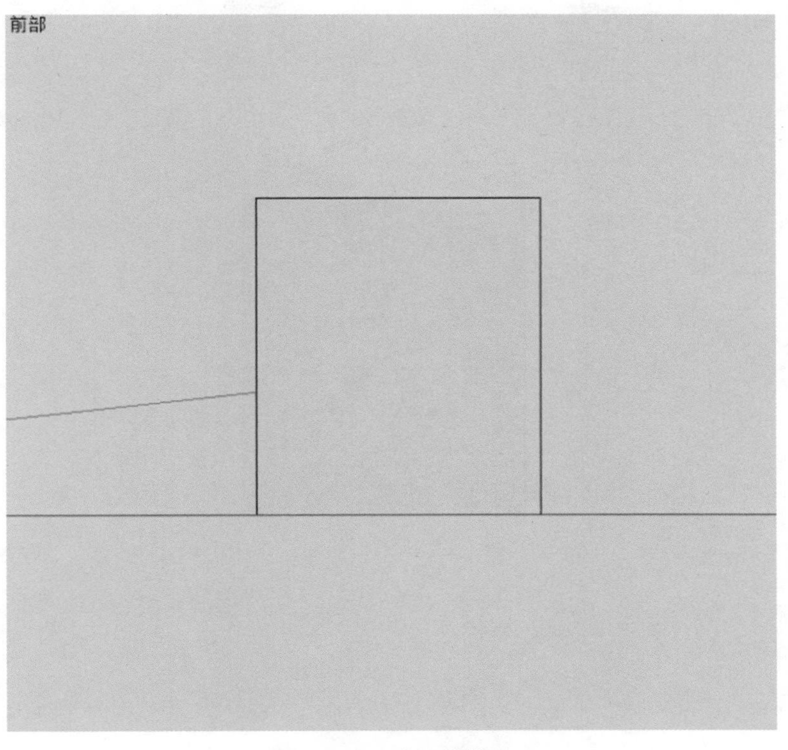

图 1-3-33　消隐线模式

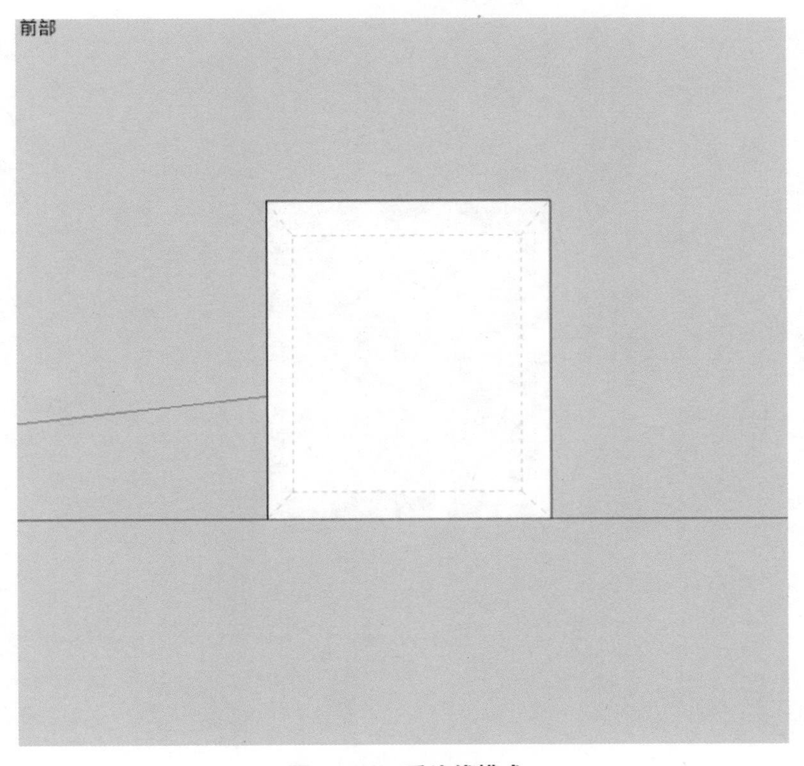

图 1-3-34　后边线模式

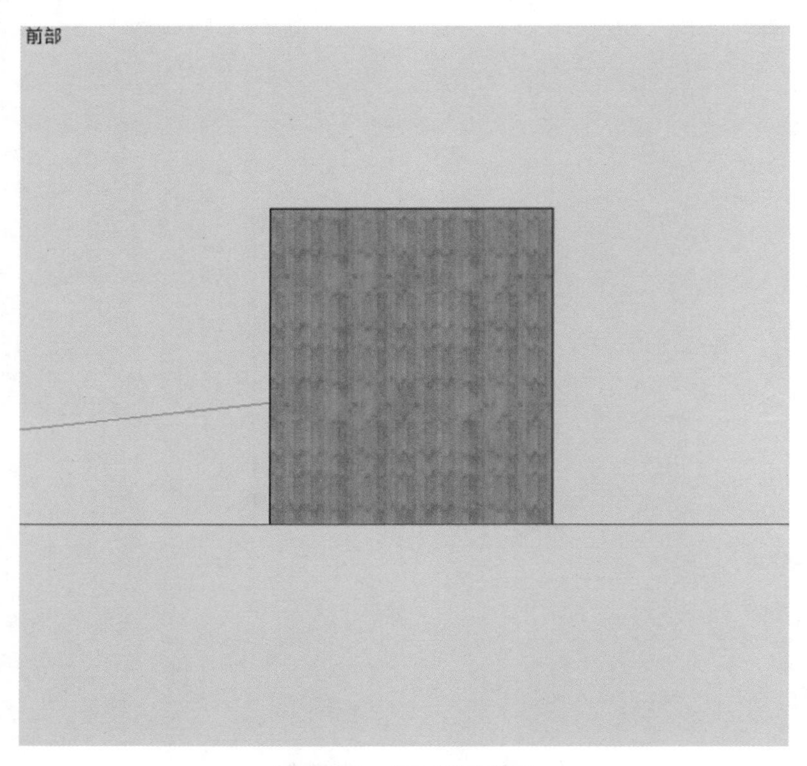

图 1-3-35　贴图着色模式

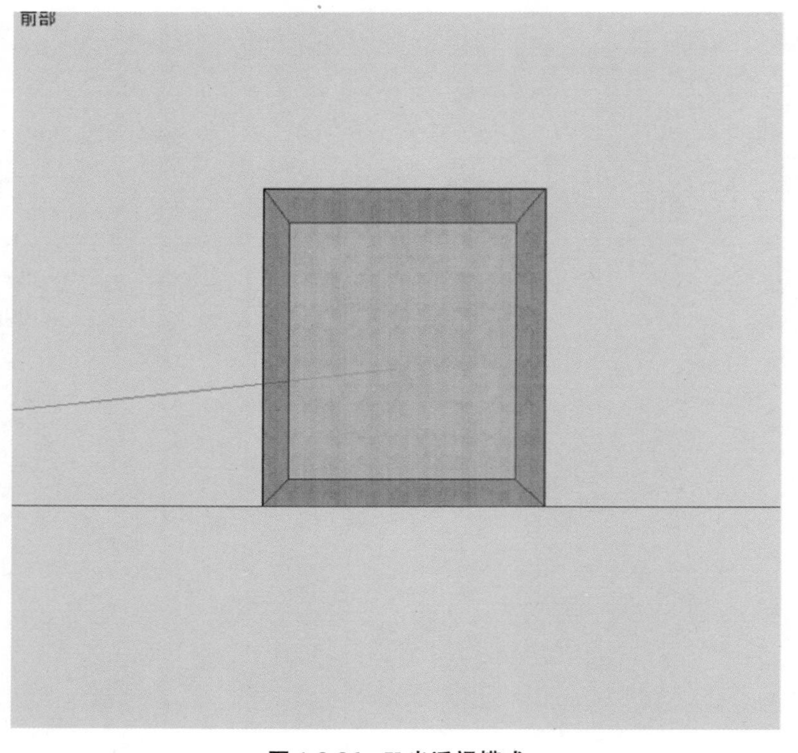

图 1-3-36　X 光透视模式

图 1-3-37　单色模式

3.3.2　线渲染风格

点击下拉菜单【窗口】—【风格】，出现如图 1-3-38 所示的面板，选择【编辑】—【边线设置】勾选"轮廓线""深粗线""扩展""端点""抖动"。

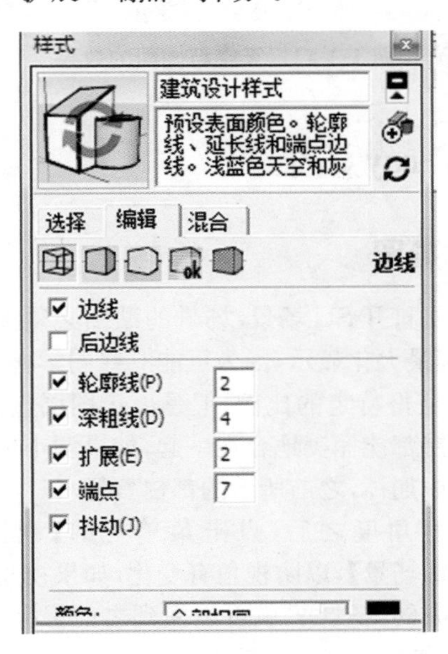

图 1-3-38　"样式"面板

3.3.3　设置投影

点击下拉菜单【窗口】—【阴影】，弹出如图 1-3-39 所示的"阴影设置"面板，可以设置阴影的时间、日期、光线强弱、阴影明暗，启用光影及显示地面、表面、边线等内容。模型的设置可以在窗口下拉框【窗口】—【模型信息】—【位置】上进行设置，还可设定太阳方位正北角度，这些设置可以将阴影表现得真实可靠，如图 1-3-40 所示。

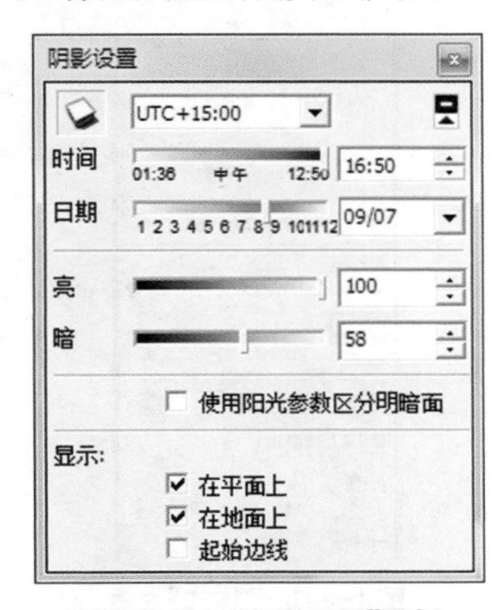

图 1-3-39　"阴影设置"面板

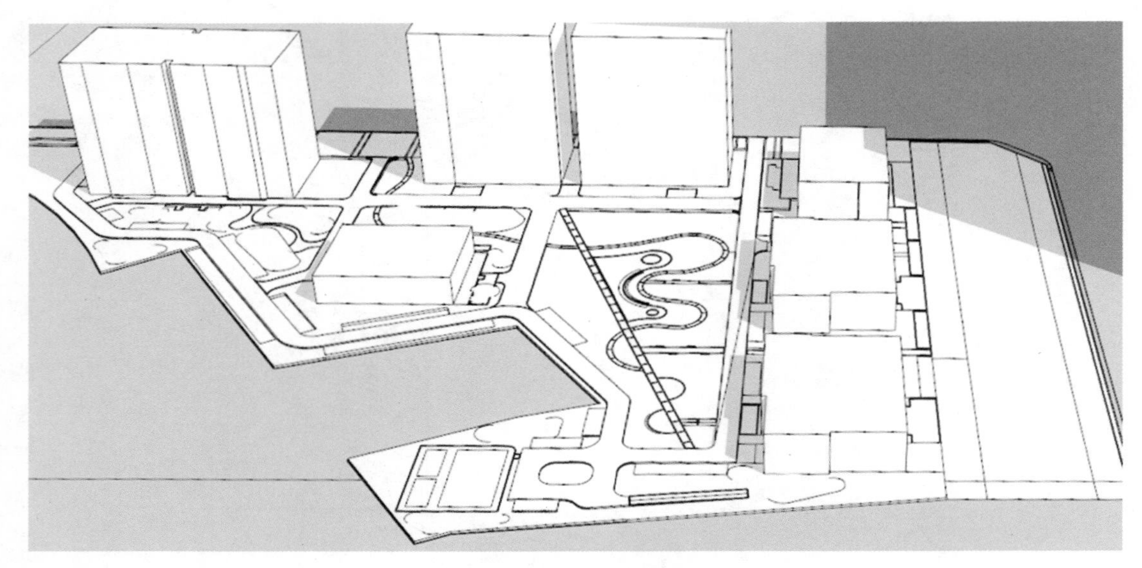

图 1-3-40　阴影效果

3.3.4　设置天空与地面的效果

点击下拉菜单【窗口】—【样式】—【编辑】—【背景】，如图 1-3-41 所示的面板上，可以设置“背景”“地面”“天空”的颜色，及地面“透明度”“显示地面背面”等内容，天空与地面的效果如图 1-3-42 所示。

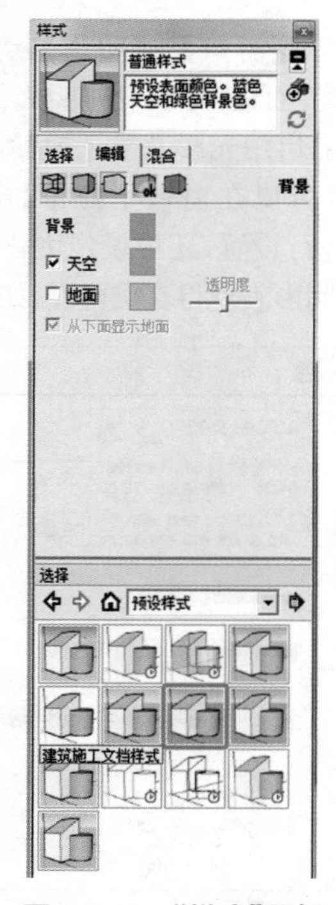

图 1-3-41　“样式”面板

图 1-3-42　天空与地面的效果

3.4　V-ray 渲染

3.4.1　导图

①首先打开 SU 场景，场景的贴图必须提前贴好。（推荐全屏最大化显示，因为可能有些同学喜欢调小窗口以此来获得特定的比例，但是由于图层叠加必须保证所有图层都能完美地合在一起，如果调小窗口，在导图的过程中崩掉，之前所干的都白费了）

②选好角度之后，点击菜单栏的【视图】—【动画】—【添加场景】，以防视角有变化，如果视角变化，点击视口上方的“场景 x”就可以回到之前保存的角度（x 代表任意数字）。

③导出颜色底图:关闭线框、阴影,力求底色纯净,如图 1-3-43 所示。

④导出线框:选择隐藏线模式,关掉阴影,显示边线跟轮廓,如图 1-3-44 所示。

⑤导出阴影:关掉线框,贴图,只打开阴影,如图 1-3-45 所示。

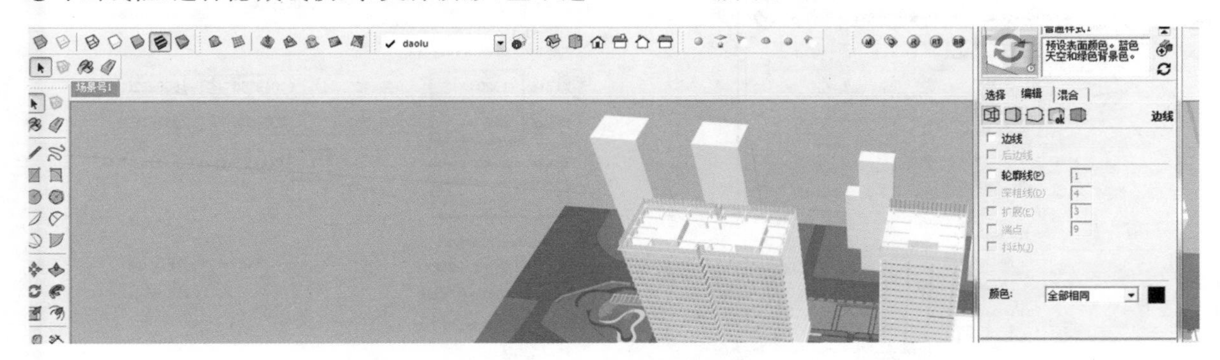

图 1-3-43　导出颜色底图

图 1-3-44　导出线框

图 1-3-45　导出阴影

3.4.2　用 V-ray 渲染

①先安装 V-ray 插件,再打开 V-ray 控制面板,如图 1-3-46 所示。

②在全局开关里,打开材质覆盖,再把颜色调成纯白,如图 1-3-47 所示。(目的在于排除贴图的影响,把所有材质颜色变成纯白)

③在环境面板里,把两个"M"里的贴图都换成"none",后显示成"m",然后把颜色全换成纯白,如图 1-3-48 所示。(目的在于排除原有太阳光系统对颜色的影响,营造纯白的光照氛围以及提供纯白色的背景)

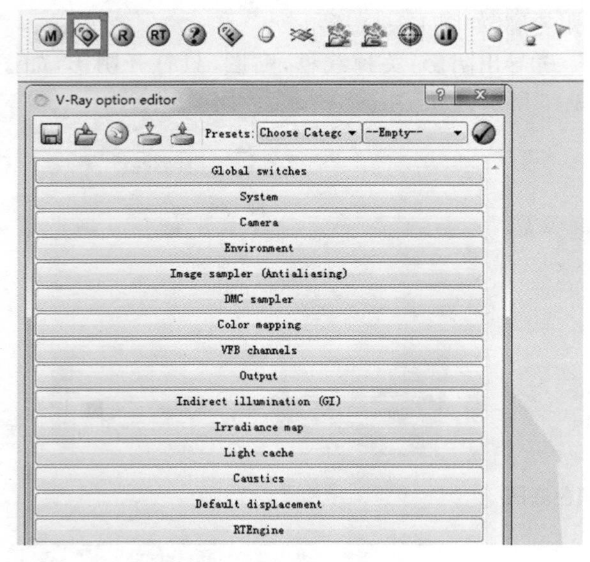

图 1-3-46　V-ray 控制面板

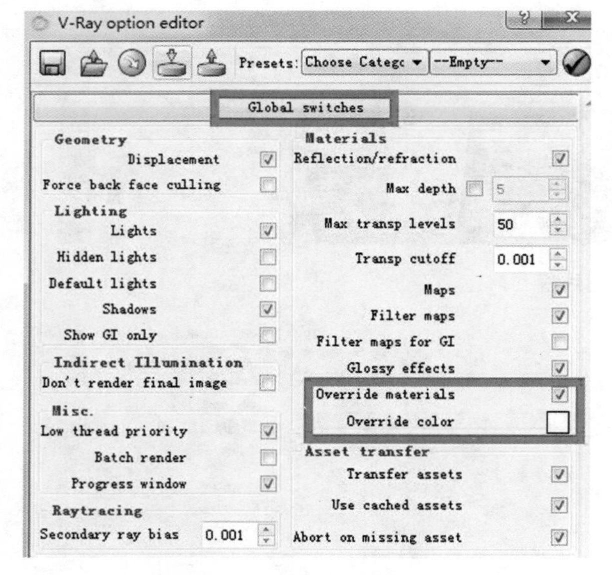

图 1-3-47　材质颜色调为纯白

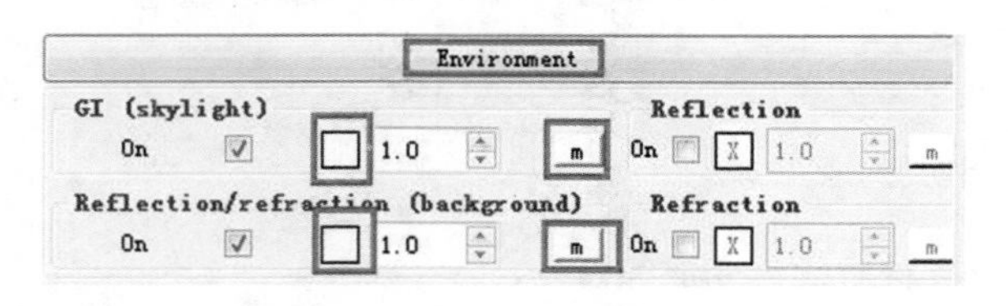

图 1-3-48　环境贴图换为纯白

④在输出面板里，首先获取视口长宽比，然后锁定比率，再填写出图的像素宽度，使用出图的设想宽度，所以这里填 1920，如图 1-3-49 所示。（其实不锁定也可以，这样做只不过是保证出图的比例与之前的导图一致，因为导图的长宽比依赖于视图的长宽比）

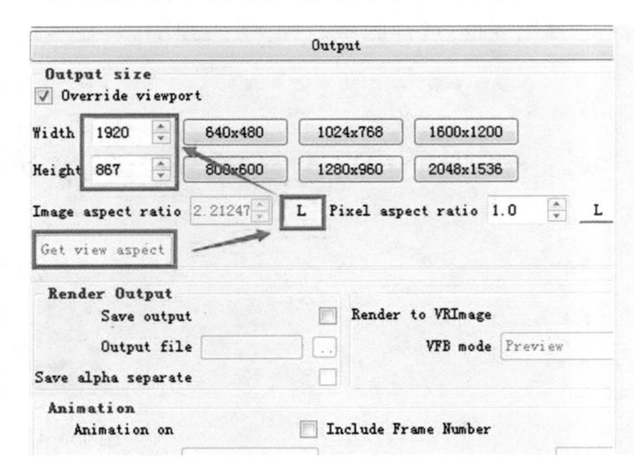

图 1-3-49　设置出图长宽

⑤在间接照明的面板里，打开环境光遮蔽，也就是 AO【Ambient occlusion】，参数如图 1-3-50 所示。（数量决定发黑的程度，数值越大越黑，半径决定生成黑色的范围，这里 150 表示 150cm，注意不是 mm，这个数值还要结合模型的尺度，如果模型很细，数值却太大，后果可想而知）

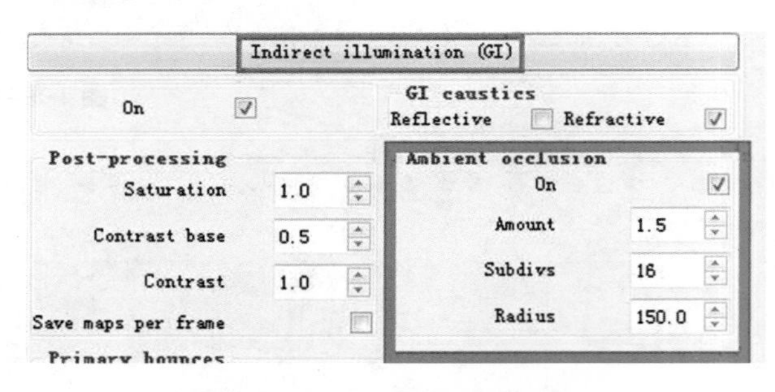

图 1-3-50　打开环境光遮蔽

⑥在发光贴图面板里，把比率调低，如图 1-3-51 所示。（目的在于节省时间，算 AO 不需要有多精细的发光贴图运算）

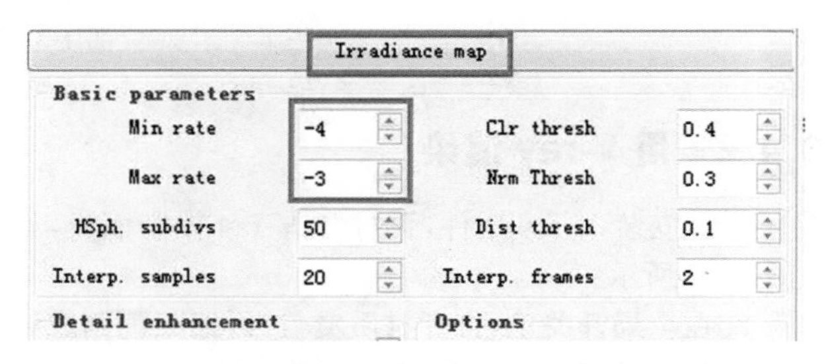

图 1-3-51　发光贴图面板

⑦在灯光缓存面板里，把细分调低，如图 1-3-52 所示。(同样是为了节省时间)

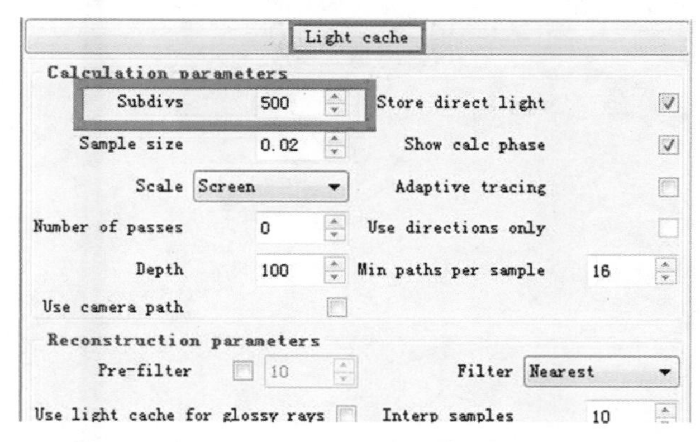

图 1-3-52　灯光缓存面板

⑧设定完毕，点击【R】渲染，渲染完以后，保存所有通道，一张是 RGB 通道，命名为 rgb. jpg，一张是 alpha 通道，命名为 alpha. jpg，如图 1-3-53 所示。(出 alpha 的目的在于抠天空，因为这个场景能看到天空)

图 1-3-53　保存通道

3.4.3　导出所需场景图

结合此次项目，我们要做两张效果图：鸟瞰图、中心广场透视图。所以总共导出了 6 张图，分别是鸟瞰底色图(图 1-3-54)、鸟瞰线框图(图 1-3-55)、鸟瞰阴影图(图 1-3-56)、中心广场底色图(图 1-3-57)、中心广场线框图(图 1-3-58)、中心广场阴影图(图 1-3-59)。

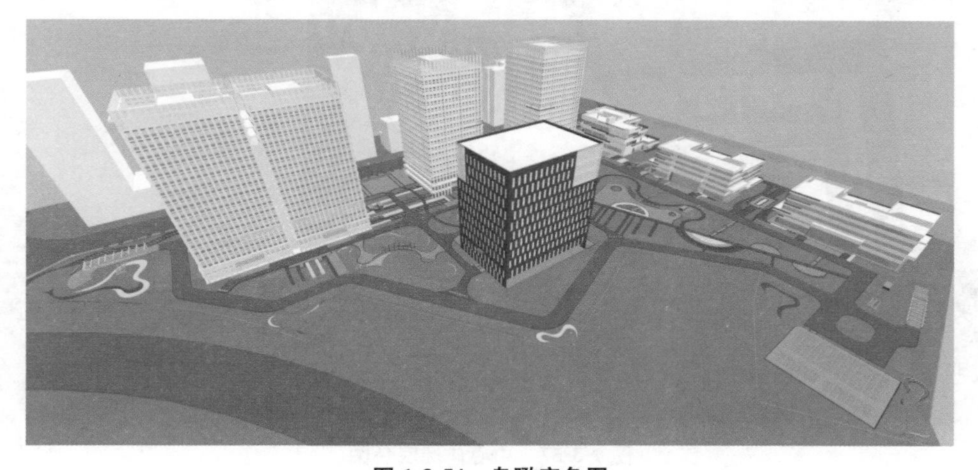

图 1-3-54　鸟瞰底色图

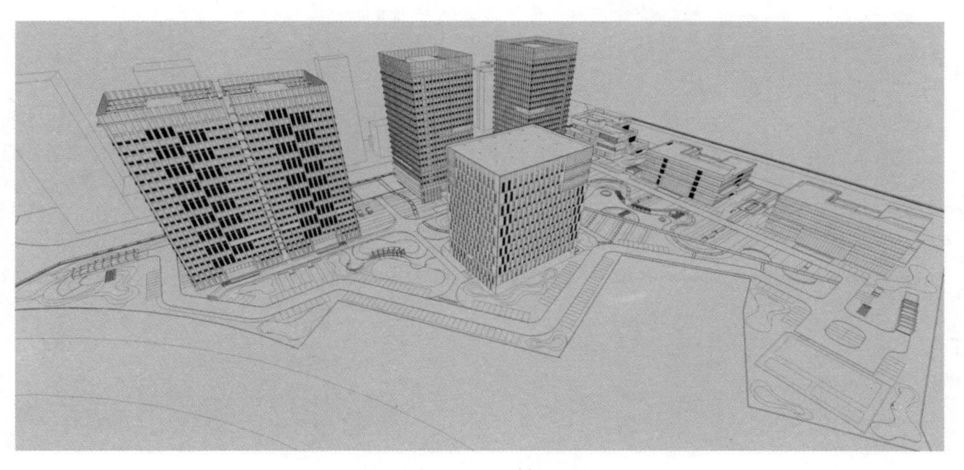

图 1-3-55　鸟瞰线框图

图 1-3-56　鸟瞰阴影图

图 1-3-57　中心广场底色图

图 1-3-58　中心广场线框图

图 1-3-59　中心广场阴影图

3.5　PS 后期处理

3.5.1　鸟瞰图

(1)整理合成图片文件

①运行 photoshop Cs6 软件，按【Ctrl＋O】快捷键，打开名称为“鸟瞰底色”“鸟瞰线框”“鸟瞰阴影”的 JPEG 图片，分别如图 1-3-54、图 1-3-55、图 1-3-56 所示。

②按住【Shift】将“鸟瞰线框”和“鸟瞰阴影”图片分别拖动至“鸟瞰底色”图片中，并分别命名为“鸟瞰线框”和“鸟瞰阴影”，如图 1-3-60 所示。

③选择“鸟瞰阴影”图层，选择多边形套索工具，选择如图 1-3-61 所示的灰绿色部分，按【Delete】键删掉。

④分别选择“鸟瞰线框”和“鸟瞰底色”图层，按【Delete】键删除，按【Ctrl＋D】取消选择，如图 1-3-62 所示。

图 1-3-60　图片合成

图 1-3-61 删掉灰绿色部分

图 1-3-62 删除图层

(2)添加草地

①更换草坪,先在底色层选中草坪并按【Ctrl+J】复制一层,命名为草坪层,将找好的真实草坪图片拖入工作空间中,图片路径为光盘案例 1—操作素材—PS—草坪.jpg。如图 1-3-63 所示,选择【矩形选框】工具将草坪层全选,然后按住【Ctrl+Alt】快捷键不放,拖动鼠标,在同一层内复制,直至草地铺满整个建筑区域,如图 1-3-64 所示。

②合并草地素材所在图层,选择【仿制图章】工具和【画笔】工具,调整相接处,使之过渡自然,如图 1-3-65 所示。

③按住【Ctrl】并单击"草坪"图层,快速选中草坪层,选择草地素材所在图层,单击图层面板上的【添加图层蒙版】按钮,添加图层蒙版,如图 1-3-66 所示。

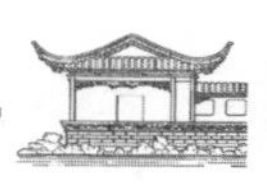

图 1-3-63 选择草坪层

图 1-3-64 铺满草地

图 1-3-65　合并草地素材

图 1-3-66　添加图层蒙版

(3)添加沥青道路

在“鸟瞰底色”图层,用【魔棒】工具选取沥青路面,并用【多边形套索】工具按住【Alt】减选不是路面的区域,如图 1-3-67 所示。如同更换草坪一样更换道路,图片路径为光盘案例 1—操作素材—PS—沥青路面.jpg,如图 1-3-68 所示。这里要注意路面材质有两种,要分别替换。

图 1-3-67　选择路面

图 1-3-68　更换路面材质

(4)乔木、灌木、花卉

①花卉、灌木制作:将花卉或灌木素材拖入工作空间中,图片路径为光盘案例 1—操作素材—PS—灌木.jpg,选择【矩形选框】工具将花卉层全选,然后按住【Ctrl+Alt】快捷键不放,拖动鼠标,在同一层内复制,直至花卉(灌木)铺满整个建筑区域,这里要注意花卉和灌木比例要协调,如图 1-3-69 所示。

②在"鸟瞰底色"图层,用【魔棒】工具分别选取黄色、红色、深绿色部分,再用鼠标单击相对应的花卉(灌木)素材层,再点击【添加图层蒙版】按钮,如图 1-3-70 所示。

③用鼠标单击去掉图层与蒙版间的链接,选中蒙版层,用【橡皮】工具对花卉(灌木)的高度和视角进行修改和优化,如图 1-3-71 所示。

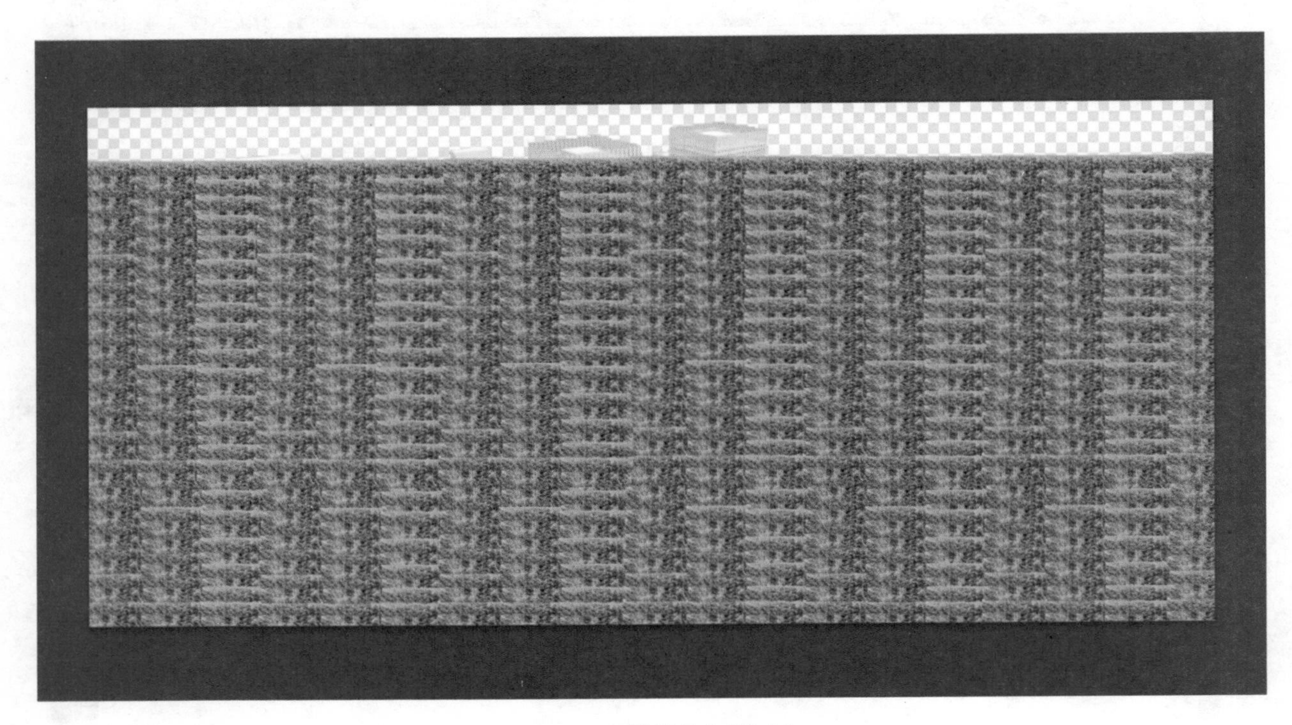

图 1-3-69　铺满花卉(灌木)

图 1-3-70　添加图层蒙版

图 1-3-71　修改与优化图层

(5)乔木制作

①将选好的乔木素材拖入工作空间中，图片路径为光盘案例 1—操作素材—PS—1/2. psd，按【Ctrl+T】快捷键，调用【变换】命令，可以同时按住【Shift】键等比对大小进行编辑，如图 1-3-72 所示。

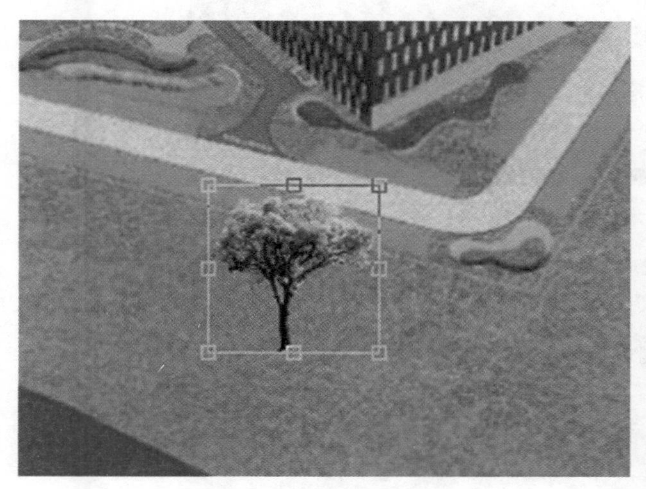

图 1-3-72　拖入乔木素材

②按【Ctrl+J】快捷键复制一个乔木阴影层，再按【Ctrl+T】快捷键，单击右键—垂直翻转，再按【Shift】移动，使其对齐，如图 1-3-73 所示。

③按住【Ctrl】键不松，选中中间点向左边扯，如图 1-3-74 所示，并填充黑色，改变其透明度，将“乔木层”和“乔木阴影层”合并，如图 1-3-75 所示。

④用同样的方法，将其他地方的乔木栽好，如图 1-3-76 所示。

(6)背景

将找好的背景图片拖入工作空间中，图片路径为光盘案例 1—操作素材—PS—城市背景 2. jpg，调整图层顺序，用【画笔】工具将变线不均匀的地方优化，如图 1-3-77 所示。

图 1-3-73　乔木与阴影对齐

图 1-3-74　移动乔木阴影

图 1-3-75　调整乔木阴影效果

图 1-3-76　乔木栽植效果

图 1-3-77　拖入背景图片

(7)人物、汽车

将选好的人物、汽车素材拖入工作空间中，路径为光盘案例 1—操作素材—PS—汽车素材. psd，按【Ctrl＋T】快捷键，调用【变换】命令，调整大小，如图 1-3-78 所示。

图 1-3-78　拖入人物、汽车素材

3.5.2　透视图的绘制

运行 PS 软件，点击【文件—打开】，选择用 SU 导出的“线框图”“阴影图”“材质图”，排列顺序如图 1-3-79 所示，使用【套索】工具，删掉周边的灰色背景，设置线框图层与阴影图层的混合模式为“正片叠底”，新建图层填充为白色，如图 1-3-80 所示。

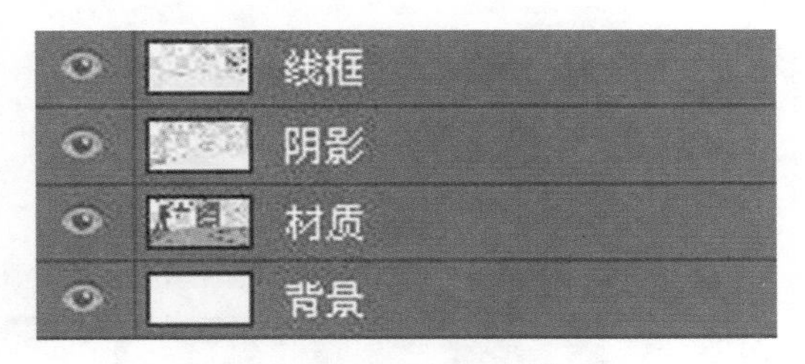

图 1-3-79　打开文件

图 1-3-80　图层混合

(1)制作地面

由于这幅图中地面比较花,颜色饱和度较高,我们先做地面上的调整。养成良好的制图习惯,在进行下一步制图时要记住先复制一层保留,以利于后续修改。用【套索】工具选中地面的材质,【Ctrl+J】复制图层,点击【图像—调整—色相/饱和度】,调整其参数,使地面看起来比较和谐,如图1-3-81所示。

图1-3-81 调整地面色相/包和度

(2)制作廊架

在新建的地面图层上方新建图层命名为“廊架”,这一步我们开始给廊架赋予材质,选择一个需要贴图的材质定义图案;选中廊架的部分,使用【油漆桶】工具,选择填充区域的源为“图案”,填充廊架的区域,使用【加深】工具绘制少许暗部,如图1-3-82所示。

图1-3-82 制作廊架

(3)添加植物

按照先地被灌木,后乔木的方式,在适当的地方添加植物素材,注意植物与周围环境的比例关系,如图1-3-83所示。接下来制作植物的投影,复制植物图层,【Ctrl+T】垂直翻转,点击方框四个角的点同时按住【Ctrl】,调整投影至合适的形状,如图1-3-84所示。点击【图像—调整—色相/饱和度】,把明度调至最低,并调整投影的透明度为50左右,如图1-3-85所示。继续添加植物,使画面看起来更丰满,完善后,如图1-3-86所示。

(4)添加天空城市背景

添加天空的背景,如图1-3-87所示,命名为“天空”放在背景图层之上,路径为光盘案例1—操作素材—PS—天空素材.jpg,点击【图像—调整—色相/饱和度】调整天空使其与画面保持统一,并调整其透明度为25%左右,如图1-3-88所示。添加背景高楼,路径为光盘案例1—操作素材—PS—城市背景.jpg,如图1-3-89所示,命名为“高楼”,放在天空背景层之上。裁剪掉不需要的部分,放置在画面合适的位置,调整其透明度为35%左右,与天空图层相接的地方用【橡皮擦】擦掉,橡皮擦透明度为50%,完成效果如图1-3-90所示。

图 1-3-83　添加植物素材

图 1-3-84　调整投影形状

图 1-3-85　调整投影的色相/饱和度

图 1-3-86　植物添加效果

图 1-3-87　添加天空背景

图 1-3-88　调整天空效果

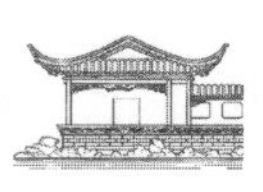

图 1-3-89　添加高楼背景

图 1-3-90　背景完成效果

(5) 制作建筑表皮

添加建筑表皮的素材，根据建筑的外轮廓，拼贴出建筑表皮的形态，如图 1-3-91 所示。

在材质图层中，使用【套索】工具选取建筑表皮的部分，并填充为红色，把该图层命名为"建筑表皮"层，如图 1-3-92 所示；制作该图层的剪切蒙版，把建筑表皮素材置于该图层上方，按住【Alt】键，把鼠标移至这两个图层中间的位置，使素材贴合建筑表皮，素材路径为光盘案例 1—操作素材—PS—建筑表皮.jpg，如图 1-3-93 所示；选择该图层的混合模式为"正片叠底"，如图 1-3-94 所示；添加其图层样式为"斜面和浮雕"，得到最终效果，如图 1-3-95 所示。其余建筑也使用相同方式进行素材的添加。

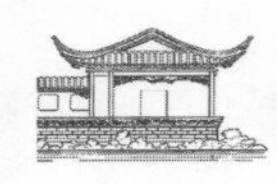

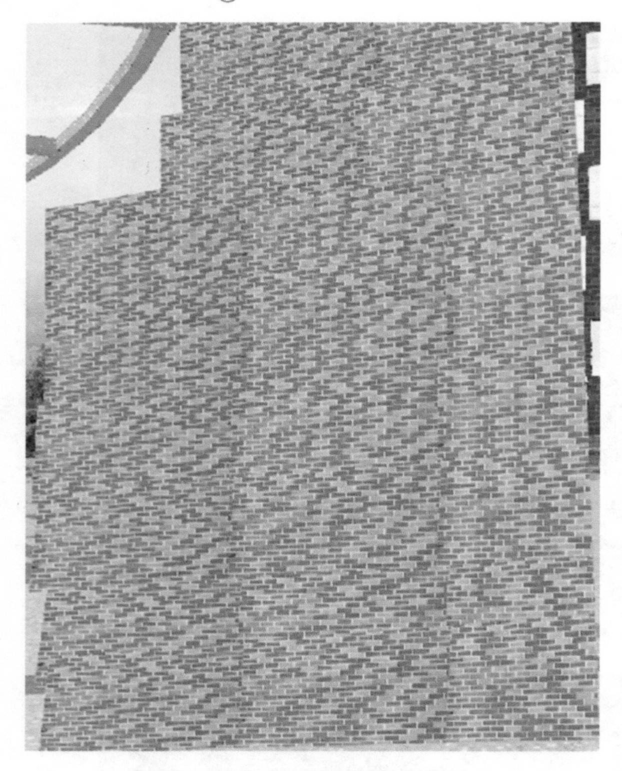

图 1-3-91　添加建筑表皮素材

图 1-3-92　选取建筑表皮

建筑表皮素材
建筑表皮

图 1-3-93　将素材贴合建筑表皮

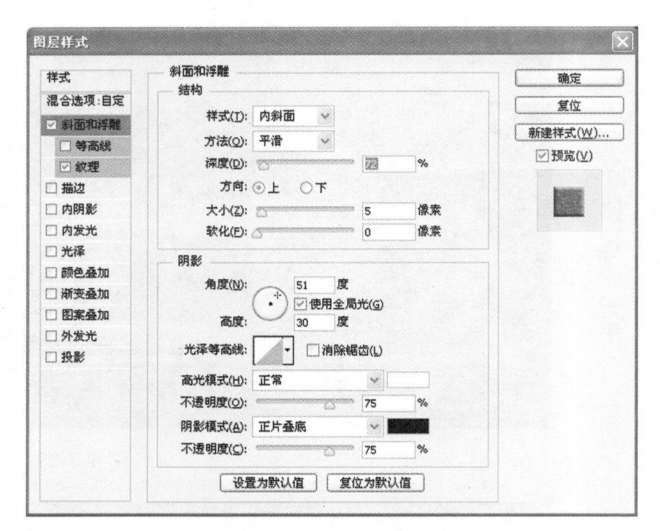

图 1-3-94　设置正片叠底

图 1-3-95　建筑表皮效果

(6) 添加人物

添加人物素材，素材路径为光盘案例 1—操作素材—PS—人物剪影矢量.psd，放在合适位置，调整其比例，如图 1-3-96 所示。制作人物的投影与制作树的投影方式相同，如图 1-3-97 所示，调整人物与投影的透明度，完成效果如图 1-3-98 所示。

图 1-3-96　添加人物素材

图 1-3-97　制作投影

图 1-3-98　人物素材效果

(7) 营造氛围

使用【笔刷】工具调整其透明度为50%,设置前景色为淡淡的暖黄色,如图1-3-99所示;在画面四周进行涂抹,如图1-3-100所示;并调整透明度为20%,最终效果如图1-3-101所示。

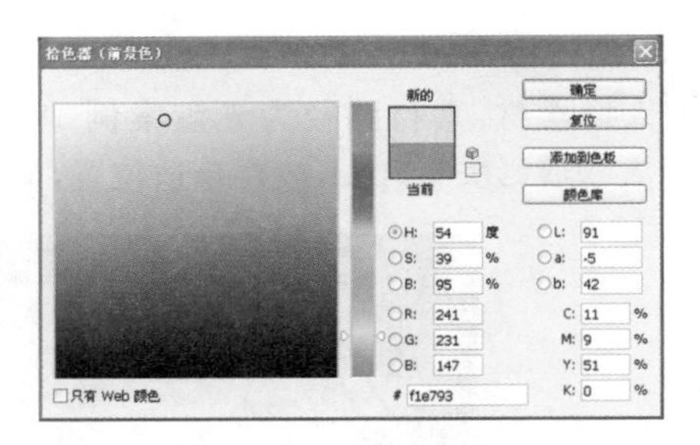

图1-3-99 设置前景色

图1-3-100 涂抹画面四周

图1-3-101 画面效果

抛开景观设计的内容不说，表达是要考验个人的美术功底的，也要去学习一些平面设计的知识。当然设计内容的表达十分重要，如果能做一张超级酷炫的效果图当封面，那么整个文本都会显得高级。

分析图关键在于两点：易读性和设计感。易读性也就是分析图是否能快速表达你的想法，设计感也就是分析图的表达效果。分析图也是构图元素之一，让分析图表达得漂亮也是对好的分析图的要求。分析图在景观设计前期至关重要，一张好的分析图是你景观设计的开始，景观分析图一定是最先被呈现的内容。这样一来，景观分析就成了店铺门面一样的存在，信息传达的精准性与视觉上的美观程度将一定程度上影响整个设计作品的最终评价。分析图代表你的景观设计灵感源头，代表你的景观设计方案推敲过程。

景观设计师分析的东西，有建筑，有山水，有道路。景观设计师考虑要全面，考虑气候，考虑环境、风、采光、降水。选择必要的信息展示出来会让你的设计更具合理性。为了提高景观设计的科学性，试着挖掘数据，表现出来会有效加大你的设计作品竞争力。

分析图包括：交通分析图、景观节点分析图、功能分析图、植物分析图、竖向分析图、区位分析图等。

4.1 交通分析图

人行入口、车行入口、主要车行道路、主要步行道路、游园步道、停车场、消防车道、(健身跑道)、地下车库入口注意要点：①一般人行入口、车行入口、地下车库入口及车行道路在规划中已经确定了，这部分交通也就确定了。②有时会在做景观时对规划的步行系统进行修改，所以步行道路是根据我们景观设计来确定的，要在方案确定之后才能确定。③游园步道一般是景观设计中设计的游园步道，一般景点的道路都属于游园步道。绘制方法：a. 入口一般用箭头表示，道路用虚线段表示。b. 各级道路通常以颜色和粗细来加以区分。

4.1.1 SU 导图

对已经建好的模型打好角度并导出“立体底色”图片和“立体阴影”图片，如图 1-4-1 和图 1-4-2 所示。

4.1.2 PS 处理图片

(1)整理合成图片文件

①运行 photoshop Cs6 软件，按【Ctrl+O】快捷键，打开名称为“立体底色”和“立体阴影”的 JPEG 图片，分别如图 1-4-1 和图 1-4-2 所示。

②按住【Shift】将“立体阴影”图片拖动至“立体底色”图片中，并分别命名为“立体阴影”和“立体底色”。

(2)添加草地

①更换草坪。先在底色层选中草坪并按【Ctrl+J】复制一层，命名为草坪层，将找好的真实草坪图片拖入工作空间中，如图 1-4-3 所示，选择【矩形选框】工具将草坪层全选，然后按住【Ctrl+Alt】快捷键不放，拖动鼠标，在同一层内复制，直至草地铺满整个建筑区域，如图 1-4-4 所示。

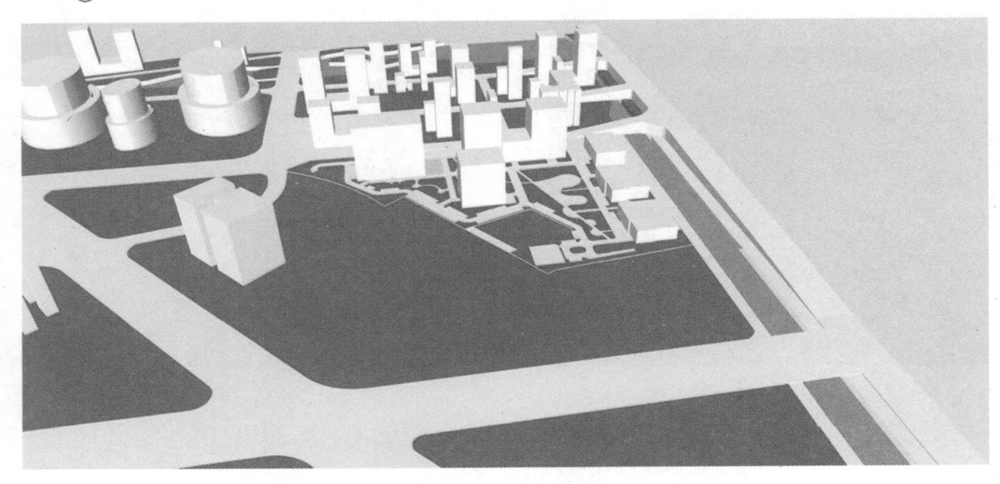

图 1-4-1　立体底色图

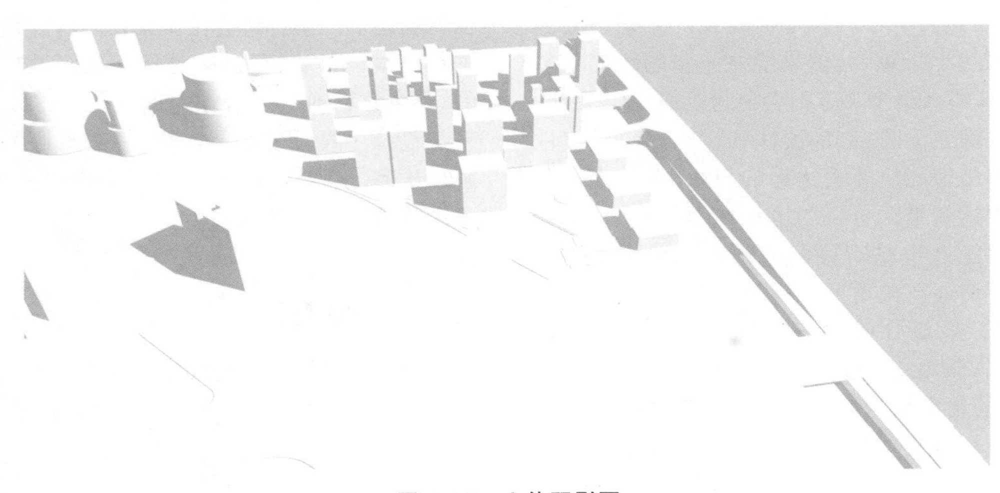

图 1-4-2　立体阴影图

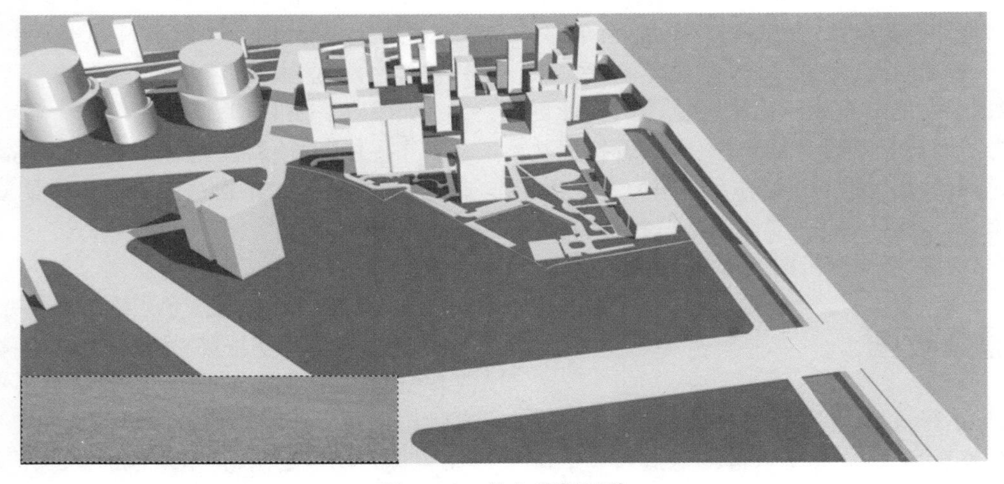

图 1-4-3　拖入草坪图片

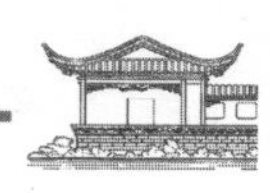

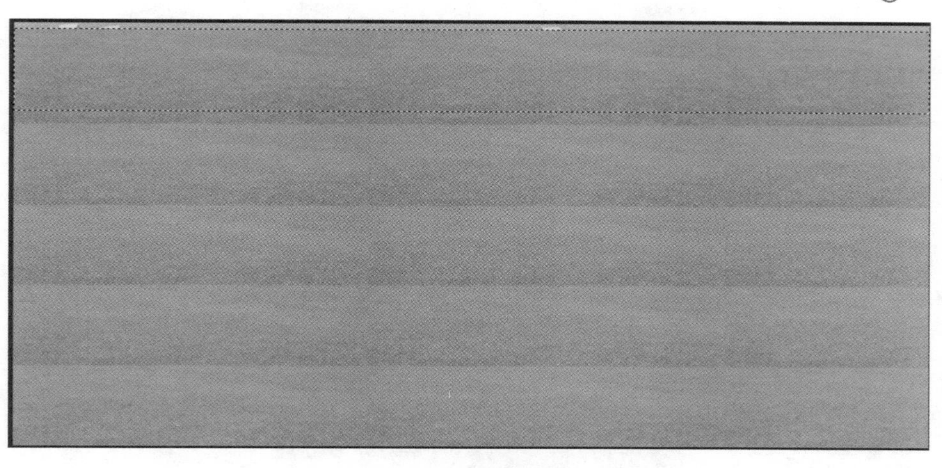

图 1-4-4　铺满草地

②合并草地素材所在图层，选择【仿制图章】工具和【画笔】工具，调整相接处，使之过渡自然，如图 1-4-5 所示。

图 1-4-5　草地素材合并

③按住【Ctrl】并单击“草坪”图层，快速选中草坪层，选择草地素材所在图层，单击图层面板上的【添加图层蒙版】按钮，添加图层蒙版，如图 1-4-6 所示。

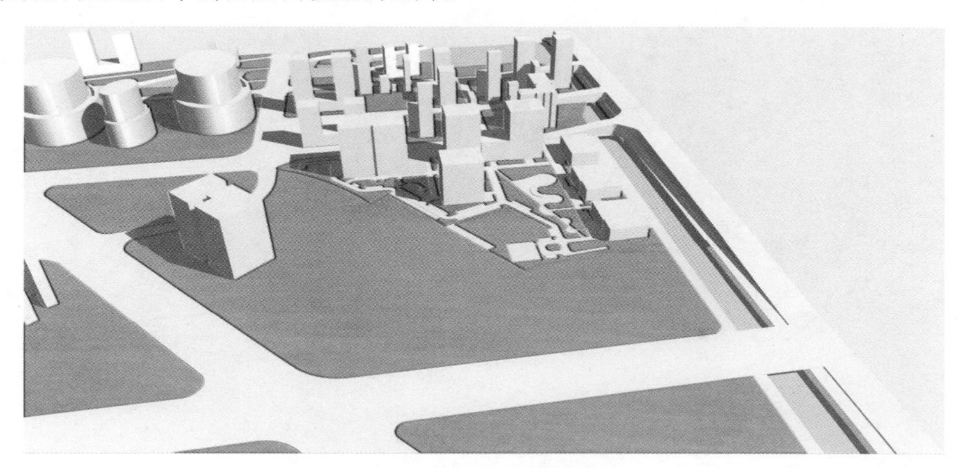

图 1-4-6　添加图层蒙版

(3)突出主景

新建一个图层并填充白色,并适当降低其透明度,再用【橡皮】工具将主景区域的颜色擦去。如图 1-4-7 所示。

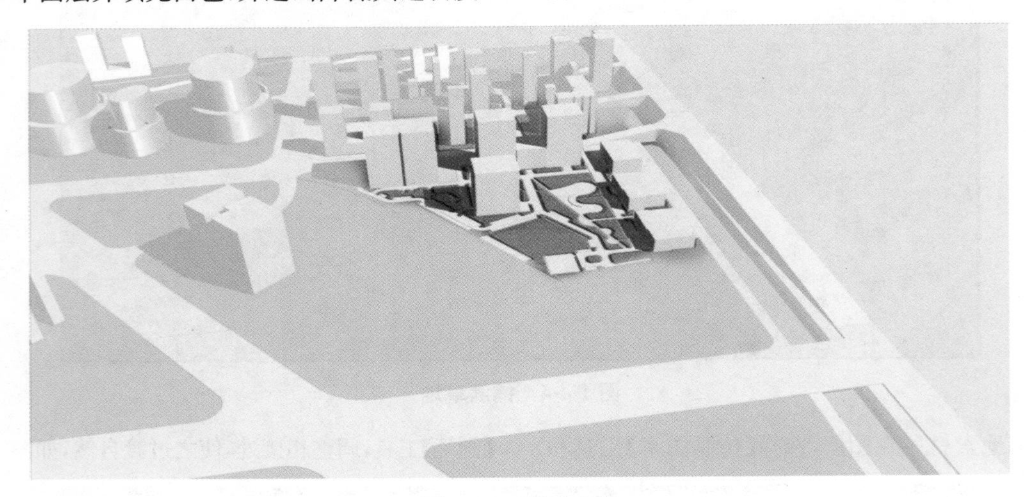

图 1-4-7 填充白色

4.1.3 ID 处理图片

打开 ID 工作面板,【Ctrl+D】插入图 1-4-7 所示图片,选择【钢笔】工具画出城市道路线,单击城市道路线【描边】,弹出对话框,如图 1-4-8 所示,修改其类型、颜色、起点、终点等,如图 1-4-9 所示。同理,接下来可分别画出内部车行道路、主要人行道路、次要人行道路,并用【文字】工具将其注释出来,最后得到如图 1-4-10 所示的交通分析图。

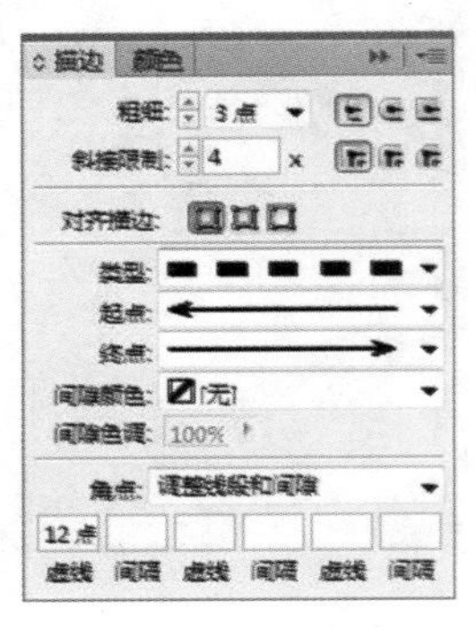

图 1-4-8 "描边"对话框

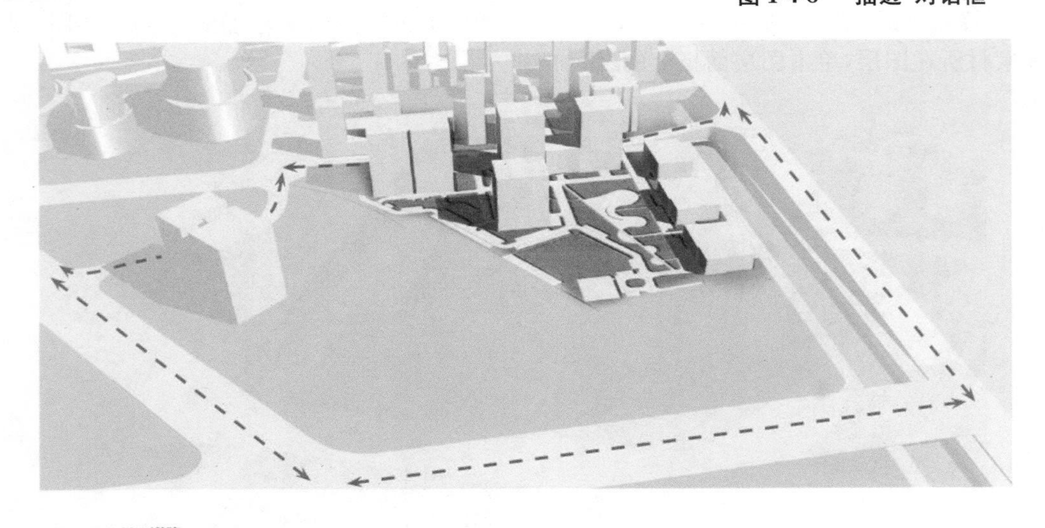

图 1-4-9 画出"城市道路"

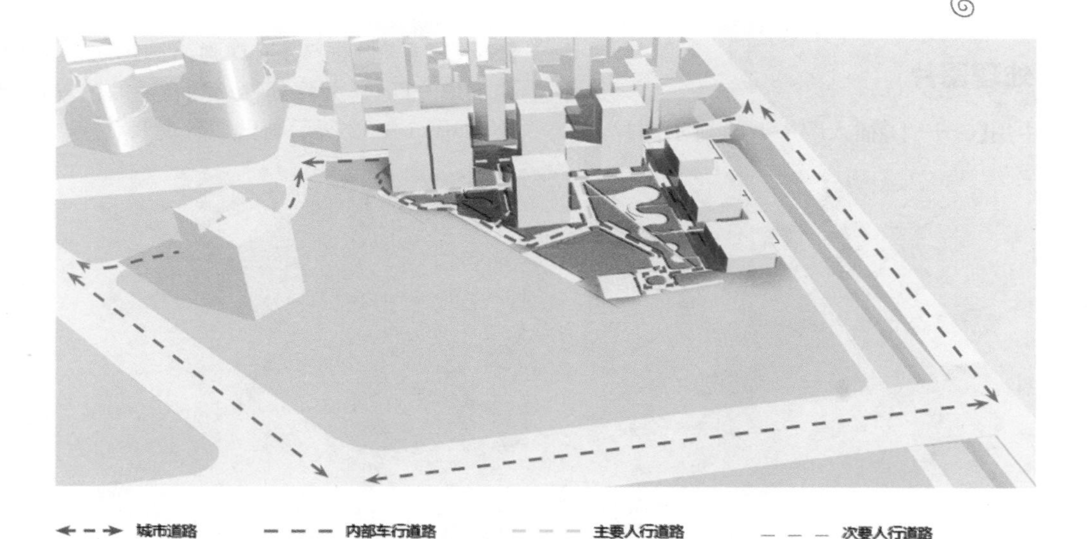

图 1-4-10　交通分析图

4.2　景观节点分析图

景观节点分析图包括主要景观节点、次要景观节点以及景观渗透、景观视线等，可根据具体设计进行增减。注意要点：①在做方案之前就要考虑景观节点的分布问题，特别是主要景观节点，要进行统一考虑。②景观节点分析图的绘制中，各个景观节点一般用色块表示，景观视线一般用箭头表示，这个也不是绝对的，也可根据具体图进行变动。

4.2.1　PS 处理图片

在 PS 中打开彩平图，【Ctrl＋U】调整图片的色彩饱和度，将其保存为 jpg 格式的图片，如图 1-4-11 所示。

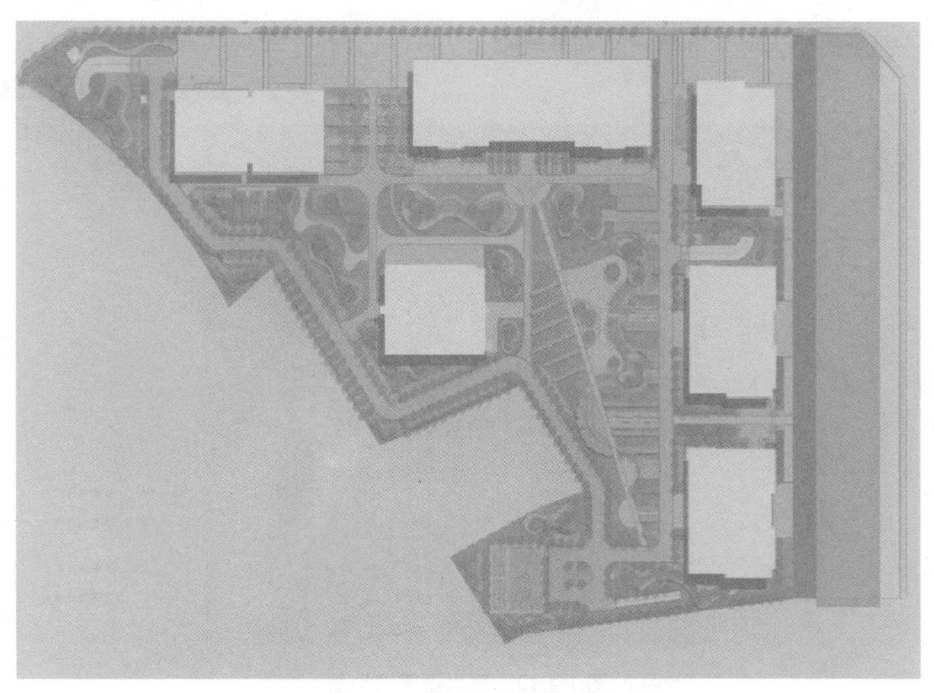

图 1-4-11　调整色彩饱和度

4.2.2 ID处理图片

①在ID中用【Ctrl+D】插入图1-4-11所示图片，用【Shift】+【椭圆框架】工具画出圆形，并调整其边线和内部填充颜色，并将其移动到合适的位置，并调整其大小，如图1-4-12所示画出了景观节点。

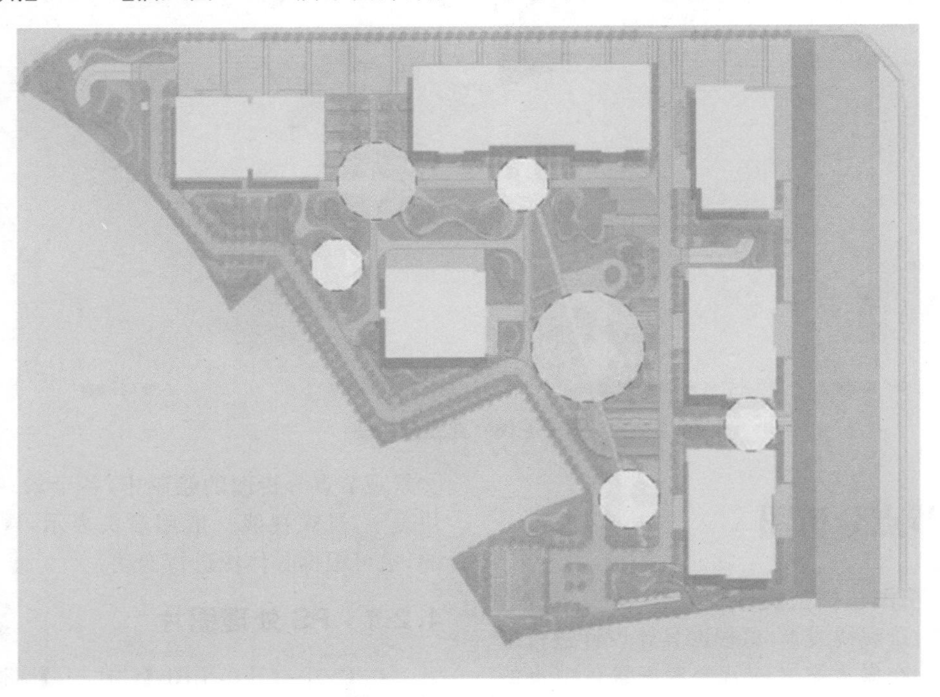

图1-4-12　画出景观节点

②用【钢笔】工具将景观节点连线就得到了景观游览线。如图1-4-13所示。

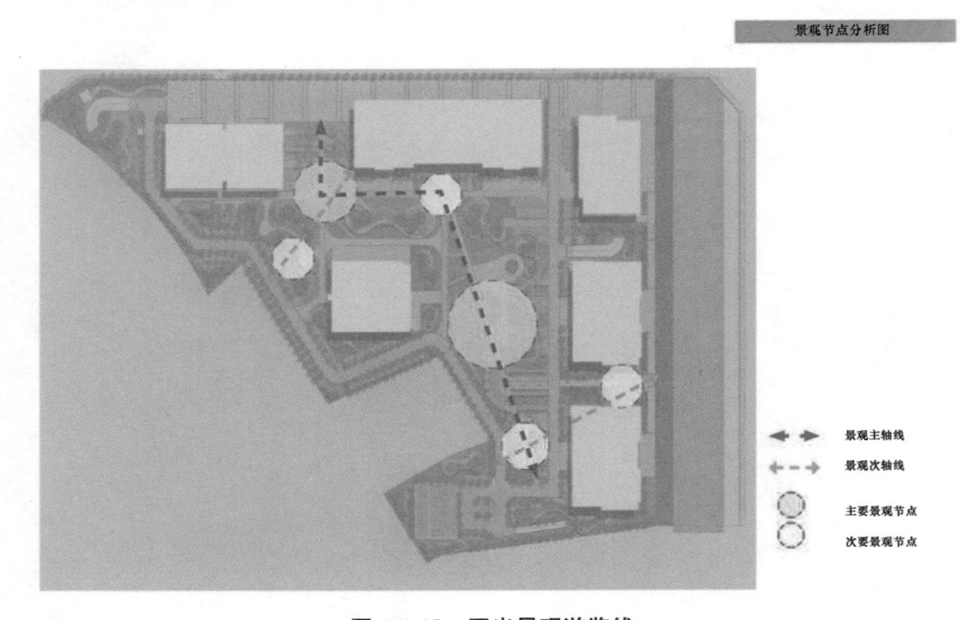

图1-4-13　画出景观游览线

4.3　功能分析图

功能分析图要绘制老人活动区、儿童活动区、休闲健身区、中心集散广场、水景区、防护隔离带、商业休闲区。注意要点：①这张图也是在确定方案之前就要考虑的，要先列出小区景观设计包含的功能区，再根据具体情况确定其分布，然后才能勾勒出大概的功能分析图框架，接下来才是方案的深入，在深入的过程中可能还会有调整，所以，等方案确定后，才能绘制完整的功能分析图。②功能分析图的绘制一般也用色块来表示，也可以在此基础上加以变化，主要通过颜色区分不同功能。

ID处理图片：在ID中用【Ctrl＋D】插入彩平图，用【钢笔】工具将不同的景观区分别框出来，再填充不同的颜色进行区别，如图1-4-14所示得到功能分析图。

图1-4-14　功能分析图

4.4　灯光分析图

居住区室外景观照明的目的主要有4个方面：①增强对物体的辨别性；②提高夜间出行的安全度；③保证居民晚间活动的正常开展；④营造环境氛围。室外景观照明的灯光一般包括高杆路灯、草坪灯、藏地灯、射树灯、射水灯、光带、投射灯(构筑物投射灯、运动场投射灯)。

一般景观中用得特别多的几种照明系统包括：①楼宇立面综合照明；②小区道路综合照明；③植物和景观节点效果照明；④广场特色照明；⑤水下水面滨水河岸效果照明。

注意要点：①一般在主要车行道两侧布置高杆路灯，满足照明需要；宅间不要布置过多的庭院灯，这样会对居民的休息造成干扰，但也不能一片漆黑，可以布置一些低矮的草坪灯，在一些组团中心景观处可适当布置一些庭院灯或特色灯。②在一些广场区域或入口景观大道两侧可布置一些藏地灯；有些需要体现特色效果的地方可配置一些特色灯柱。③在一些主要造景树旁边可布置射树灯，这种灯一般比较亮，应注意与其他灯具的配合使用。④在有水体的地方布置一些射水灯或霓虹灯管。⑤在布置的时候要注意灯光的冷暖搭配，但宅间多以暖光为主。⑥高杆路灯一般10～15m布置1个，庭院灯一般5～10m布置1个，草坪灯可根据具体情况散置。

PS 处理图片步骤：

①在 PS 中打开彩平图，并将图层名改为“底图”，如图 1-4-15 所示。用【Ctrl＋J】快捷键复制【底图】，再用【Ctrl＋L】快捷键将该图层的亮度提高，如图 1-4-16 所示，并将图层名改为“底图提亮”，如图 1-4-17 所示。

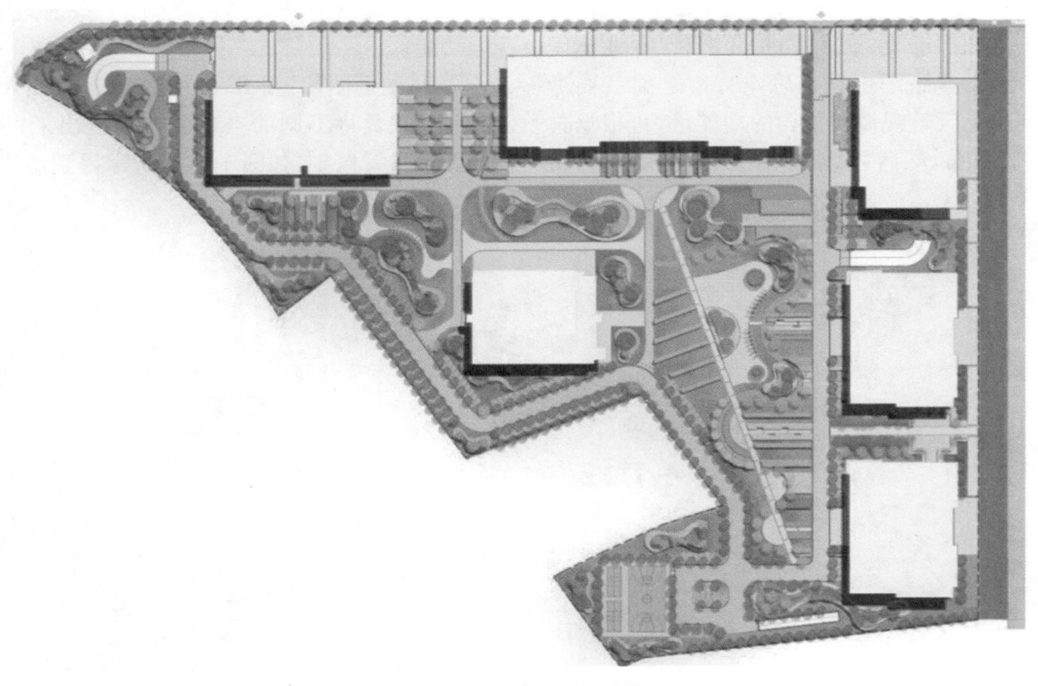

图 1-4-15　打开彩平图

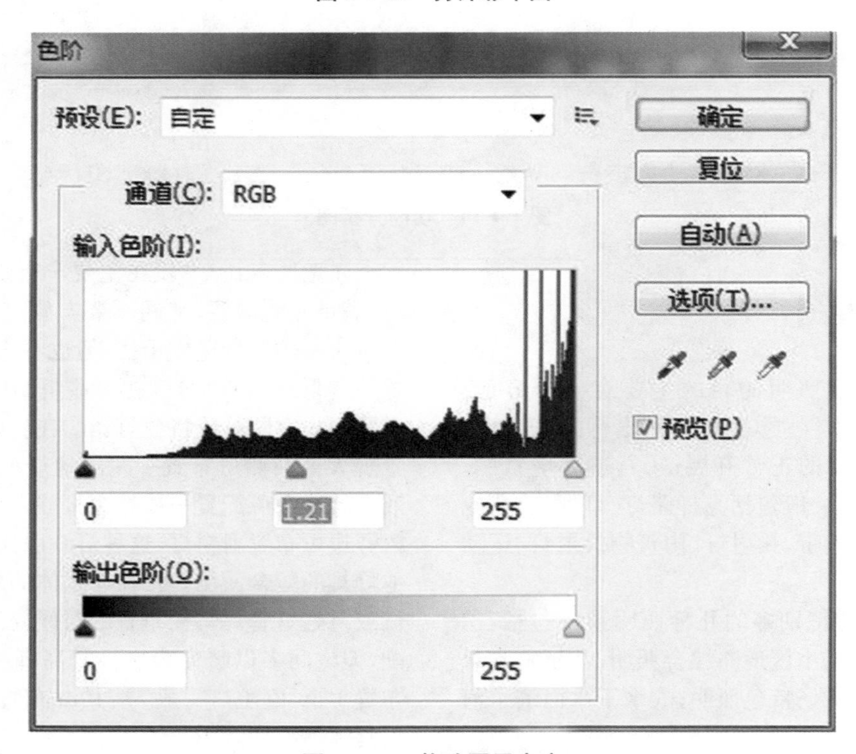

图 1-4-16　修改图层亮度

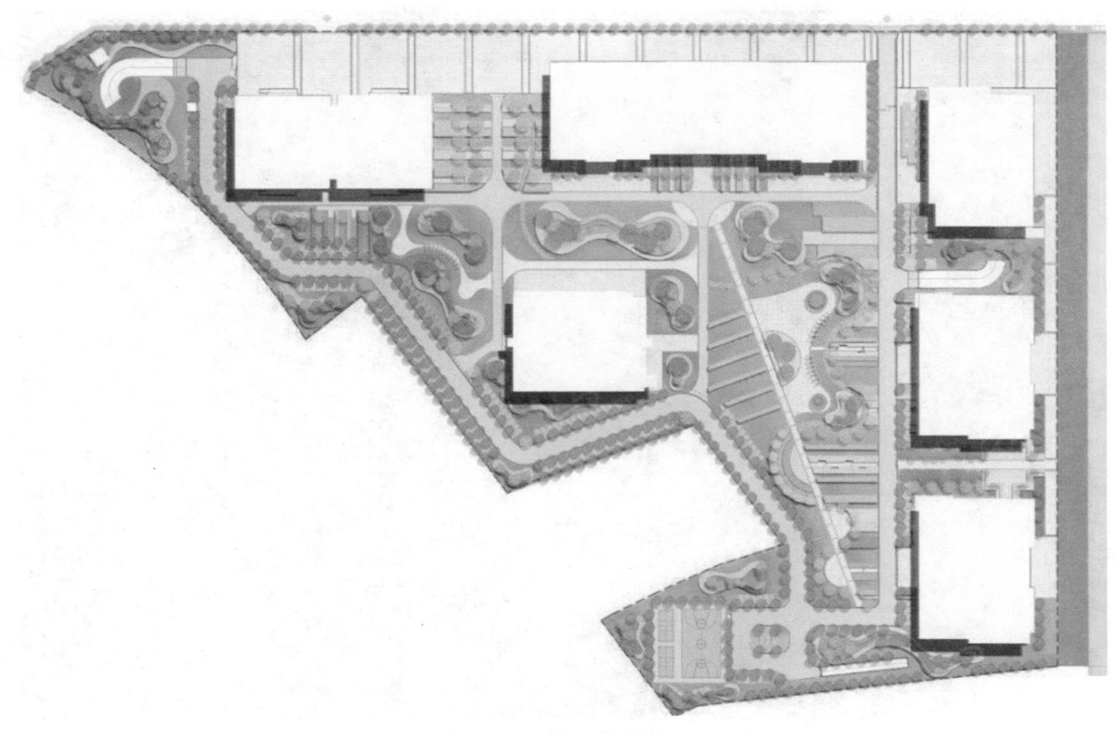

图 1-4-17　底图提亮效果

②再用【Ctrl＋J】快捷键将"底图"复制一层，并用【Ctrl＋U】快捷键降低其饱和度，如图 1-4-18 所示，并将图层名改为"底图明度降低"，如图 1-4-19 所示，再用【蒙版】工具在该图层添加蒙版，用【画笔】工具将道路和建筑周围提亮，如图 1-4-20 所示。

图 1-4-18　设置色相/饱和度

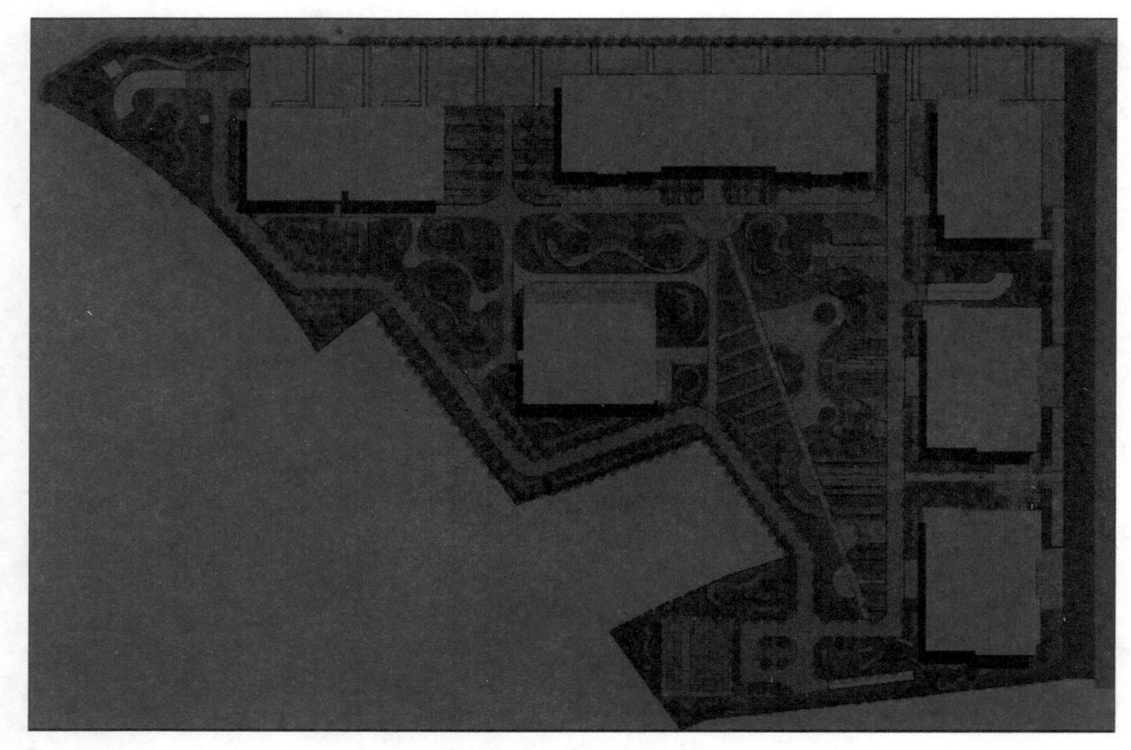

图 1-4-19　底图明度降低

图 1-4-20　提亮道路和建筑

③新建一个图层，并填充为蓝紫色，将其透明度改为 80%，并添加蒙板，用【画笔】工具将规划区域提亮，如图 1-4-21 所示，并将图层名改为“填充蓝色光景”。再新建一个图层，前景色改为橘黄色，用【画笔】工具将建筑周围添加光带，如图 1-4-22 所示，并将图层名改为“建筑外发光”。再选中“底图”，用【多边形套索】工具框选建筑体，并复制一层填充为蓝紫色，如图 1-4-23 所示，并将图层名改为“建筑”。

图 1-4-21　填充蓝色光景

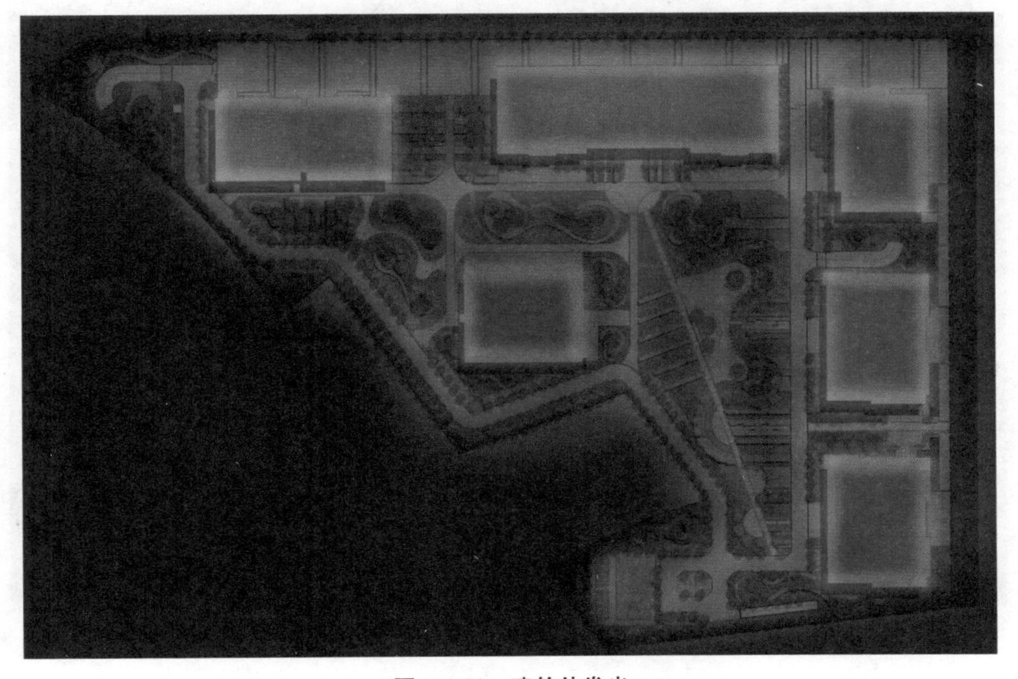

图 1-4-22　建筑外发光

图 1-4-23　建筑颜色填充

④打开灯光素材的 psd 格式，将庭院灯、氛围灯、草坪灯拖入其中并将图层分别命名为“庭院灯”“氛围灯”“草坪灯”。再将这 3 种灯合理地分布在规划区中，如图 1-4-24 所示。

图 1-4-24　拖入庭院灯、氛围灯、草坪灯

4.5　植物分析图

运行PS软件,【打开—新建】一个A4大小的画布,点击【打开—置入】所需的SU模型,如图1-4-25所示。复制两个图层,移动并按住【Shift】使其保持同一水平线,作为植物分析的底图,其图像饱和度较高,因此调整图像透明度至30%,如图1-4-26所示。

在第一层底图上,我们做乔木的分析,选择两种植物进行区分。根据总平图的要求在底图上逐个进行添加,添加顺序为从后往前,并在添加的过程中注意调节植物的大小比例及透明度,如图1-4-27所示。

在第二层底图上我们进行灌木及地形的分析,使用【钢笔】工具绘制,如图1-4-28所示,并对钢笔路径选择绿色进行描边。使用【画笔】工具绘制地形,选择硬度较高的画笔,参考等高线绘制,如图1-4-29所示。

第三层底图上,综合前两层的基础,汇总在最后一张底图上,注意植物与植物的前后关系,把第三层做得更加饱满,如图1-4-30所示;最终完成效果如图1-4-31所示。

图1-4-25　打开SU模型

图1-4-26　调整图像透明度

图1-4-27　调节植物效果

图1-4-28　绘制灌木

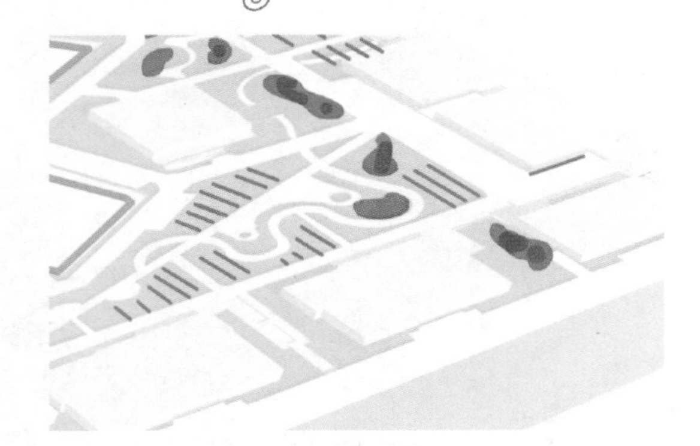

图 1-4-29　绘制地形

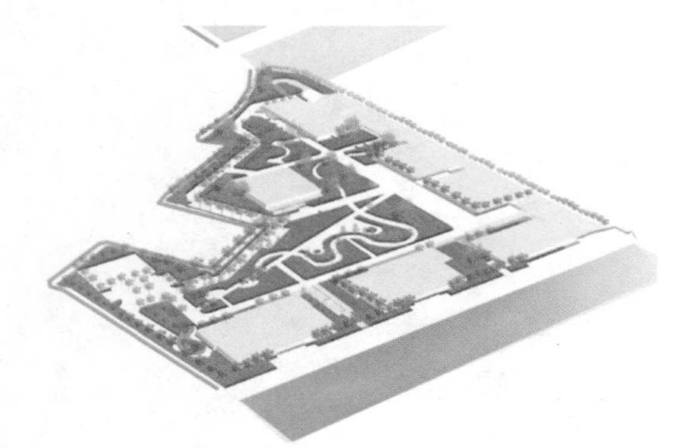

图 1-4-30　第三层底图

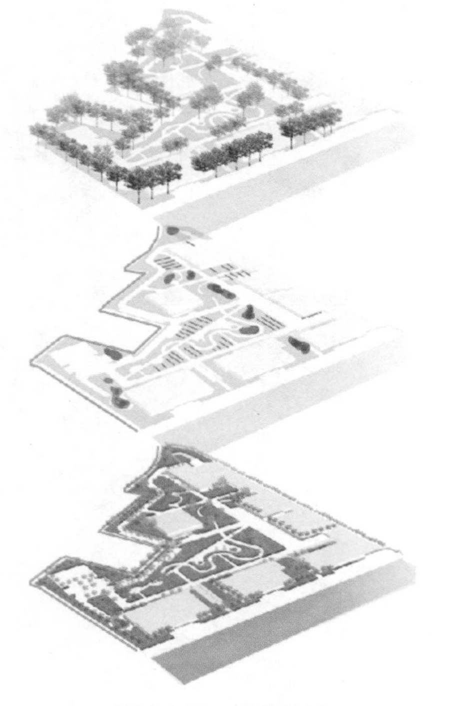

图 1-4-31　完成效果

ID 处理图片：在 ID 中用【Ctrl＋D】插入图 1-4-31，再对各种植物类型进行标注，用【钢笔】工具画出指引线，用【Shift】＋【椭圆】工具画出圆形，用【文字】工具写出相应数据，并写出植物名称，如图 1-4-32 所示。

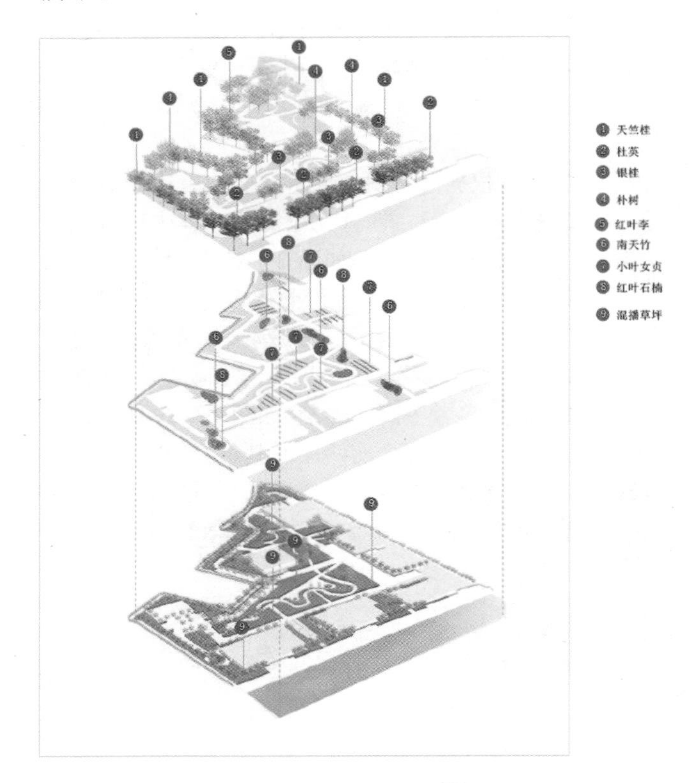

图 1-4-32　ID 处理图片

4.6　竖向分析图

选择两个所需的剖面，在彩平图中绘制截面，如图 1-4-33 所示。

①运行 PS 软件，点击【文件—打开】打开 CAD 导出的地形图，在此图层下方新建图层并填充为白色，如图 1-4-34 所示。

②新建图层，选择【钢笔】工具，在【路径】状态下，沿剖面地形绘制。点击【画笔】工具，在属性栏中点击切换画笔，选择方形画笔，并选择合适的画笔大小，如图 1-4-35 所示。点击路径描边，得到我们需要的地形，如图 1-4-36 所示。

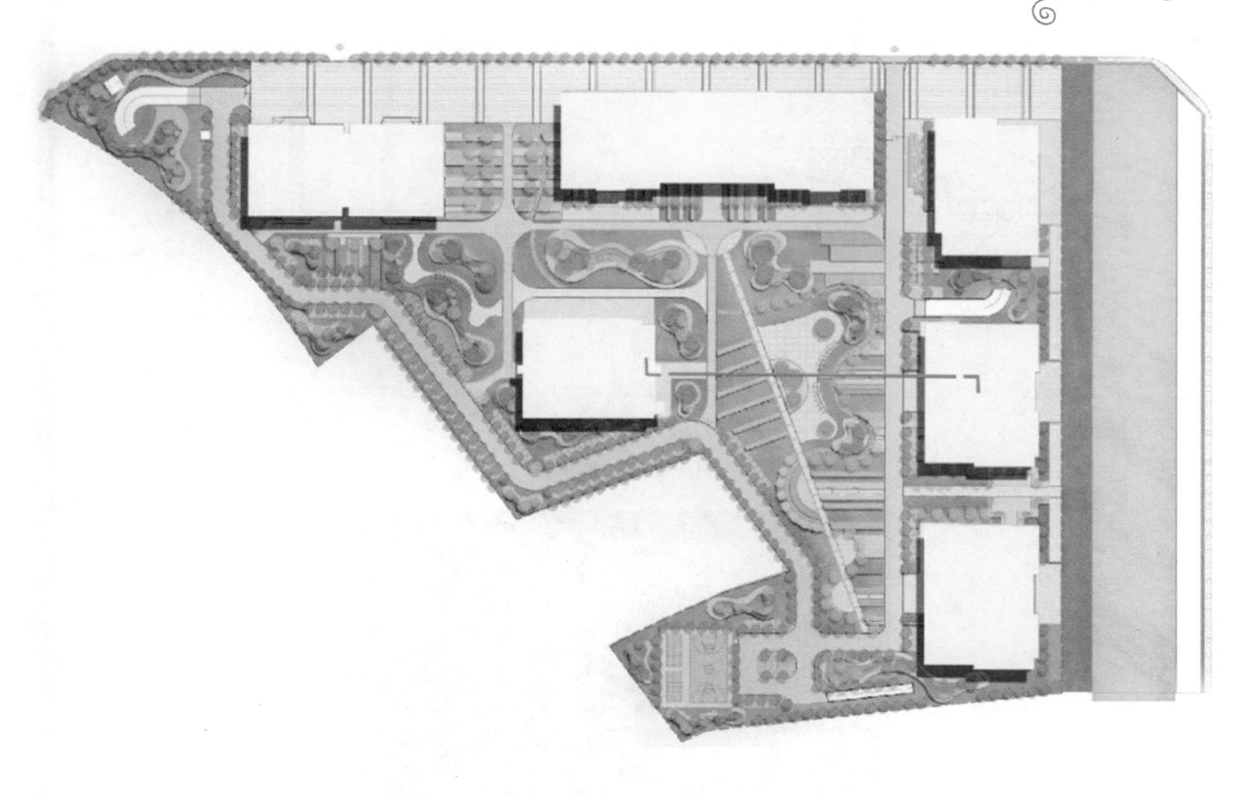

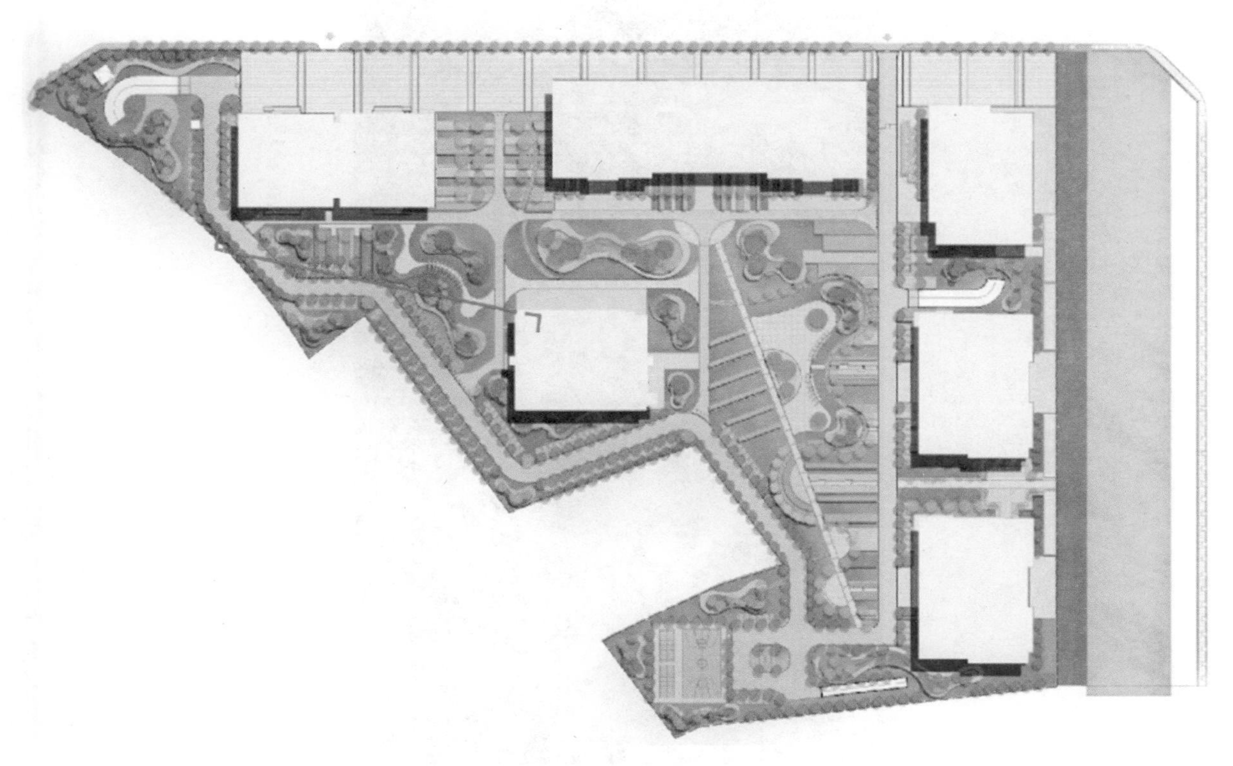

图 1-4-33　选择剖面

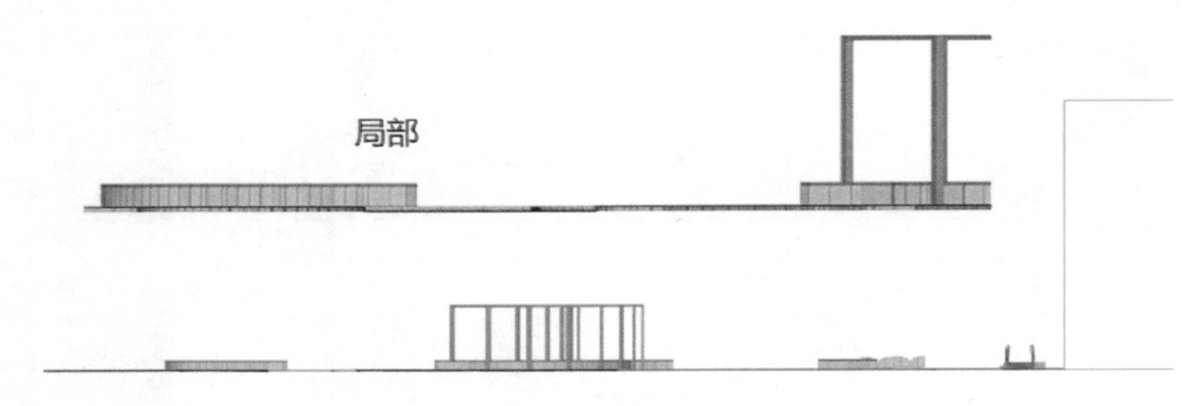

图 1-4-34　地形图

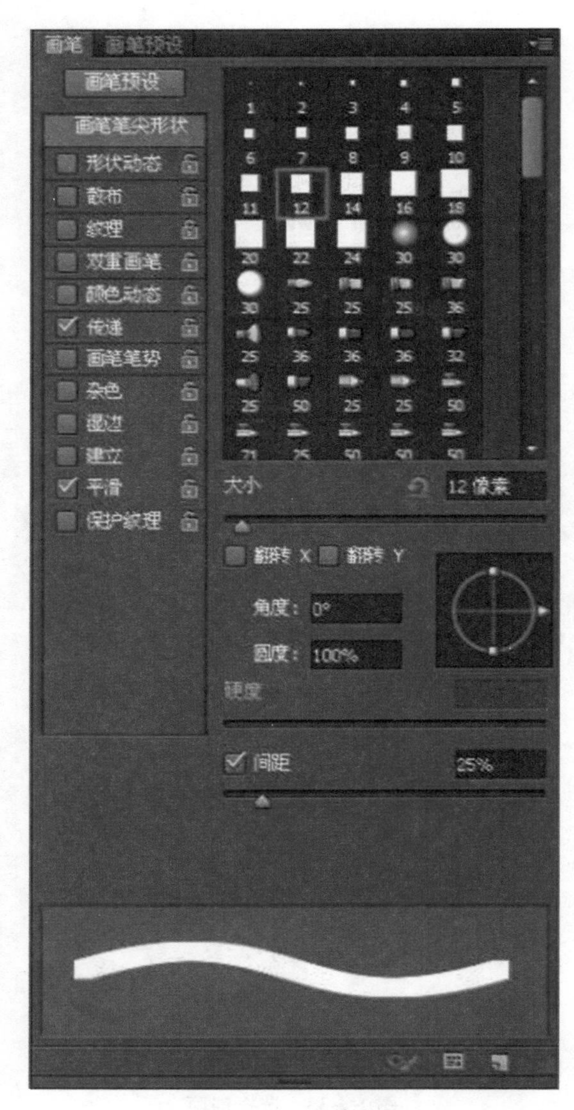

图 1-4-35　画笔工具

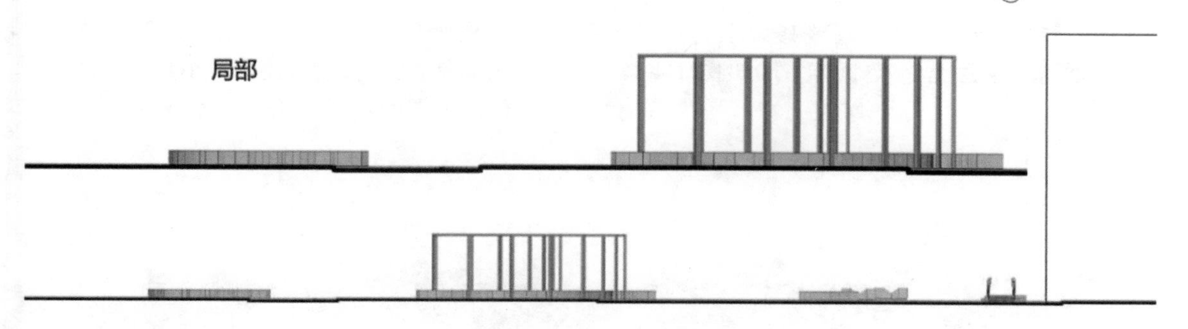

图 1-4-36　描边

③据总平图的要求，在剖面添加植物，这里首先添加草坪素材，使用【仿制图章】工具进行绘制，注意植物与物体之间的关系、远近及比例，如图 1-4-37 所示；再添加灌木，调整其大小比例、遮挡关系如图 1-4-38 所示；最后效果如图 1-4-39 所示。

图 1-4-37　添加草坪

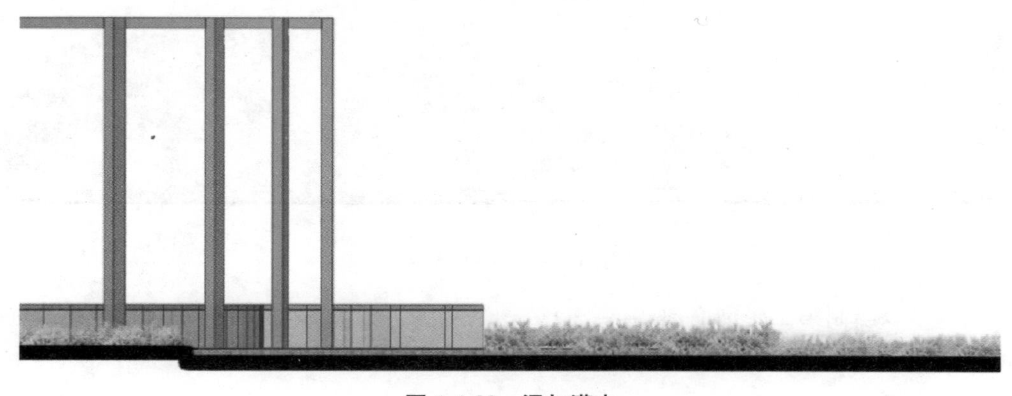

图 1-4-38　添加灌木

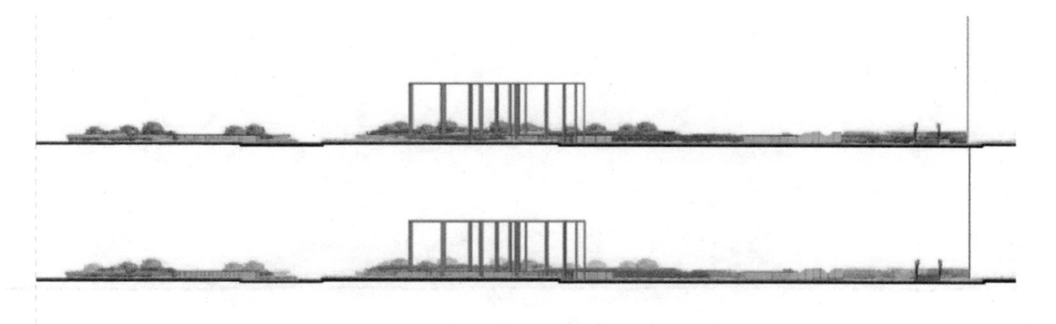

图 1-4-39　植物添加效果

④添加乔木到适合的位置，调整其大小、与周边植物的层次关系，注意营造空间氛围，如图 1-4-40 所示。

⑤添加人物、汽车、园林景观灯等细节素材，最后检查画面是否完整统一，比例大小是否协调。

⑥剖面图的绘制，如图 1-4-41 所示。

图 1-4-40　添加乔木

图 1-4-41　剖面效果

⑦使用相同的步骤绘制第二张剖面图，需要注意的是这张剖面图空间场景更大，更要注重与周围景观小品和后面房屋的比例关系；在植物的选择上尽量统一，颜色不宜过多。如图 1-4-42 所示。

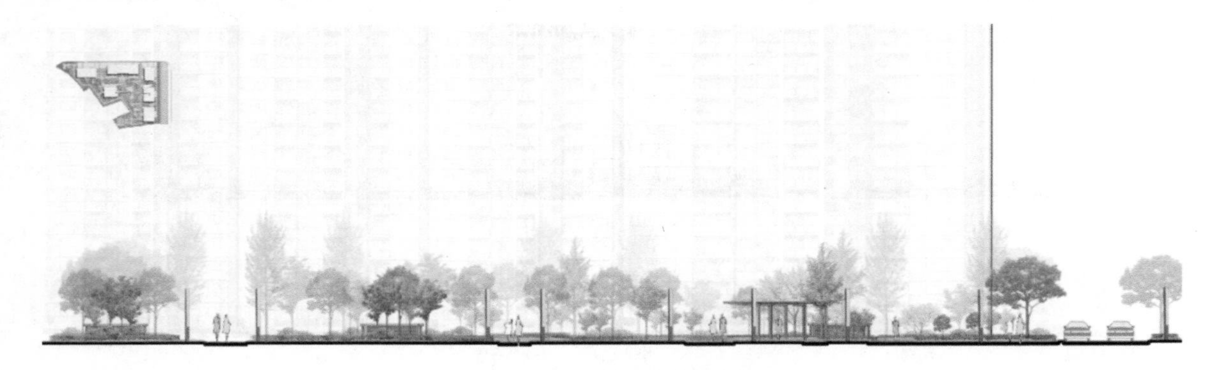

图 1-4-42　第二张剖面图

4.7　小品分布图

小品分布图中要绘制垃圾桶、休闲座椅、标识牌、宣传栏、太阳伞。注意要点：①小区内一般每 4 幢(120 户左右)设 1 处垃圾收集点，收集点可以为垃圾桶，也可为垃圾房，垃圾房的用地控制在 $10m^2$ 左右。②休闲座椅一般设置在游园步道旁边，景观节点旁边，放的位置要满足居民观赏的需求；标识牌一般布置在入口、草坪、水体或需要有指引的位置。另外，小区的宣传栏，一般放在入口位置。其他特殊的小品要根据设计而定。③在小品分布图中，小品的图例虽然没有统一的规定，但不能只有一个圆形或方形，要有小品各自的特点，让人一看就知道是什么。

操作过程是，在 PS 中导入彩平图，用图标把图中的导视牌、休闲座椅、垃圾桶表示出来，再将找好的示意图片放在旁边就可以了。如图 1-4-43 所示。

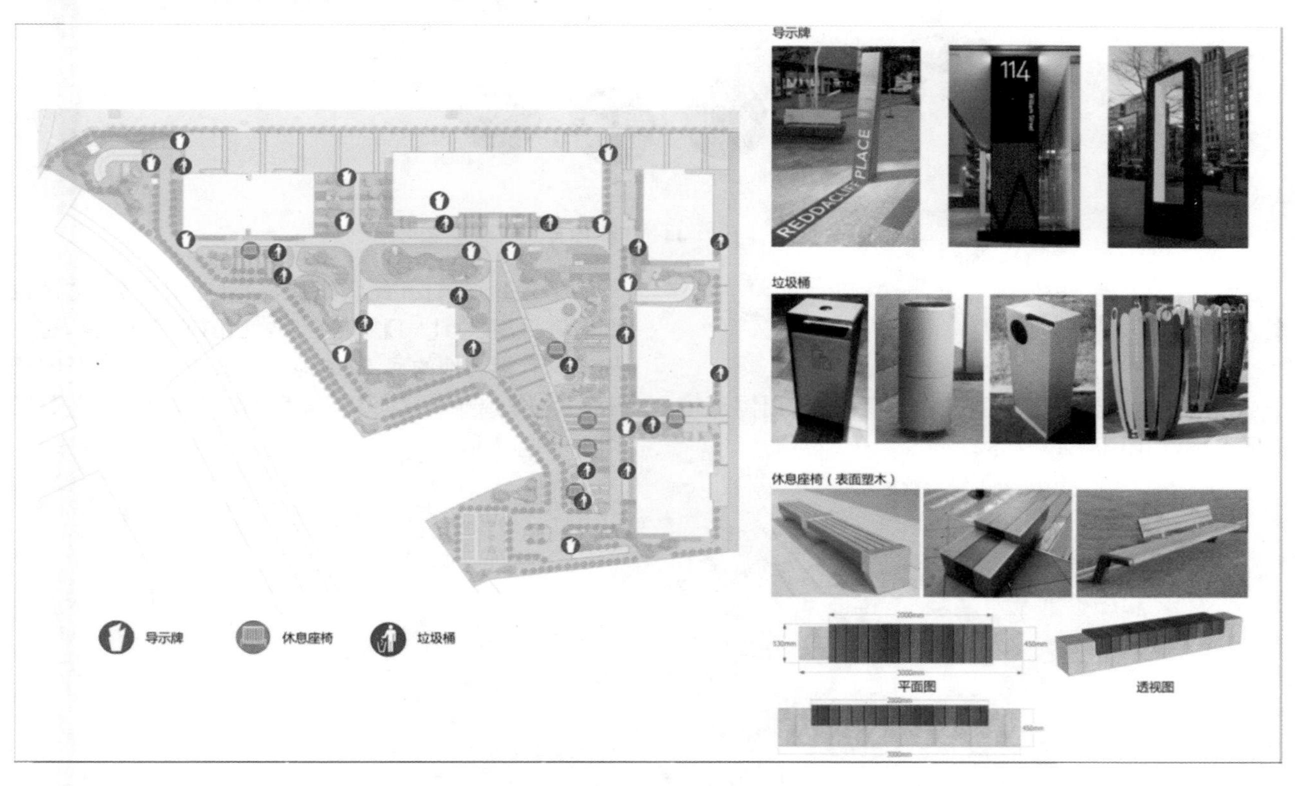

图 1-4-43　小品分布图

4.8　示意图片

这部分最重要的就是有足够的手绘图片和实景照片。这些图片的运用要满足以下要求：①手绘图片与实景照片不要混用，每一张文本上的图片都要保持统一的风格。②图片要选择恰当的照片或手绘图，而且要与设计的平面方案一致，当出现不一致的情况时，可以适当地修改图片或平面。绘制手法：①在要表现的景观节点处用圆点或小圆圈表示，用直线引出图片。②将要表现的景观节点从总图上挖出来，旁边配合示意图片。③在图上用数字表示景观节点，然后旁边注明数字表示的景点名称和图片。④还有一种方法就是突出 SketchUp 模型，将 SketchUp 模型选一个好的角度，用圆点表示并用直线指出示意图片，如图 1-4-44 所示，这种方法效果较好，而且表示清晰，重点明确。

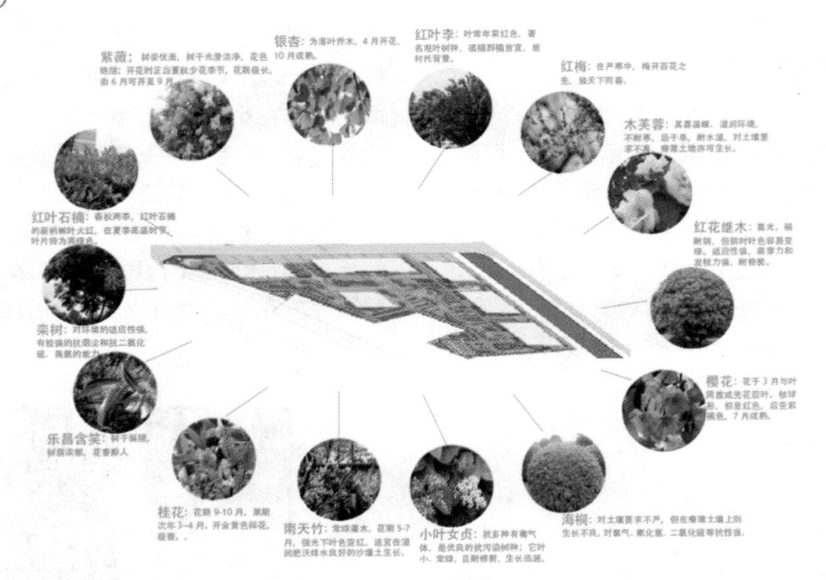

图 1-4-44　示意图片

4.9　区位分析图

在地图上找到规划区的具体位置，将其周围环境截屏下来，如图 1-4-45 所示。

①在 PS 中打开此张图片，并将图层命名为“区位底图”，再用【Ctrl＋J】复制一层，使用【套索】工具，选中周边具有标志性的河流、绿地及地铁线，如图 1-4-46 所示。点击【选择—反向】，点击【图像—调整—去色】，如图 1-4-47 所示。

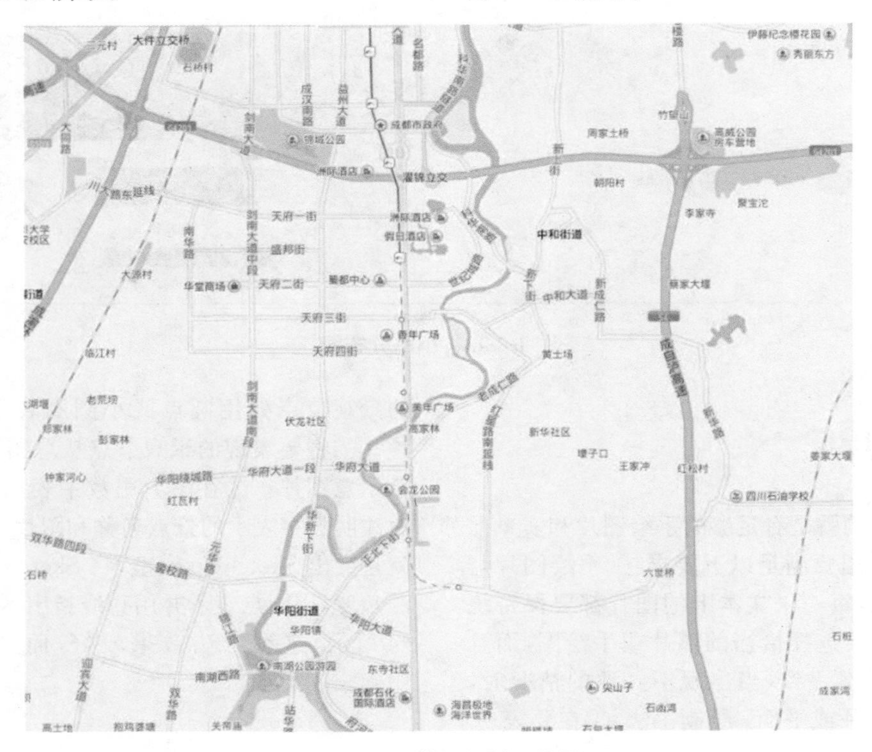

图 1-4-45　截取规划区位置

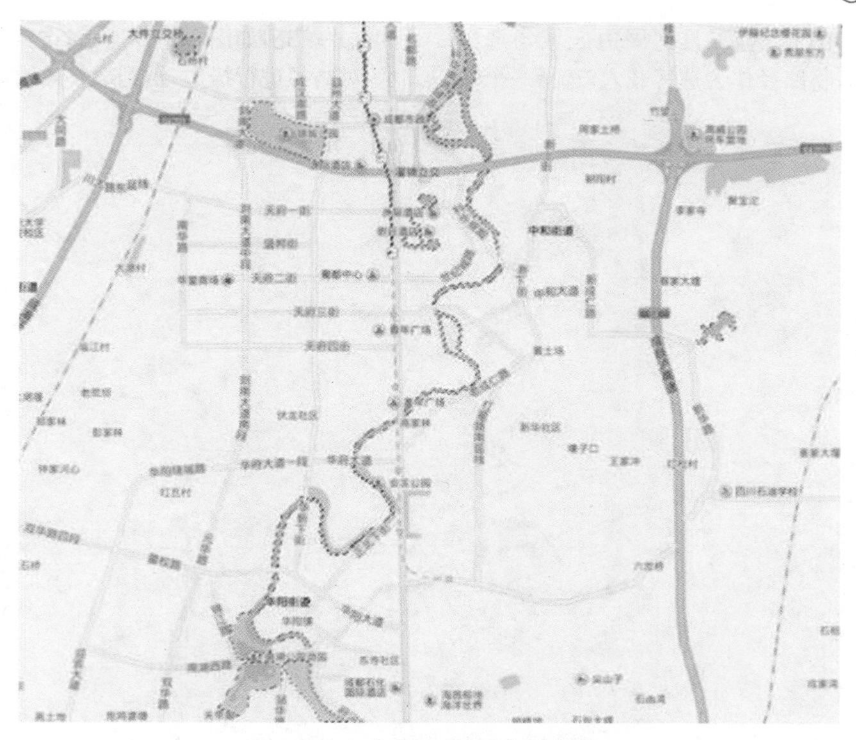

图 1-4-46　选中河流、绿地及地铁线

图 1-4-47　去色

②突出主景，使用【钢笔】工具把周边区域勾选出来，如图 1-4-48 所示；将路径作为选区载入，选择一个暖黄色并填充，如图 1-4-49 所示；设置画笔，如图 1-4-50 所示，对路径进行描边，得到最终效果如图 1-4-51 所示。

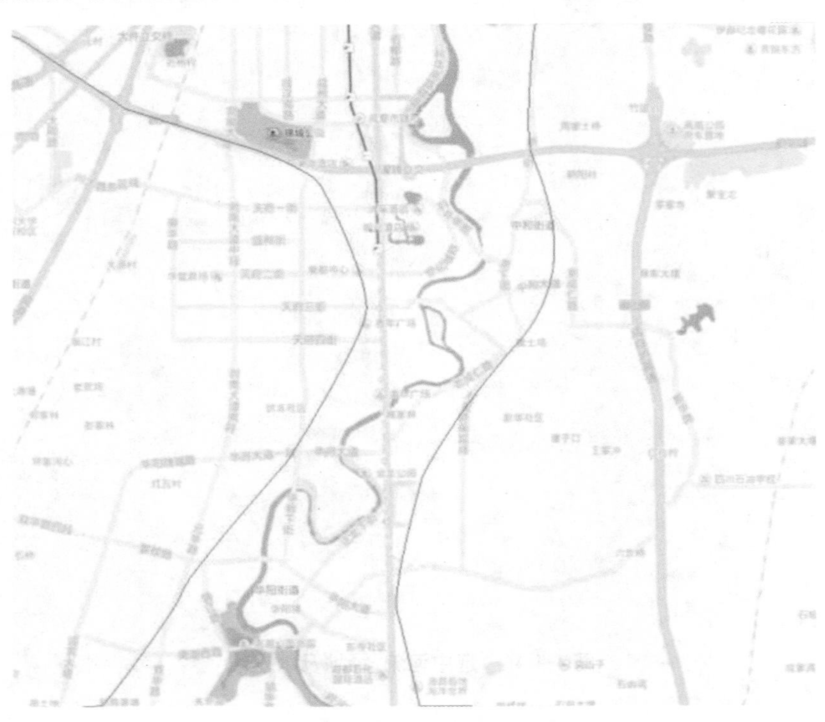

图 1-4-48　勾选周边区域

图 1-4-49　填充暖黄色

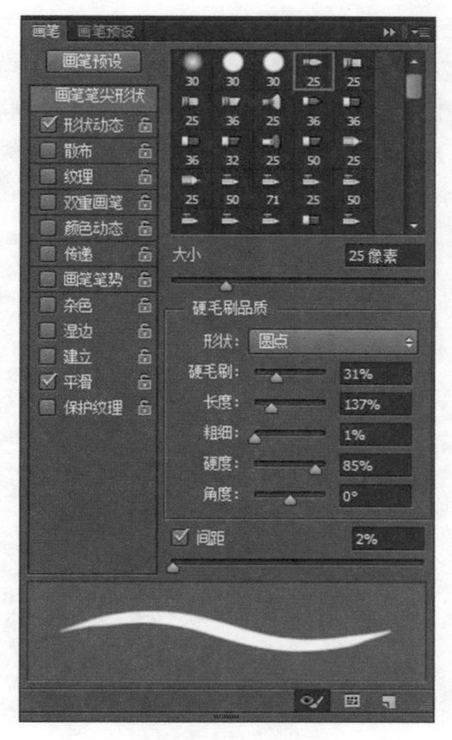

图 1-4-50　设置画笔

图 1-4-51　描边效果

③在 ID 中用【Ctrl＋D】插入以上图 1-4-51，用【椭圆】工具 画出规划区和其他主要发展区和休闲区。浮动面板中圆圈的描边参数设置如图 1-4-52 所示，效果如图 1-4-53 所示。

图 1-4-52　描边参数设置

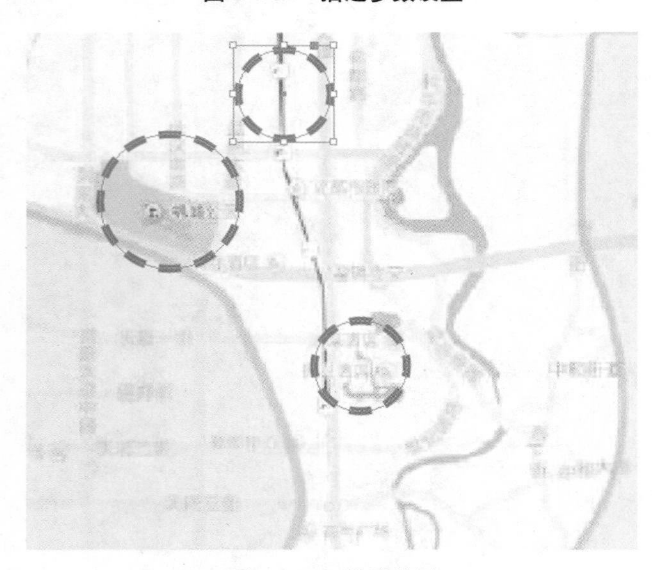

图 1-4-53　描边效果

④并用【钢笔】工具 画出发展主线和游览主线，其在浮动面板中参数设置如图 1-4-54 所示。然后输入文字完善效果，如图 1-4-55 所示。

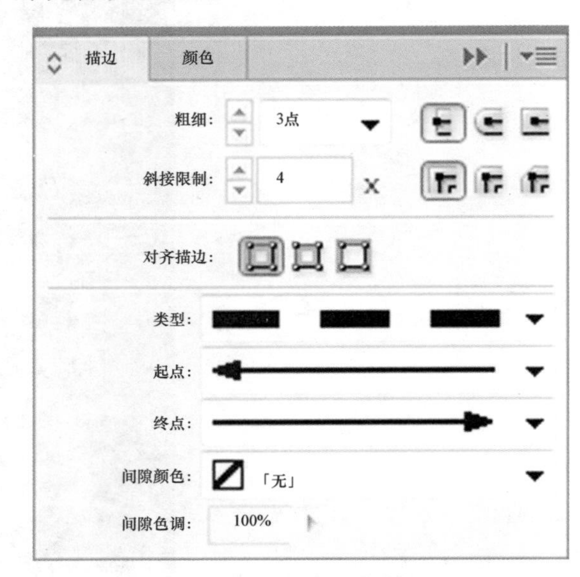

图 1-4-54　描边参数设置

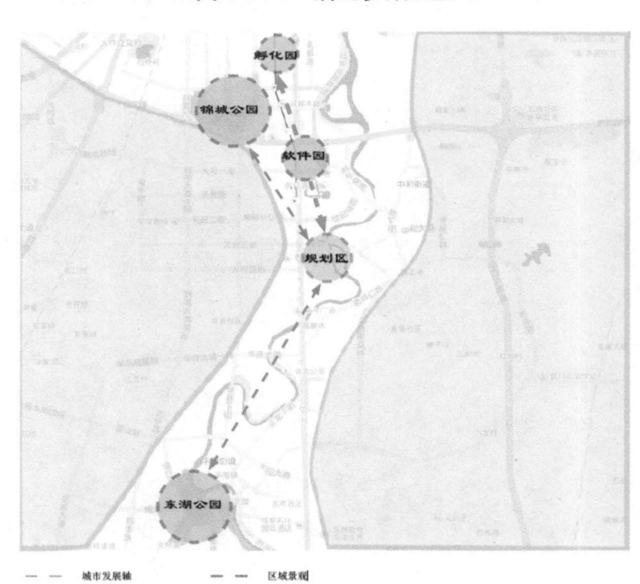

图 1-4-55　区位分析图

5 ID 排版

景观设计排版的目的是用清晰、鲜明、富有条理性的视觉语言，对景观设计的各种信息做个系统的梳理，通过悦目的编排方式突出主题，使版面达到最佳效果，准确地表达设计，让对方更好地理解设计内容，也就是说ID是景观设计的传播者。

5.1 文本的创建

5.1.1 页面操作

①打开ID软件，执行【文件】—【新建】—【文档】命令，或按【Ctrl+ N】组合键，打开新建文档对话框。如图1-5-1所示。

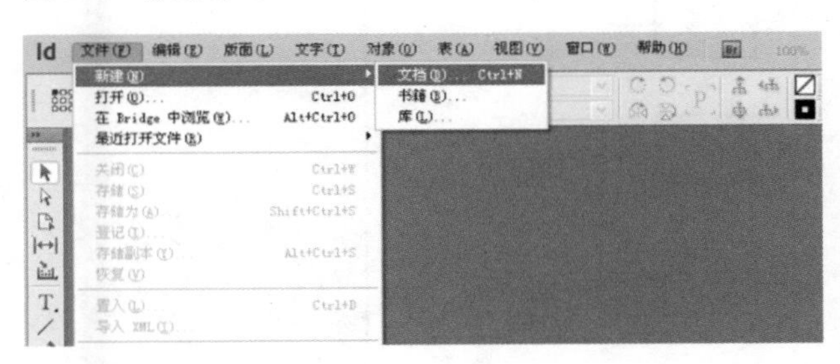

图1-5-1 新建文档

②在页面大小下拉列表框中选择A3，设置页数为10，页面方向为横向，对页前不打勾，装订选择默认的从左到右，完成以上设置后单击右下角【边距和分栏】按钮，如图1-5-2所示，弹出“新建边距和分栏”对话框，设置好参数后单击【确定】按钮就可以新建一个文档，如图1-5-3所示。

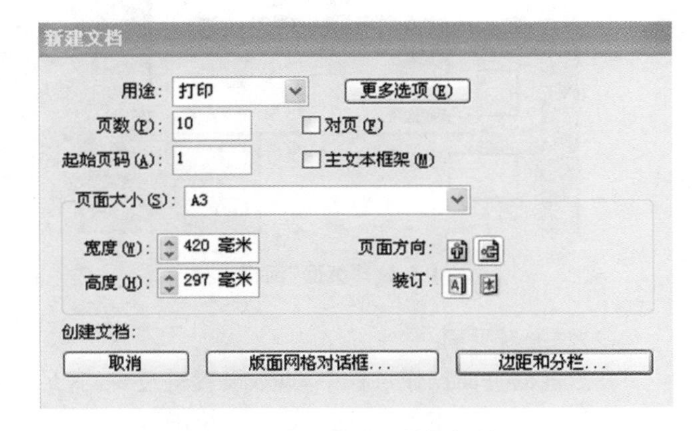

图1-5-2 “新建文档”对话框

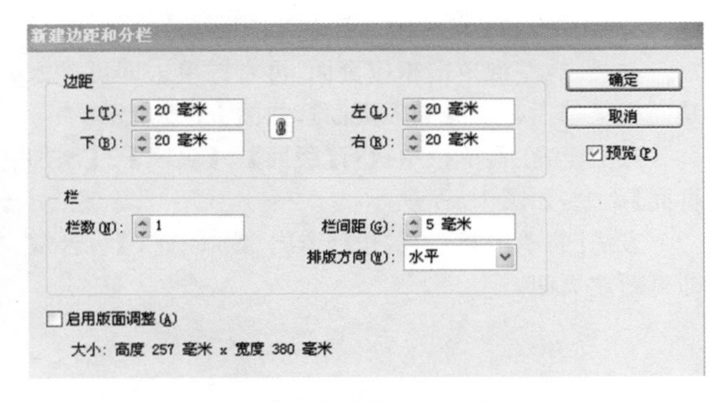

图1-5-3 “新建边距和分栏”对话框

5.1.2 页面和跨页

页面操作是设计排版中一个重要部分，单击右侧【页面】按钮就可打开“页面”面板，按F12可快速打开或关闭“页面”面板。左键单击目标页面(需要选择的页面)，再右键单击即可进入其面板菜单栏，如图 1-5-4 所示。

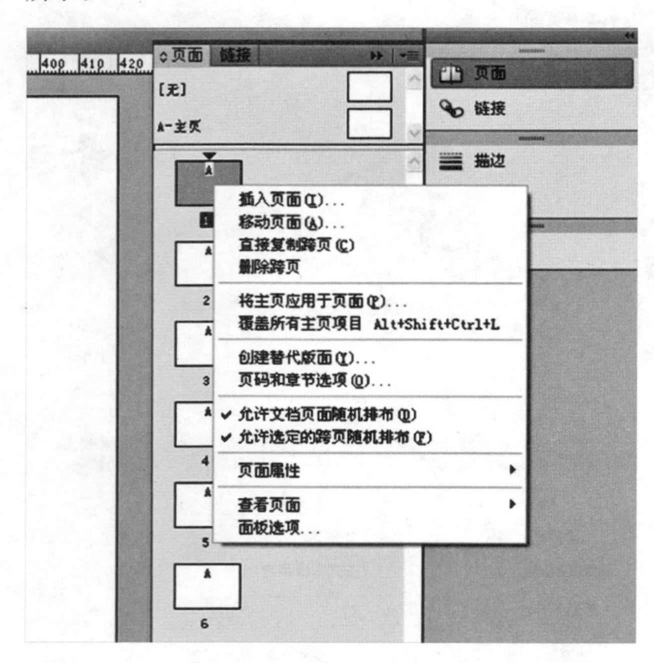

图 1-5-4 “页面”面板

(1)添加新页面

在之前的页面操作过程中，页数设置得过少，满足不了我们现在的文本需求，这时还可以添加新的页面。

方法一：直接单击“页面”面板下的【新建页面】按钮，如图 1-5-5 所示。

方法二：左键单击相应页面，再右键单击即可进入其面板菜单栏，选择【插入页面】，如图 1-5-6 所示。

方法三：在菜单栏中执行【版面】—【页面】—【添加页面】命令，如图 1-5-7 所示。

方法四：单击某一页，按【Ctrl＋ Shift＋ P】组合键即可新建页面。

图 1-5-5 【新建页面】按钮

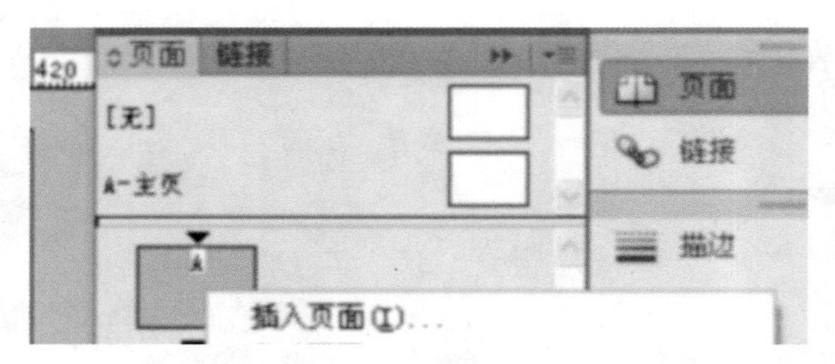

图 1-5-6 “页面”面板菜单栏

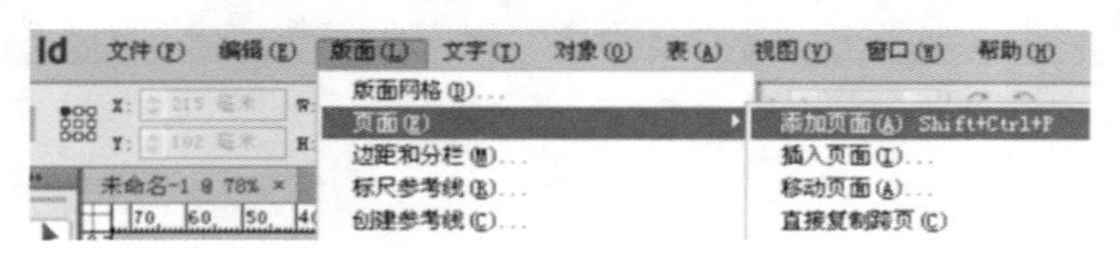

图 1-5-7 菜单栏

(2)选择页面和跨页

单击“页面”面板中的目标页面，即可选取该页面，双击目标页面可以将该页面变成当前窗口的显示页。在“页面”面板下，按住【Ctrl】键可以单击选择多个连续或者不连续的跨页，如图 1-5-8 所示。

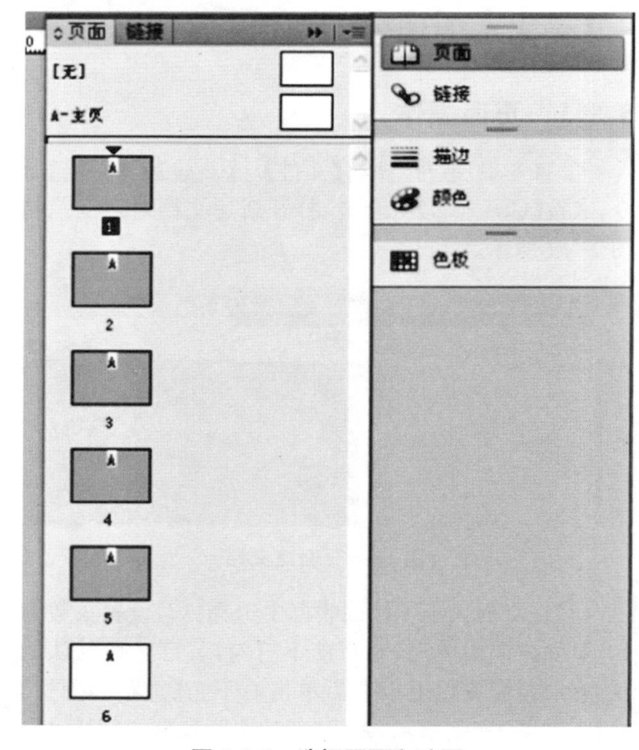

图 1-5-8 选择页面和跨页

(3)复制页面和跨页

方法一：在“页面”面板菜单栏中，选择【直接复制

跨页】命令。也可以选择目标页面，再选择【版面】—【页面】—【直接复制跨页】命令，复制的跨页会出现在文档的末尾。

方法二：单击目标页面，按住鼠标左键不放，拖到“页面”面板下方的【创建新页面】按钮，松开鼠标就可以将页面或跨页复制到文档的末尾。

方法三：单击目标页面，按住【Alt】键进行拖动，松开鼠标即可完成复制。

(4)移动页面与跨页

在操作中经常会对页面进行重新排序，单击目标页面或跨页，按住鼠标左键不放，拖到新的位置即可。拖动的时候，“页面”面板出现的黑色竖线条表示页面要放置的位置。

还可以单击目标页面，再右键单击，选择【移动页面】命令来进行移动，如图 1-5-9 所示。

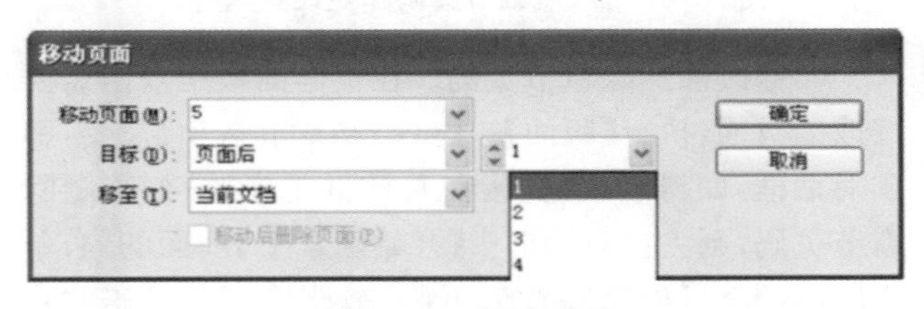

图 1-5-9　移动页面

(5)删除页面与跨页

方法一：单击目标页面，然后单击“页面”面板右下角的垃圾桶图标。

方法二：单击目标页面，按住鼠标左键，然后拖到“页面”面板右下角的垃圾桶图标上，松开鼠标左键即可。

方法三：单击目标页面，再右键单击，选择【删除页面】。

5.1.3　主页

主页的功能类似于 PPT 中的母版，在编排过程中，可以将每页都会重复原位置显示的内容放置在主页上进行集中编辑和管理。

新建好一个文档之后会自动生成一个名称为“A-主页”的主页，如图 1-5-10 所示。若只需要一个主页，则无须新建，若需要多种页面设计，则要新建主页。

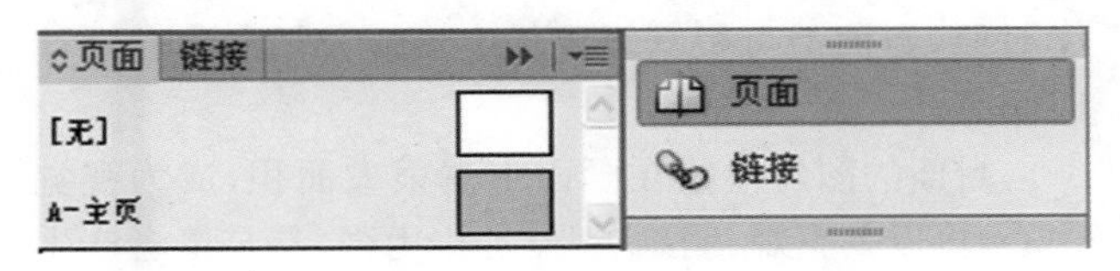

图 1-5-10　A-主页

主页和页面的操作类似，其添加、选择、复制、移动、删除等操作可以参见页面操作部分。

应用主页：选择要应用的主页，按住鼠标不放，拖动到所需的目标页面，当目标页面周围出现黑色边框时，松开鼠标即可将主页应用到目标页面。多个页面应用同一个主页时，按住【Shift】键，点选多个页面，然后按住【Alt】键，并单击需要应用的主页即可。

覆盖主页对象：在实际的编排过程中，不是所有页面的主页对象都跟主页一模一样，可能个别页面需要修改页面中的主页对象，这时候不用新建一个主页，直接通过【覆盖主页对象】命令来修改。具体方法如下：

①覆盖指定对象：按住【Ctrl＋Shift】组合键，然后单击普通页面中要修改的主页对象，就可将其提取出来单独修改。

②覆盖全部对象：先在页面面板选择目标页面，双击将视图切换到目标页面，然后执行“页面”面板下拉菜单中的【覆盖全部主页项目】命令，这样就可以在普通的页面上编辑该页面上所有的主页对象。

5.1.4　页码和章节

可以在普通页面中添加页码，也可以在主页中添加。但为了创建在普通页面可以自动更新的页码，使同一主页的普通页面页码出现在相同位置并有相同的外观，这时就必须在主页中添加页码，添加后普通页面的页码会随着文档的修改而实时更新。

①在主页中双击某主页，比如“A-主页”，视图切换到“A-主页”，在工具箱选择【文字】工具，然后在需要出现页码的位置按住鼠标左键拖动出一个文本框，然后执行【文字】—【插入特殊字符】—【标志符】—【当前页码】命令，如图 1-5-11 所示，这时普通页面将会自动编排页码。

②更新新的起始页码。执行【版面】—【页码和章节选项】命令，点选起始页码，输入【3】，如图 1-5-12 所示，则页码将会从第 3 页开始编排。

③新建章节页码和更改页码样式。在新建文档后，所有的页面页码都是按阿拉伯数字编排的，但有时候为了区分不同的章节，可以使用【页码和章节选项】命令来更改页码编号和编号样式。例如，在第 5 页开始一个新的章节，为了与前面的章节相区分，将页码格式换成英文字母来显示。具体做法如下：

图 1-5-11 设置自动编排页码

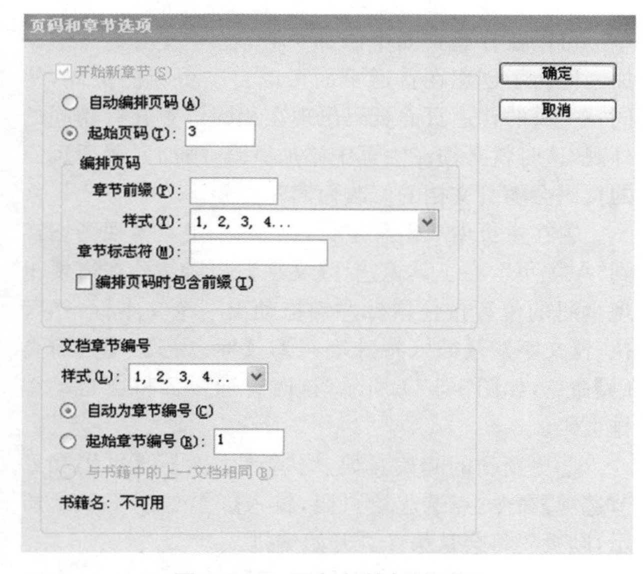

图 1-5-12 更新新的起始页码

在页面面板中双击第 5 页，执行【版面】—【页码和章节选项】命令，在弹出的对话框中单击【起始页码】，输入 5，在【样式】下拉列表框中选择英文字母，如图 1-5-13 所示，单击【确定】，即完成新建章节页码和更改页码样式，创建完新章节页码后，页面的页码会随着更新。

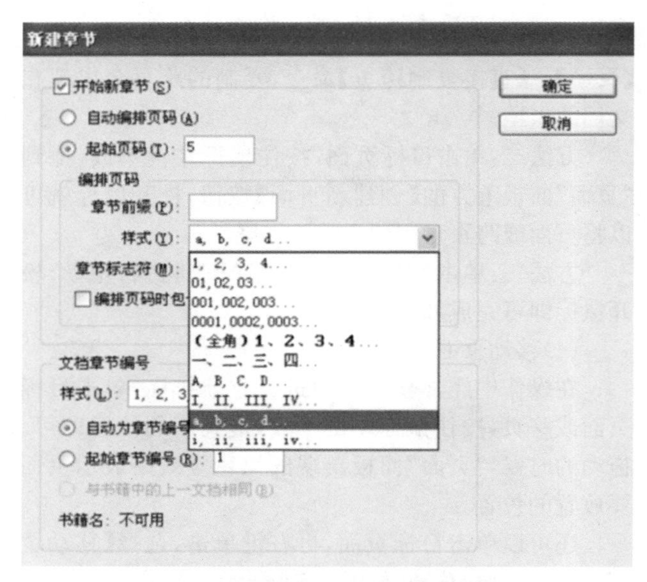

图 1-5-13 新建章节页码和更改页码样式

④修改和删除章节页码。在页面面板中双击需要修改的页面，执行【版面】—【页码和章节选项】命令，弹出对话框，如需修改，直接在对话框里修改；如需删除章节页码，则去掉对话框中【开始新章节】前面的勾，单击【确定】就可以删除章节页码，被删除章节页码的页面就会自动变成前一个章节的样式。

5.2 封面的制作

文本的封面设计是文本的重要组成部分，犹如音乐的序曲，是把读者带入内容的向导。封面设计中要遵循平衡、韵律与调和的造型规律，突出景观设计的主题，大胆设想，运用构图、色彩、图案等知识，设计出比较完美、典型，富有情感的封面。

封面的外形除少数特殊设计外一般呈长方形或方形，有时为了设计的需要，在纸张允许的范围内可以调整长宽比例，以改变通常的形状。

封面的文字可用几种不同字体构成，但不宜过多，要以其中一种字体为主，封面的标题要突出醒目，封面上一定要有项目名称，为了丰富画面，往往还会配上英文对照，封面上可根据需要加上设计公司名称和设计时间等。

封面的图片往往在画面中占很大面积，成为视觉中心，再以其直观、明确、视觉冲击力强、易与读者产生共鸣的特点，成为设计要素中的重要部分。图片的内容丰富多彩，最常见的是人物、动物、植物、自然风光，以及一切人类活动的产物。

下面以“新一代信息技术孵化园某某号地块景观方案设计”为例，详细介绍一个封面的制作过程。

①使用【矩形】工具画一个矩形框覆盖整个 A3 画面，描边选择“无”，填色的 CMYK 值分别为“42，11，45，0”。如图 1-5-14 所示。使用【Ctrl＋L】组合键将其锁定。

图 1-5-14　画矩形框

②继续使用【矩形】工具画一个矩形框，描边选择“无”，填色的 CMYK 值分别为“19，9，32，0”，调整大小及位置，使用【Ctrl＋L】组合键将其锁定，如图 1-5-15 所示。

图 1-5-15　画另一个矩形框

③执行【Ctrl＋D】命令，选择事先准备好的封面图片素材，按住左键不放拖拉出图片，选中图片，将图片缩放到合适大小，再配合鼠标左键移动图片位置，同样的方法将所有图片插入，大小调整至一致，并排好位置，如图 1-5-16 所示。

④这样就完成了封面的大体框架，接下来就是为封面配上文字，选择【文字】工具 T，拖拉出文本框，输入“新一代信息技术孵化园某某号地块景观方案设计”，字体采用“长城特粗黑体”，大小为 24 点，文字描边选择“无”，文字填色的 CMYK 值分别为“27，70，22，0”，如图 1-5-17 所示。

图 1-5-16　调整图片大小和位置

图 1-5-17　配封面文字

⑤选择【文字】工具，拖拉出文本框，输入“Block of Information Technology Park Landscape Design”，字体选择“News 706 BT”，大小为 24 点，文字描边选择“无”，文字填色的 CMYK 值分别为“90，58，41，1”，如图 1-5-18 所示。

图 1-5-18　配封面英文文字

⑥选中做好的英文文本框，按住【Alt】键，配合鼠标左键拖动复制出一个一样的文本框，将新复制出来的文本框文字填色的 CMYK 值改为“54，18，45，0”。将其移动到合适的位置，再以同样的方法复制出几个一样的文本框，并放到合适的位置，最后使用【Ctrl＋/】

组合键调整文字和图片的上下位置关系，最后再对版面进行调整，最终效果如图 1-5-19 所示。

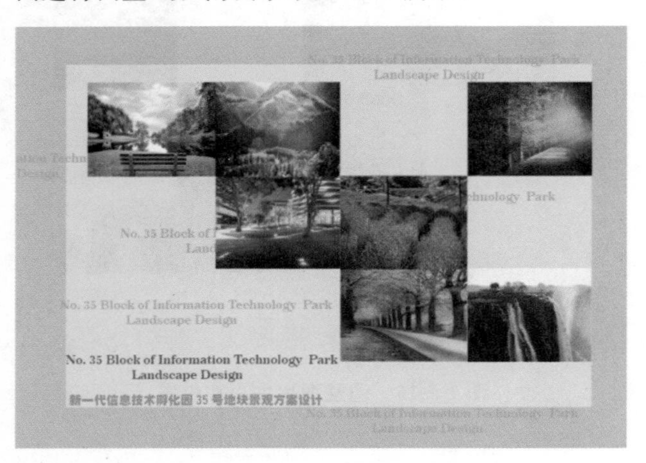

图 1-5-19　封面效果

5.3　目录的制作

景观设计的目录是对整个文本内容的高度概括和总结，通过目录可以知道设计者将要展示和传递的主要信息。下面仍然以“新一代信息技术孵化园某某号地块景观方案设计”为例，详细介绍一个景观设计文本目录的制作过程。

①选择【矩形】工具，拖拉绘制出一个矩形框。然后其描边选择“无”，填色的 CMYK 值分别为“48，24，67，0”，并调整至需要的大小，移动到最右侧。再次选择【矩形】工具，拖拉绘制出一个矩形框，描边选择“无”，填色的 CMYK 值分别为“2，1，8，0”，调整至需要的大小并移动到合适的位置。如图 1-5-20 所示。

图 1-5-20　绘制矩形框

接着执行【Ctrl＋[】组合键命令将 CMYK 值“2，1，8，0”的矩形框调整至最下面一层，再选中所有矩形框，按【Ctrl＋L】组合键将其锁定。如图 1-5-21 所示。

图 1-5-21　调整矩形框位置

②选择【文字】工具，拖拉出文本框，输入“目录”，字体采用“长城粗隶书体”，大小为 24 点。然后选中做好的文本框，按住【Alt】键，配合鼠标左键拖动复制出一个文本框，将文字改为“设计概念”，大小改为 18 点，再以同样方法复制出 4 个一样的文本框，分别改为“景观规划”“景观效果”“详细设计”“经济技术指标及估算表”，然后调整至适当的位置，这样一级标题就做好了，如图 1-5-22 所示。

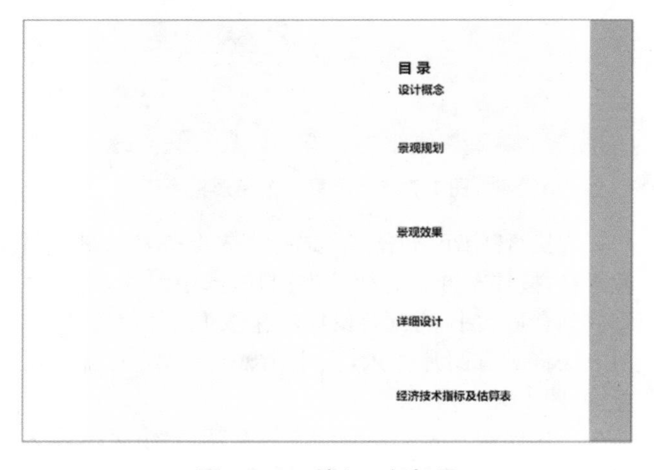

图 1-5-22　输入一级标题

③选择【文字】工具，输入与一级标题“设计概念”相对应的二级标题文字，字体选择“长城楷体”，大小为 12 点，行距为 18 点，完成一个二级标题。选中这个二

级标题文本框，按住【Alt】键，配合鼠标左键拖动复制出 3 个文本框，将文字分别改为与一级标题相对应的二级标题文字。最后将所有文本框调整至合适的位置。如图 1-5-23 所示。

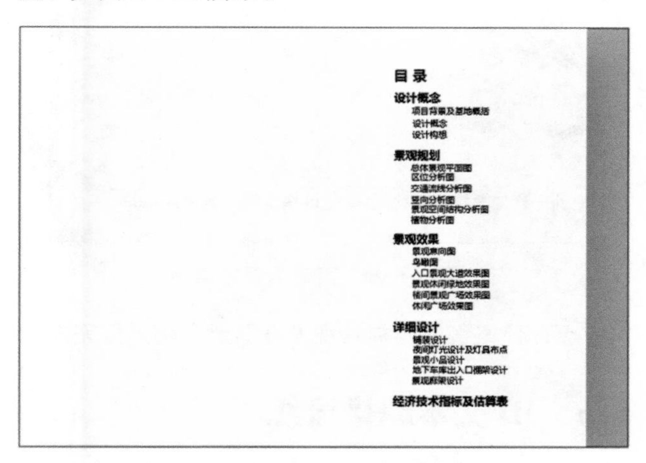

图 1-5-23　输入二级标题

④选择【文字】工具，拖拉出一个文本框，输入“1.0”，字体选择“长城新艺体”，大小为 30 点，文字描边选择“无”，文字填色用【吸管】工具取右边绿色矩形颜色。然后复制出 4 个相同文本框，将里面的文字分别改为“2.0”“3.0”“4.0”“5.0”，并移动到相应的一级标题前面，如图 1-5-24 所示。这样一个文本目录的制作就完成了。

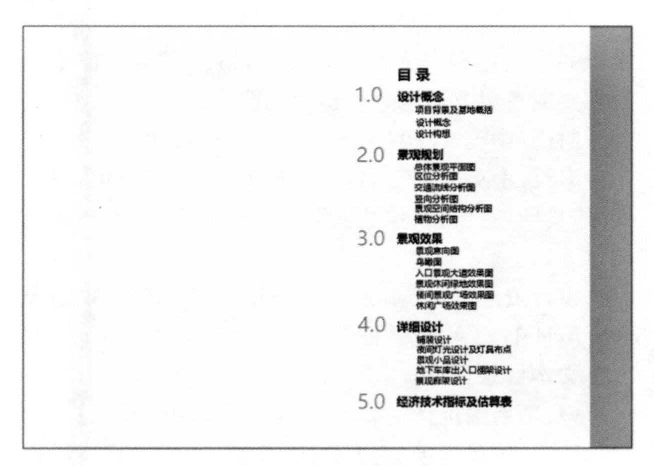

图 1-5-24　目录效果

5.4　图像内容页的制作

一套园林景观设计图册的核心内容是其总体设计图纸（包括总体平面图、总体剖立面图、总体鸟瞰图、种植设计图等），再加上前期分析图和各类景观效果图纸构成了园林景观设计图册的主要部分。在对如此庞杂的图量继续排版时，使用 InDesign 专业排版软件不仅可以极大提高工作效率，同时还能保证图册风格的美观和统一。

对于图册中前期分析图和设计效果图的制作方法，在前面介绍 Indesign 的章节已经有较为详细的说明了。制作图册的核心思想是用它负责将 Photoshop 和 InDesign 已经制作好的“原材料”有机组合起来，并利用自身的矢量编辑和统一排版的属性表达出设计图册的整体效果。

通过该案例上文的内容，我们已经可以得到正文排版中所需的全部图纸。将它们分别导入对应的 InDesign 母板中，统一编辑制作图册。下面展示部分图册内容以供参考。效果如“总平图”（图 1-5-25），“植物种植图”（图 1-5-26），“小品分布图”（图 1-5-27）所示。

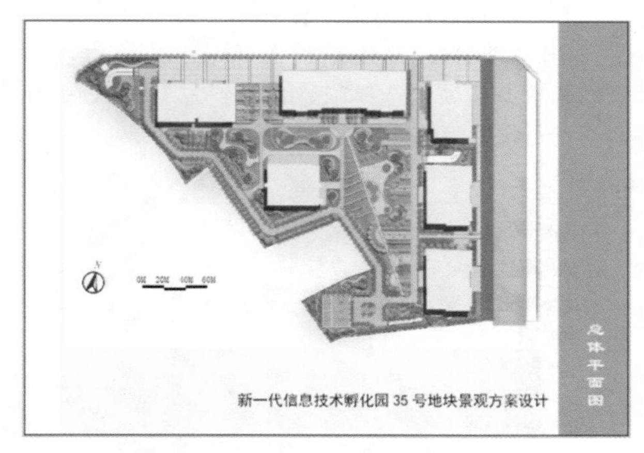

图 1-5-25　总平图

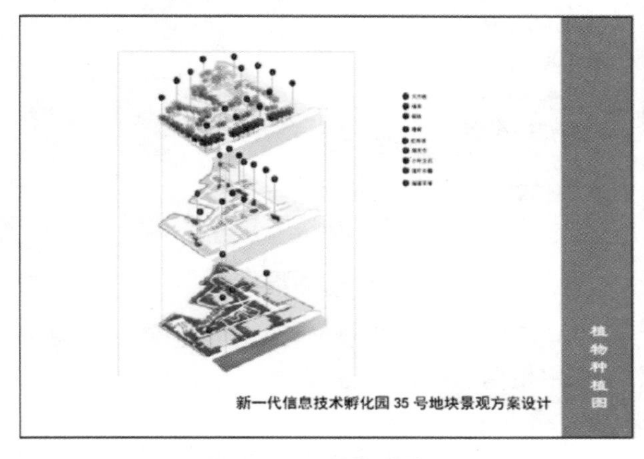

图 1-5-26　植物种植图

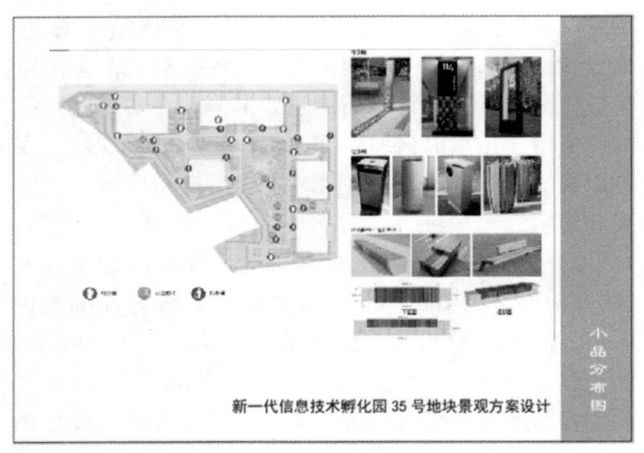

图 1-5-27　小品分布图

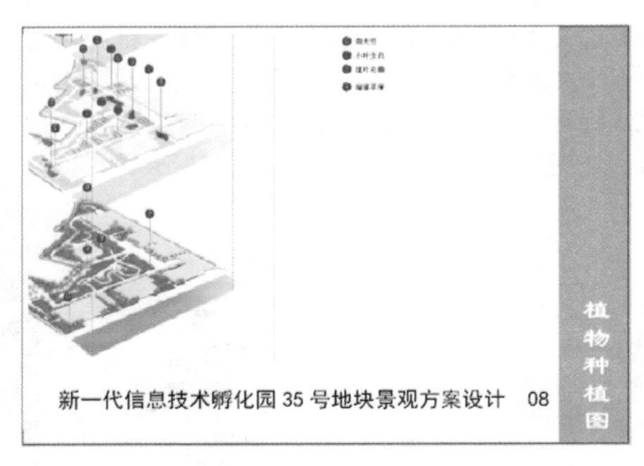

图 1-5-29　页码设置效果

至此该案例的园林景观设计图册全部制作完成。

5.5　图册页码生成

因为封面与封底不算在图册页码内，所以一般认为封面后的一页为图册第一页。

打开浮动面板的“页面”面板，单击鼠标右键，选择“页码和章节选项”，选择“起始页码”为 1，样式为 01，02，03，…，设置参数如图 1-5-28 所示。

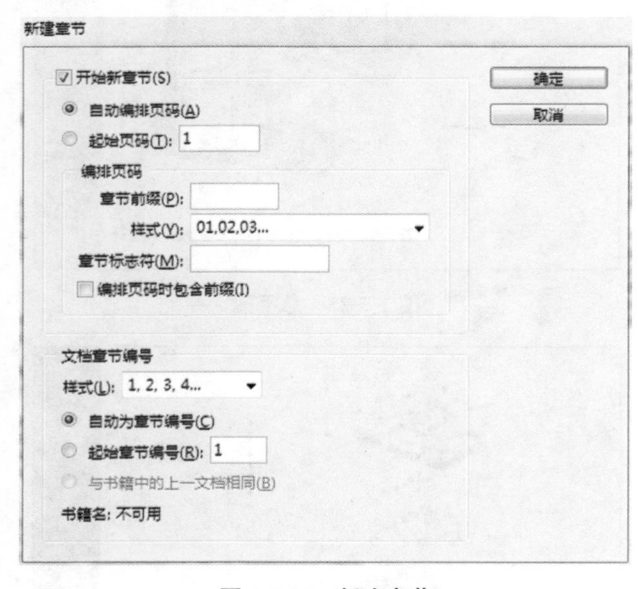

图 1-5-28　新建章节

确定后再检查，可以看到页码显示正确了。再在操作界面中微调页码的位置，完成页码设置如图 1-5-29 所示。

5.6　ID 文本编排流线

景观设计文本的制作应该完成一个什么样的设计工作量和出图量，各个景观公司或建筑公司、设计院、园林局都有各自的规范。但是，如果要严谨地完成一个景观设计项目，就要按部就班地进行每一个分项。那么一个完整、系统的景观方案设计必须涵盖哪些工作？而一个完整文本的输出应该包含多少内容？

以下是一份关于景观设计文本完整的编排流线，对“怎样进行有逻辑的景观设计”和“一套完整景观设计文本应该包含哪些内容”做一个初探，详细解析景观设计的逻辑性和严谨性。实际编排过程中，可根据项目需要或者甲方需求进行适当的取舍。

封面（中英文项目名称，乙方名称，日期）

扉页（中英文项目名称，委托单位、设计单位，项目编号、日期，首席设计、方案设计、土建设计、植物水电设计等）

设计资质页（企业法人营业执照、园林景观规划设计资质证书、工程设计证书等）

文本目录页

一、项目概况（文字为主，可加现场照片）

1.1　**项目背景**（主要描述：位置、面积、地势、周边等，包含一些数据）

1.2　**场地概况**（环境概况：气候、季风、土质、水质等；景观概况：地形地貌、植被，水系，建筑等）

二、设计依据（可添加一些规划局的城市规划图或分区规划图，国家和地方相关法规、城市和项目周边总

体规划、相关设计规范、各设计控制指标等）

三、设计原则（文字为主）

四、设计指导思想（文字为主）

五、设计目标（一段话/一句口号，甲方的要求，城市的需要，使用者的心声）

六、前期基址分析（对原始地形的分析，图文并茂）

6.1　区位分析（与城市分区、主干道、其他绿地系统以及发展规划的关系；场地生态效益、绿地联动效应、交通沿线景观、未来发展规划分析）

6.2　周边环境分析（与周边相邻道路、河流、山体、建筑和开放绿地的关系，周边游憩线路）

6.3　竖向分析/高程分析（另加上建筑阴影的分析）

6.4　SWOT 分析（内部优势、劣势，外部机会、威胁）

6.5　功能分析（明确须满足的功能和对应位置，场地使用人群的行为构成）

6.6　交通分析（包括与相邻道路的关系，停车位数量、位置）

6.7　植被分析（上、中、下层植被，常绿、落叶植被，阔叶、针叶植被，色相、季相等）

6.8　视线分析（是否需要对景、障景、借景等）

6.9　空间结构分析（空间的形态、属性、分隔、联系与过渡）

6.10　图与底关系

6.11　水环境分析

6.12　场地不利因素分析（悬崖、污染物、特殊工厂、污染水池、高压线、边坡、垃圾堆放、有害植物等）

（前期的基址分析不是简单的场地描述，而是要找出场地现存的问题，并提出相应解决的初步方案 ）

七、概念设计（在前期基址分析的基础上提出概念）

7.1　设计概念（为设计定位，构思概念，提出设计的主题/主线，相似绿地类比）

7.2　概念演化（将概念的形态、色彩、感觉、律动、意向等融入景观）

八、规划定位（总体布局，功能优先。解决基址分析中的问题，用概念主线进行设计）

8.1　规划结构（满足服务半径，各开敞空间之间的关系，分布、布局等）

8.2　景观结构（设计后最终形成的景观轴、景观带、景观脉、景观环、景观点等）

8.3　功能分区布局（另加行为构成分析）

8.4　竖向设计（可配上若干重点景区的剖面图）

8.5　交通系统（与外部道路关系，内部分流、换线，停车位）

8.6　视线分析（设计后景观视线的引导）

8.7　绿化种植规划（分区，季相）

8.8　场地内部游憩规划（行为构成分析）

8.9　电力及给排水规划

8.10　开发时序规划（一般分为三期建设：近、中、远）

九、总体设计

9.1　总体平面图

9.2　总体剖立面图（可加页作重要区域剖立面图）

9.3　总体鸟瞰图（可添加夜景鸟瞰图和局部鸟瞰图）

9.4　景观注释图（可加页作一个配套服务设施的注释图）

9.5　种植设计图（植物列表明细清单，植物图例一一对应）

十、局部设计

10.1　中心景观节点（放大平面图、区域鸟瞰、区域透视图、示意图）

10.2　重要景观节点一（同上）

10.3　重要景观节点二（同上）

10.4　建筑设计（布局、功能、风格、色彩等）

10.5　园林小品设计（可分为雕塑小品、铺装、城市家具、灯具、标识系统等示意图）

十一、技术经济指标及投资估算（表格）

附图：规划设计图［CAD 蓝图］

1. 规划设计总平面图
2. 道路竖向规划图
3. 绿地系统规划图
4. 综合管网规划图

封底（中英文设计单位名称，日期）

5.7　检查修改

文本编排结束之后，要从第一页到最后一页仔细检查，检查图片是否正确，文字是否正确，图文是否完全相配，索引是否完全对上号，版面是否美观和谐，等等。这些都需要我们人为地去检查和修改。

5.8 文件的打包及输出

5.8.1 印前检查

在完成排版、校对工作之后，将文件交给输出中心或者打印之前，使用预览功能可以检查文本的链接文件与字体是否正确无误，是否有溢排文字等情况，以免产生无法输出或者不符期望的问题。

执行【窗口】—【输出】—【印前检查】命令，如图1-5-30所示。

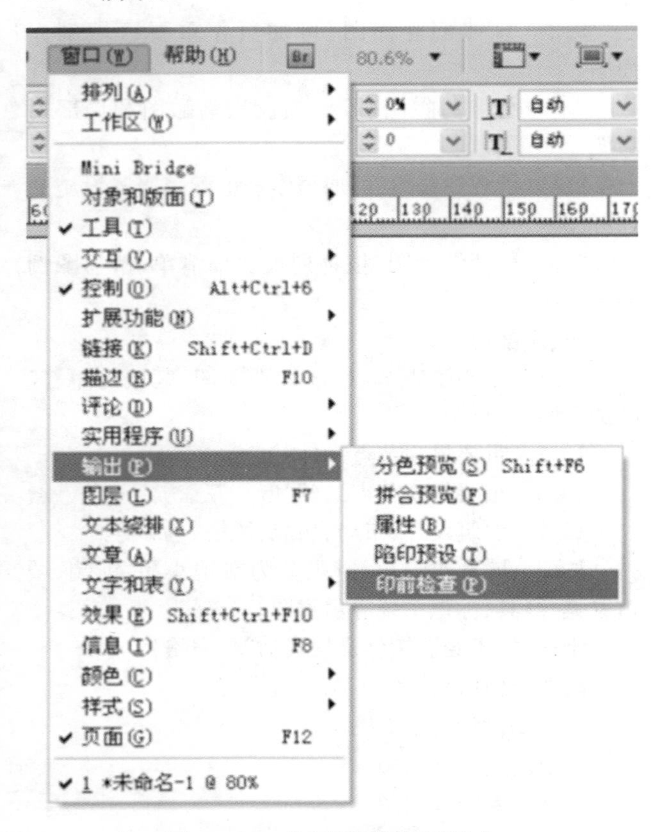

图 1-5-30 执行【印前检查】命令

如果没有检查到错误，左下角印前检查图示显示绿色，如图1-5-31所示。其印前检查面板如图1-5-32所示。

图 1-5-31 未检测到错误

图 1-5-32 印前检查面板

如果有错误，则会以红色显示，其印前检查面板如图1-5-33所示。双击错误下面的选项即可跳转到所在的位置，然后进行相应的修改。所有错误修正之后，即会自动从【印前检查面板】中删除。执行【文件】—【存储】命令对文件进行存储，快捷键是【Ctrl＋S】组合键，事实上我们在排版过程中就要随时进行保存，以免出现突发情况造成文件丢失。

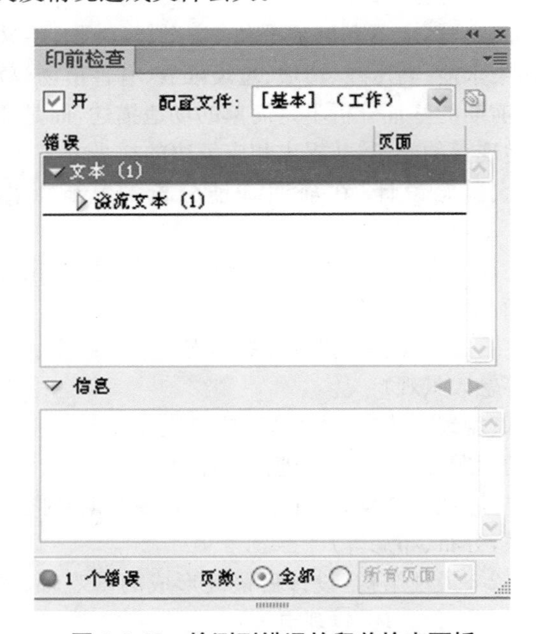

图 1-5-33 检测到错误的印前检查面板

5.8.2　文件的打包

使用ID完成对页面的编排后，可以对当前编辑的文档进行链接打包，方便用户查看页面中的图像和文本信息，并随时可以进行更改。执行【文件】—【打包】命令，如图1-5-34所示。指定打包路径E盘，名称为“新一代信息技术孵化园35号地块景观方案设计”，如图1-5-35所示。

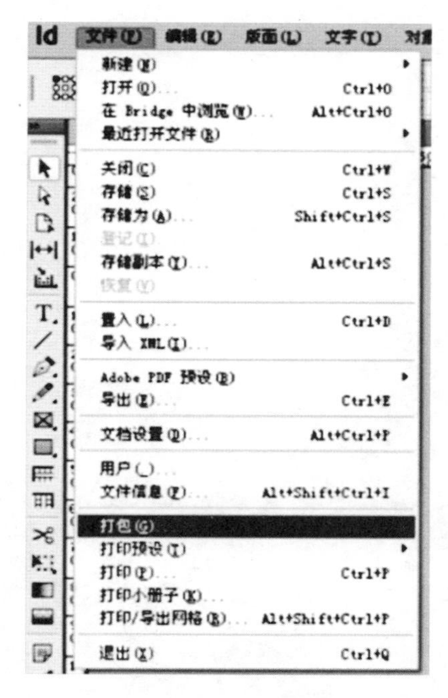

图1-5-34　执行“打包”命令

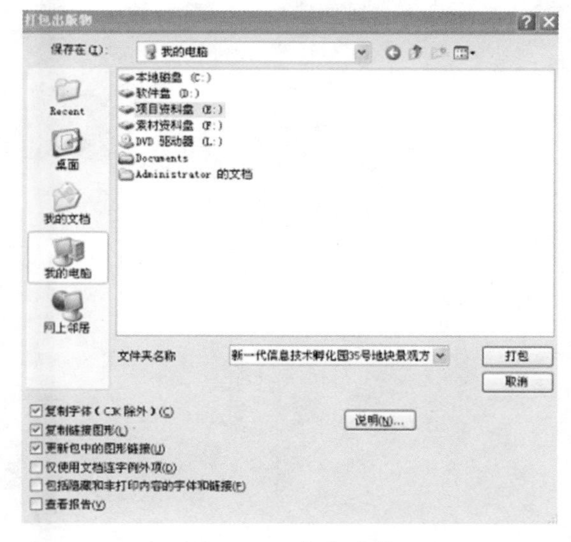

图1-5-35　打包路径

5.8.3　导出为 Adobe PDF 文件

PDF格式文件小而完整，在印刷出版过程中非常高效，并且任何使用免费Adobe Reader软件的人都可以对其进行分享、查看和打印。

执行【文件】—【导出】，弹出【导出】对话框，选择路径，文件名设置为“新一代信息技术孵化园35号地块景观方案设计”，保存类型选择Adobe PDF交互，然后单击【保存】按钮，如图1-5-36所示，弹出【导出至交互式PDF】对话框，具体设置如图1-5-37所示。

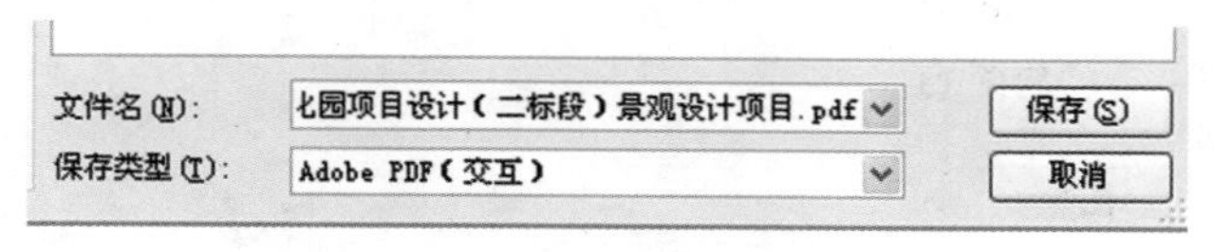

图1-5-36　保存文件

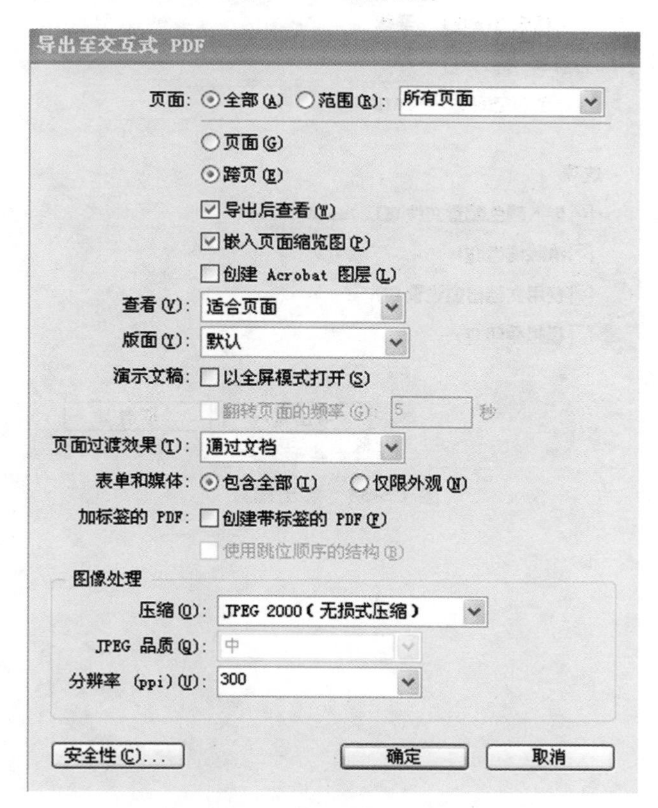

图1-5-37　“导出至交互式PDF”对话框

5.8.4　导出图片

ID可以直接导出图片格式，执行【文件】—【导出】，弹出【导出】对话框，选择路径，文件名设置为“新

一代信息技术孵化园 35 号地块景观方案设计”，保存类型选择 JPEG 格式，然后单击【保存】按钮，弹出【导出 JPEG】对话框，具体设置如图 1-5-38 所示。

图 1-5-38　导出图片

6 施工图部分

6.1　制图前期工作

6.1.1　项目前期方案分析及数据资料的储备

6.1.1.1　了解项目的风格定位

新一代孵化园 35 号地块项目属于简约的现代办公风格。

6.1.1.2　收集施工图所需相关资料

其中包括：

①CAD 总图(原始平面图)。

②建筑底层平面、立面等。

③综合管线图(包括水电管线、管道井位置等资料)。

④总体竖向标高资料。

⑤相关水文地质资料。

⑥其他必需的现场资料。此部分数据需保存原始数据，以备再次核查。

6.1.2　总图部分整理与核查

设计人员应在设计前整理甲方提供之底图(图 1-6-1)，并尽可能地整理清楚。将所需资料按图层归类，将不必要的图层、图块删除干净，之后再开始设计工作。

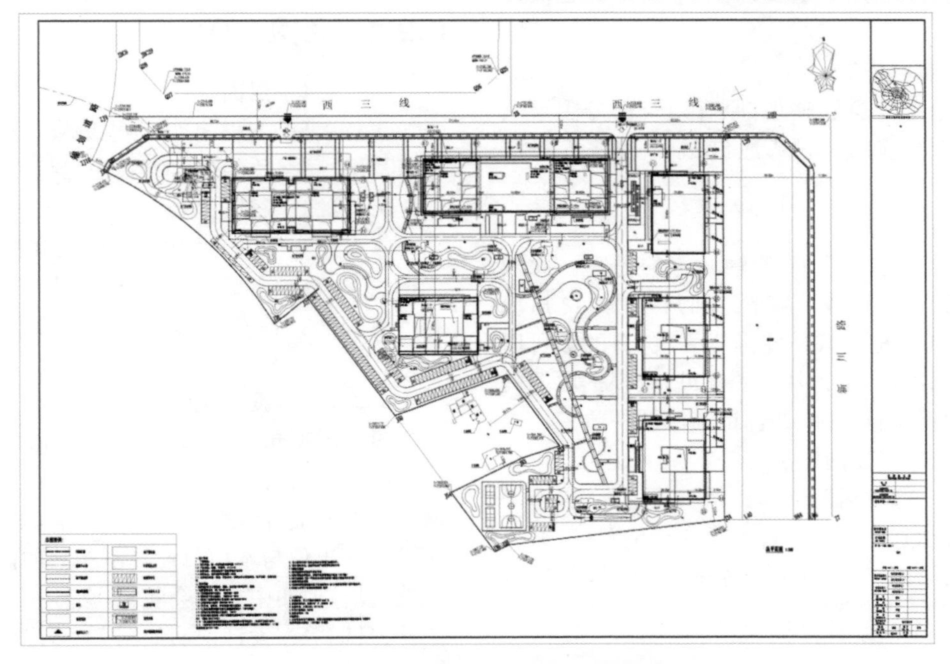

图 1-6-1　甲方提供的建筑条件图和规划图

6.1.2.1 明确坐标

明确坐标原点(0，0)、指北针方向、坐标体系(指总图采用相对坐标或城市坐标)。当甲方提出有明确的城市坐标时或甲方有要求采用城市坐标时，总体定位图可以采用城市坐标作为出图标准；反之则采用相对坐标出图。新一代孵化园35号地块项目采用的是相对坐标系。

6.1.2.2 明确范围与刚性条件

明确设计范围边界状况，包含有：

①基地红线(总图上用粗虚线表示)。

②项目设计范围(有可能含有分期边界)。

③建筑底层边界、屋顶边界(屋顶边界用虚线表示)。

④地下车库、附属构筑物及地面入口(地下车库应以虚线表示)。

⑤河流、溪流、人工湖等水体边界线。

⑥道路情况，包括车行道、人行道、小径(临时消防通道以虚线表示)。

⑦消防登高面(以虚线表示)。

⑧其他必要条件。

6.1.2.3 单体楼号与重要名称标注

在总图上注明建筑单体楼号，配电房、水泵房等单体小建筑亦需标明。周边重要河流、道路名称也需标注清楚。

6.1.2.4 图层整理

总图上的内容应分层整理，原有建筑部分图层名称以实际内容加前缀0—基地红线、0—建筑底层平面。

6.1.2.5 Z轴整理

设计人员应对总图进行Z轴归零的整理。此操作步骤应认真谨慎地操作，执行Z轴归零命令之后应仔细查看整个场地是否有某些内容丢失，有的话可以对照原图重新添加，但不得从原图拷贝，应根据原图的尺寸、半径等数据自行添加，并保证与原图一致。

Z轴坐标归零问题的解决方法：

①按【Ctrl＋A】将画面全选。

②使用【移动】(m)命令，输入第一点位置(0,0,0)确定，然后输入第二点位置(0,0,X)确定。(其中X可以为任意值)

③按【Ctrl＋A】将画面全选。

④使用【移动】(m)命令，输入第一点位置(0,0,X)确定，然后输入第二点位置(−0,0,X)确定。

⑤使用【移动】(m)命令，输入第一点位置(−0,0,X)确定，然后输入第二点位置(0,0,0)确定。

注意：在这样做之前，要先将块打散。不然即使按部就班地做了这些步骤，图形Z轴也回不到0坐标。

6.1.2.6 图纸交流

最后与方案及方案深化设计人员沟通，明确领会设计意图，避免施工图制图过程中因方案的理解偏差而导致的修改。

6.2 制图标准

制图前应建立项目相对应的文件夹，并将甲方提供的相关引用文件存放在该文件夹下独立的“甲方资料”文件夹中存放；严禁把底图进行整体移位、旋转等使其偏移原始定位坐标系统的操作，以避免导致出图时方位朝向以及定位坐标系统等出错。

6.2.1 总图部分

6.2.1.1 封面

工程名称、工程地点、工程编号、设计阶段、设计时间、设计公司名称等(此项目没有封面)。

6.2.1.2 图纸目录

本套施工图的总图纸纲目，需在所有施工图完成之前编写，目录上的图号、图名应与图纸完全吻合，以利各方查阅。各专业目录需分开编写，如图1-6-2所示。

6.2.1.3 设计说明

设计说明包括工程概况、设计依据、设计构思、设计内容简介、设计特色、各类材料统计表、苗木统计表。应仔细查看设计说明中的各项细节，如油漆颜色等，说明中不应出现与本项目设计不相关的内容。应该特别注意：设计说明中要有会签栏，会签栏中要标明各专业名称、日期等。设计说明如图1-6-3、图1-6-4所示。

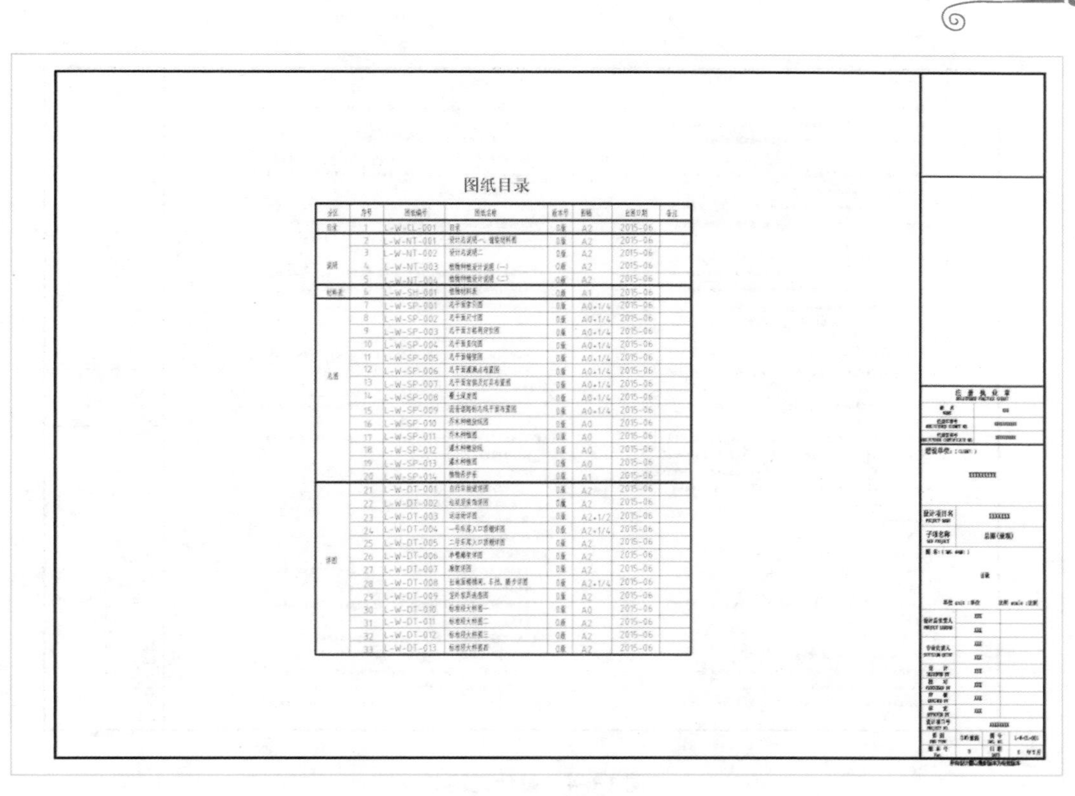

图纸目录

分区	序号	图纸编号	图纸名称	版本号	图幅	出图日期	备注
目录	1	L-W-CL-001	目录	0版	A2	2015-06	
说明	2	L-W-NT-001	设计总说明一、铺装材料表	0版	A2	2015-06	
	3	L-W-NT-002	设计总说明二	0版	A2	2015-06	
	4	L-W-NT-003	植物种植设计说明（一）	0版	A2	2015-06	
	5	L-W-NT-004	植物种植设计说明（二）	0版	A2	2015-06	
材料表	6	L-W-SH-001	植物材料表	0版	A1	2015-06	
总图	7	L-W-SP-001	总平面索引图	0版	A0+1/4	2015-06	
	8	L-W-SP-002	总平面尺寸图	0版	A0+1/4	2015-06	
	9	L-W-SP-003	[illegible]	0版	A0+1/4	2015-06	
	10	L-W-SP-004	总平面竖向图	0版	A0+1/4	2015-06	
	11	L-W-SP-005	总平面铺装图	0版	A0+1/4	2015-06	
	12	L-W-SP-006	[illegible]	0版	A0+1/4	2015-06	
	13	L-W-SP-007	[illegible]	0版	A0+1/4	2015-06	
	14	L-W-SP-008	覆土深度图	0版	A0+1/4	2015-06	
	15	L-W-SP-009	[illegible]	0版	A0+1/4	2015-06	
	16	L-W-SP-010	乔木种植放线图	0版	A0	2015-06	
	17	L-W-SP-011	乔木种植图	0版	A0	2015-06	
	18	L-W-SP-012	灌木种植放线	0版	A0	2015-06	
	19	L-W-SP-013	灌木种植图	0版	A0	2015-06	
	20	L-W-SP-014	植物养护表	0版	A1	2015-06	
详图	21	L-W-DT-001	[illegible]	0版	A2	2015-06	
	22	L-W-DT-002	[illegible]	0版	A2	2015-06	
	23	L-W-DT-003	[illegible]	0版	A2+1/2	2015-06	
	24	L-W-DT-004	一号车库入口廊棚详图	0版	A2+1/4	2015-06	
	25	L-W-DT-005	二号车库入口廊棚详图	0版	A2	2015-06	
	26	L-W-DT-006	[illegible]	0版	A2	2015-06	
	27	L-W-DT-007	[illegible]	0版	A2	2015-06	
	28	L-W-DT-008	[illegible]	0版	A2+1/4	2015-06	
	29	L-W-DT-009	[illegible]	0版	A2	2015-06	
	30	L-W-DT-010	标准段大样图一	0版	A0	2015-06	
	31	L-W-DT-011	标准段大样图二	0版	A2	2015-06	
	32	L-W-DT-012	标准段大样图三	0版	A2	2015-06	
	33	L-W-DT-013	标准段大样图四	0版	A2	2015-06	

图 1-6-2　目录

铺装材料表

编号	名称	规格	用途
001	烧面黄锈石	300*300*30	建筑入口及平台铺装
002	烧面芝麻黑	300*300*30	室外包边
003	烧面黄金麻	300*300*50	市政人行道及园区主入口铺装
004	咖啡色透水砖	100*100*50、200*100*50	园区内道路、游步道
005	灰色透水砖	200*100*50	园区内道路、游步道
006	烧面芝麻灰	300*300*30	室外包边
007	硅PU	规格	运动场铺装

设计总说明

1. 工程概况

1.1 工程名称：新一代信息技术孵化园项目，35号地块景观设计

1.2 建设单位：成都高投置业有限公司

1.3 总用地面积：67134平方米

1.4 景观设计面积：54215平方米

2. 设计依据

2.1 设计合同书和甲方提供的相关建议和意见。

2.2 甲方提供的用地红线及原地形地貌图。

2.3 《城市绿化工程施工及验收规范》。

2.4 国家颁布的现行相关法规、规定、技术标准。

2.5 景观设计方案图

2.6 主要规范、法规

2.6.1 《民用建筑设计通则》（GB50352-2005）

2.6.2 《城市道路路基工程施工及验收规范》CJJ44-91

2.6.3 《城市道路和建筑物无障碍设计设计规范》（JGJ 50-2001）

2.6.4 《城市道路设计规范》CJJ37-90

2.6.5 《建筑设计防火规范》GB50016-2006

2.6.6 《高层民用建筑设计防火规范》（GB50045-95）

2.6.7 《建筑装饰工程施工及验收规范》（JGJ73-91）

2.6.8 《公园设计规范》CJJ48-92

2.6.9 《公路沥青路面设计规范》JTJ014-97

2.6.10 《沥青路面施工及验收规范》GB J92-96

2.6.11 《建筑材料放射性核素限量》GB6566-2001

2.6.12 建筑工程设计文件编制深度规定。

2.6.13 2008成都规划管理条例。

3. 设计范围

3.1 本子项仅包含景观、植物及水电专业，实施范围为红线以内，市政人行道另示意范围。

4. 总则

4.1 本工程除总说明规定外，施工时需严格遵照国家颁布的各项验收技术规范及国家有关规定办理。

4.2 本工程施工期间如有需要修改时，须经建设、设计、监理、施工四方共同办理。

4.3 本工程工种齐全，施工时土建、安装、绿化需密切配合，预留预埋统一协调施工。

4.4 地面及立面饰面需作样板，经建设、设计、监理三方共同研究认可后再进行施工。

4.5 景石、卵石、主要景观树种需看样、打样，经建设、设计、监理三方共同研究认可后再行安置种植。

4.6 在施工过程中如出现图纸与现场实际情况不符合的情况，应及时通知设计方，确认后方可施工。

4.7 技术措施

4.7.1 工程设计标高采用绝对标高，景观各部分定位见平面尺寸定位图。

4.7.2 本设计图纸中尺寸均以毫米（mm）为单位，标高以米（m）为单位。

4.7.3 本设计图纸中凡所标距地高度均指施工完成面高度。

4.7.4 凡本设计选用的涉及到景观造型、色彩、质感、大小、尺寸、性能、安全方面的材料，除按本设计图纸要求外，均需经本设计单位认可审核后方可采用。

4.7.5 除部分地面铺装石材需做专项相关节点外，其余石材贴面均需做防护。

4.7.6 有关设备技术图纸，需经本设计单位审核后方可进行施工。

4.7.7 安装设计必须严格遵守国家颁布的有关部门标准及各项验收规范的规定，并与结构、水、电、绿化配置等专业图纸密切配合。

做法说明

除图纸中另有要求或另有做法的详细说明外，均以此做法说明为准。图纸内所有钢构件大小规格、地下部分（包括基础）、构筑物挖槽等有关结构部分，均以结构施工图为准。

1. 地面

1.1 地面施工应严格按照国标GB50037-96《建筑地面设计规范》及相应施工及验收及规范。

1.2 除图纸上注明外，地面铺装结合层均采用30厚06-M20-PO-0851/TS060-2008，上涂1—2厚水泥并洒清水养护。

1.3 铺装面层天然石材必须满足《天然石材产品放射防护分类标准》（GB6566-2001）中的A类标准，用于室外部的花岗石、正面、背面以及四个侧面均应涂上疏通防水剂，对石材起到防霉、防污染、防风化、防冰冻冻融、防止反碱作用。大面积或基础面层的花岗石表面处理，要确保花岗表面的平整，粗糙面颗粒大小均匀，光面花岗石抛光面，抛光面光泽度>75度。

1.4 凡有坡度的铺地应准确找坡，坡度0.5%坡向雨水口，不得积水。绿地与路沿石或边缘石交接处500mm范围内，绿地土面标高要低于路沿石或边缘石顶面标高30mm，未设置边缘石处，绿地土面标高要低于铺装面层标高30mm，防止雨水将土壤冲出路面或铺装场面。

图 1-6-3　设计说明一（铺装材料表）

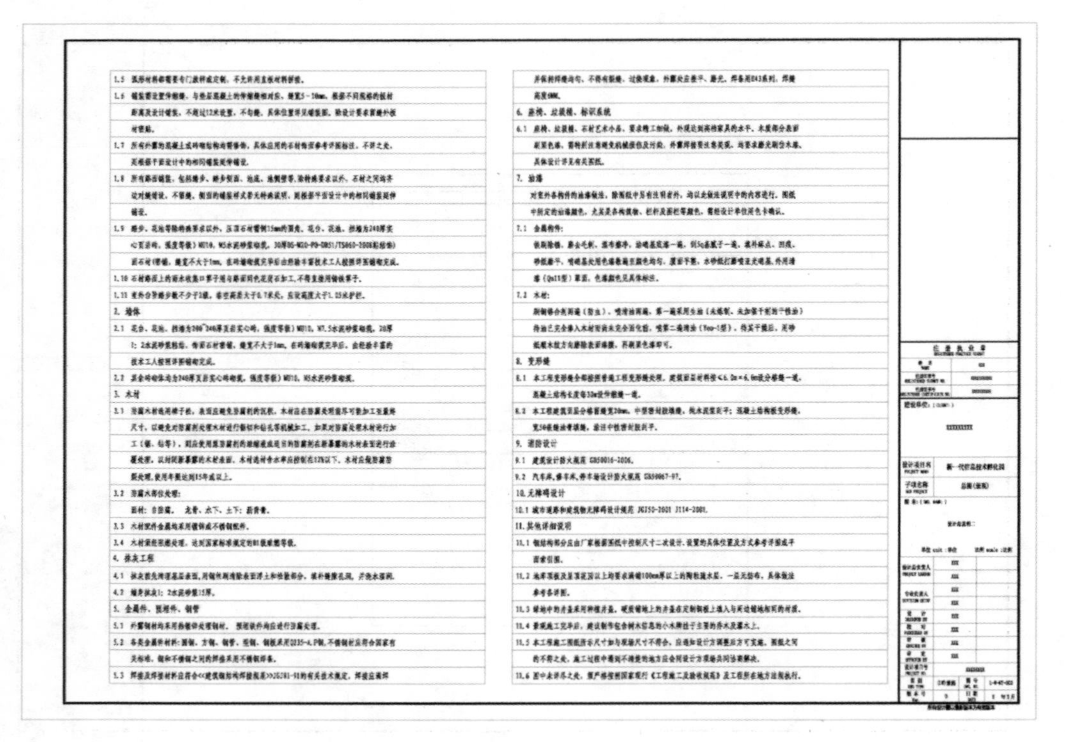

图 1-6-4　设计说明二

6.2.1.4　总平面索引图

①用地红线、地库边界线、消防通道均要在此图上表现出来。

②索引文字内容需与详图图名一致、图号一致。绿化等无须拉出索引之内容，在平面上直接标注清楚即可，以避免拉出线过多导致图面混乱。

③大节点的符号索引不能与局部放大图重复索引。

④索引符号均拉出平面图外整齐表达。

总平面索引图如图 1-6-5 所示。

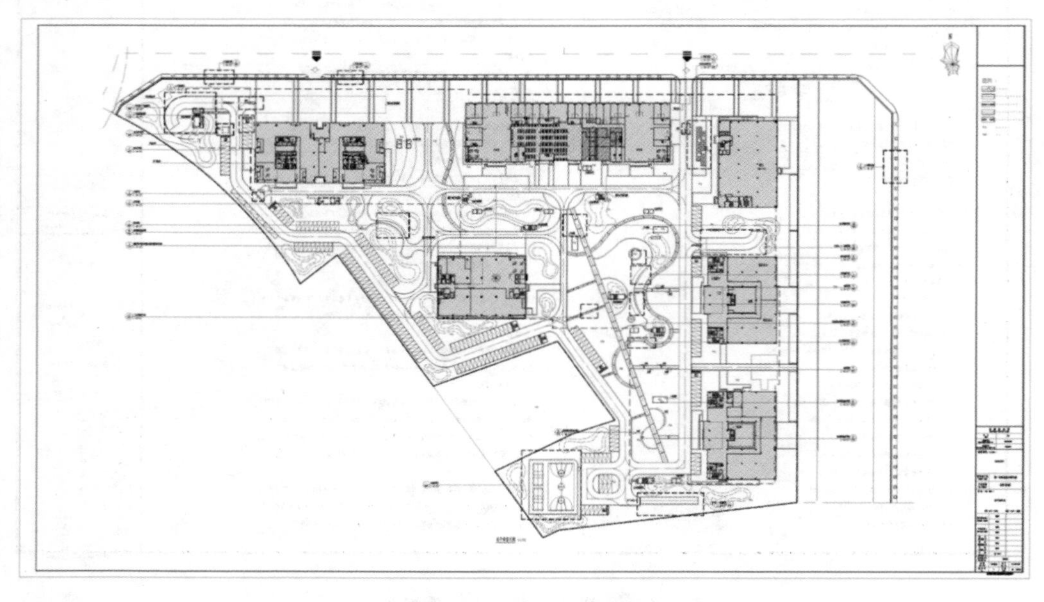

图 1-6-5　总平面索引图

6.2.1.5　总平面定位图

①包括尺寸和坐标定位，需注意标注清楚与道路定位、建筑轴线之间的关系，局部场地无法标清尺寸的可做局部索引放大标注。

②已经有索引的“局部放大详图”的区域不需要重复定位，以免与局部图冲突。

③尽量以尺寸定位为主，必要时才使用坐标点。

④尺寸尽量表示三道，尽量在平面图外整齐表达，图内尺寸尽量不压线，需保证打印效果清楚。

⑤不需要表示铺装线，只需要表示绿地和水体填充。

总平面尺寸图如图 1-6-6 所示。

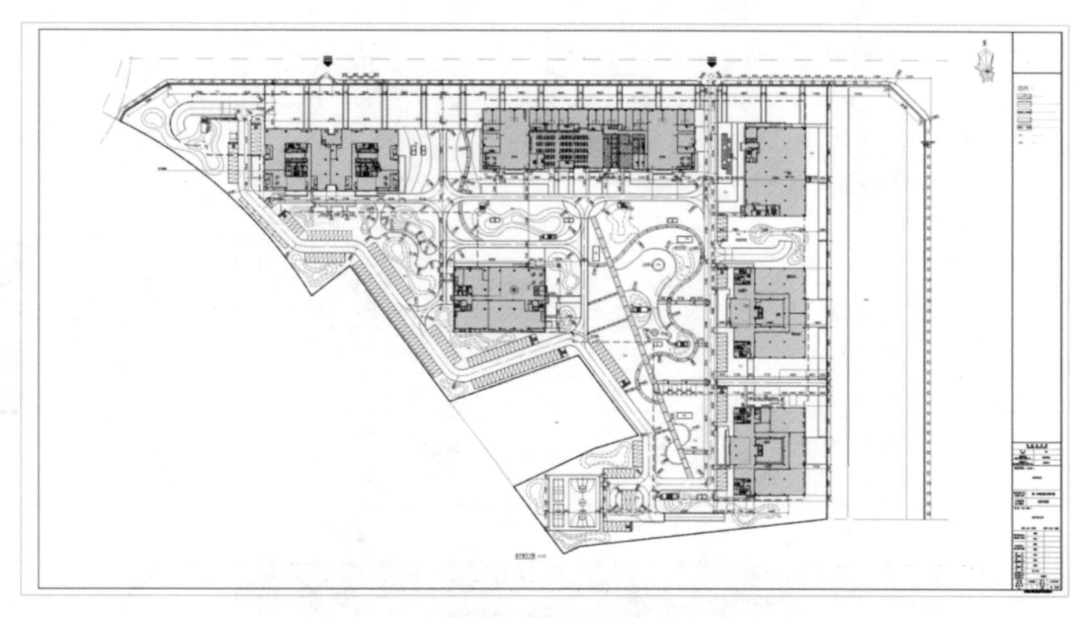

图 1-6-6　总平面尺寸图

6.2.1.6　总平面竖向标高图

①已经有索引“局部放大详图”的区域不需要重复标高，只需有大控制点标高即可，以免与局部图冲突；不需要表示铺装线，只需要表示绿地和水体填充，除特殊要求外，均标完成面标高。

②道路标高：标交叉点、转弯点、变坡点标高，坡度、坡长、坡长及坡向；若无道路剖面可表示横断面坡向时，也需标明道路中心线。

③场地(硬地)标高：仅标控制点标高和坡向，不需要标坡度和坡长。如一个广场内有坡度，则把最高标高和最低标高标一下，再加坡向即可。

④绿地标高：当绿地、场地标高关系与标准详图不一致时才需表示，仅标控制点标高即可；如绿地、场地标高关系与标准详图一致，当坡地放坡有变化，则需表示坡向、最缓坡度和最陡坡度；大面积造型坡地加等高线，文字角度可与等高线相平。

⑤挡土墙标高：仅标角点和控制点标高。

⑥水体标高：分“水面/水底”标高，在同一标高点上标注。

⑦需表示雨水口和地漏位置；排水沟用双虚线图例表示。

⑧需注意等高线的绘制要合理、完整，等高线需标明最高控制点，局部小场地无法用等高线表达的也需加注最高控制点，以控制施工质量。本图要与绿化、给排水专业相互协调配合，在达到最佳景观效果的同时避免场地积水。

总平面标高图如图 1-6-7 所示。

6.2.1.7　总平面铺装图

①按照铺装材料规格 1∶1 绘制在图纸模型空间里。

②已经有索引铺装详图的区域不需要重复定位及标注材料，以免与详图冲突。

③同种规格不同材质或面层的需要用点状填充加以区分。

总平面铺装图如图 1-6-8 所示。

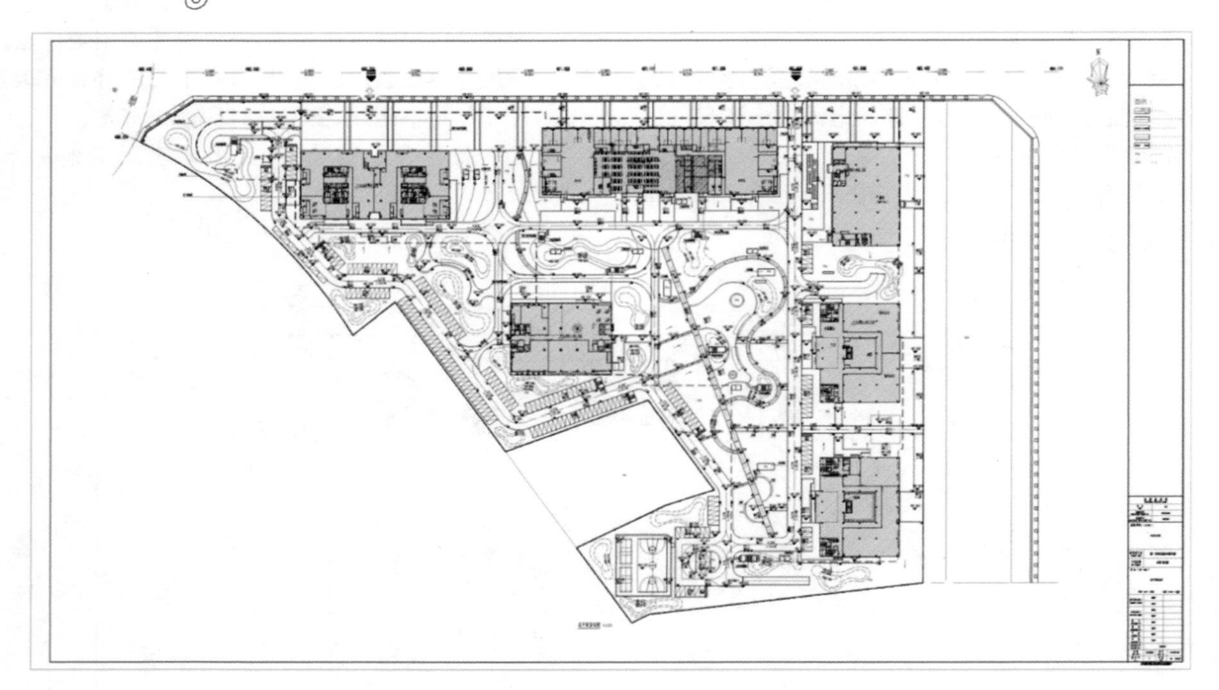

图 1-6-7　总平面标高图

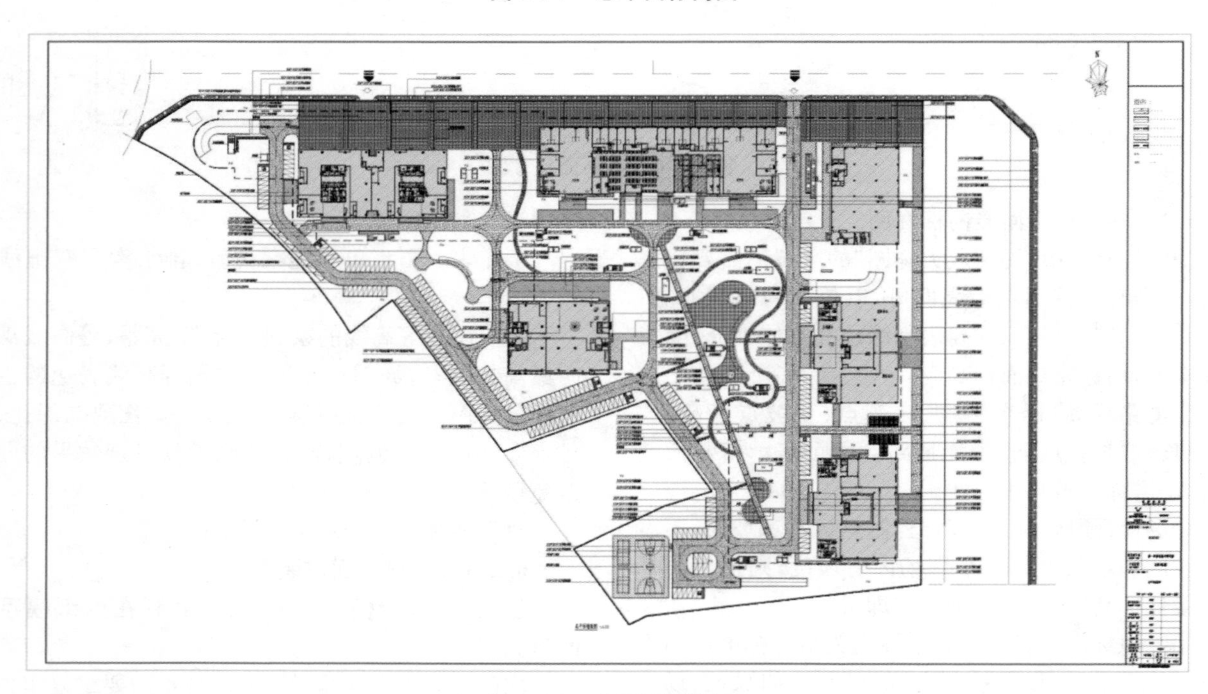

图 1-6-8　总平面铺装图

6.2.1.8　总平面网格定位图

①以建筑轴线交点为原点标注三个点的坐标。

②网格单位为 M，以方便在网格上标号。

③分大网格和小网格两个不同的线型，大网格宜为 10M、20M，小网格酌情处理。

④在图右下角注明几个点的绝对坐标、单位及网格大小。

总平面网格定位图如图 1-6-9 所示。

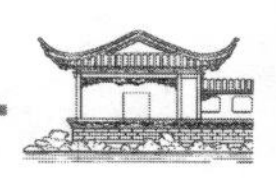

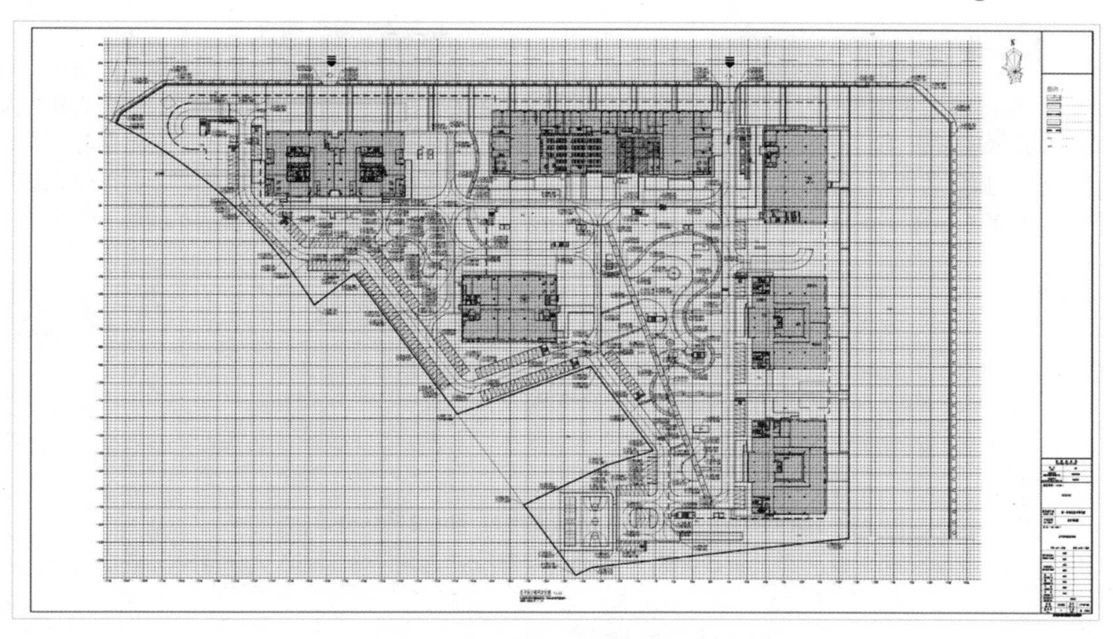

图 1-6-9　总平面网格定位图

6.2.1.9　总平面家具及灯具布置图

①包括：小品雕塑、指示牌、移动花钵、垃圾箱、成品桌椅等。

②所有小品图例必须建立单独的图块，并设为 6 号色，以便清晰打印。

③图中应插入适当的小品意向图，并附上统计表。

④灯具布置平面图中灯具布置应根据场地的照明要求及景观要求合理布置，在满足功能的条件下应做到灯具布点合适、不浪费、不缺漏、不与绿化等场地条件相互冲突，一般配合绿化同时进行。

总平面家具及灯具布置图如图 1-6-10 所示。

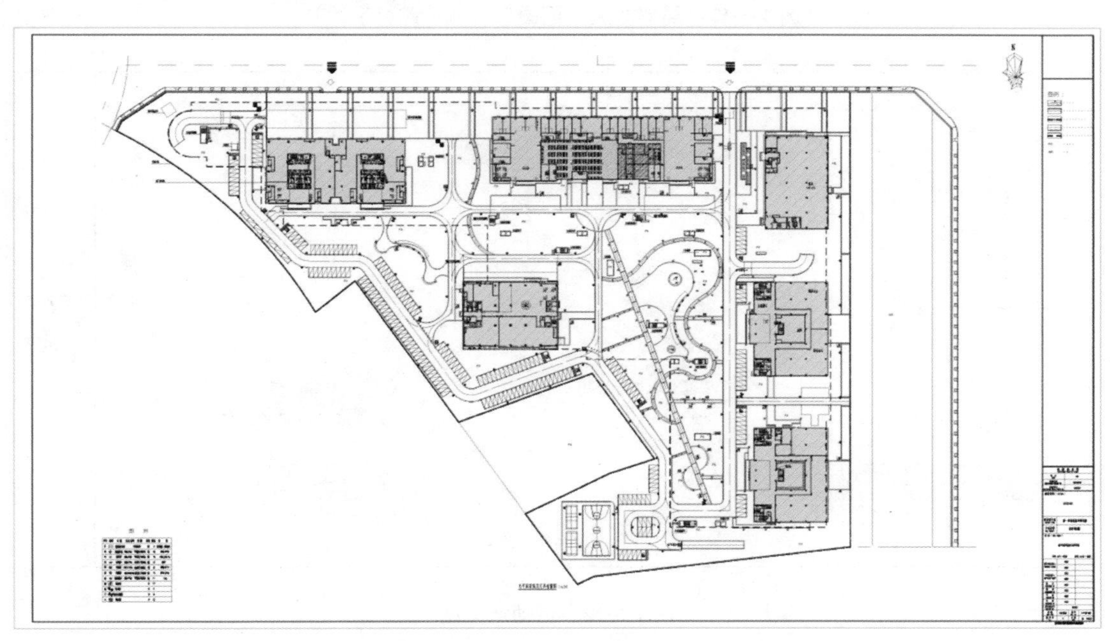

图 1-6-10　总平面家具及灯具布置图

6.2.2 详图部分

6.2.2.1 局部放大平面图

①图纸内需体现索引、铺装材料。

②有对应的剖面、立面和做法。

局部放大平面图如图 1-6-11、图 1-6-12 所示。

6.2.2.2 构筑物详图

构筑物详图(图 1-6-13)是为了满足施工需要,将构筑物平、立、剖面图中的某些复杂部位用较大比例绘制而成的图样。构筑物详图由于比例较大,要做到图例、线型分明,构造关系清楚,尺寸齐全,文字说明详尽,是对平、立、剖面等基本图样的补充和深化。

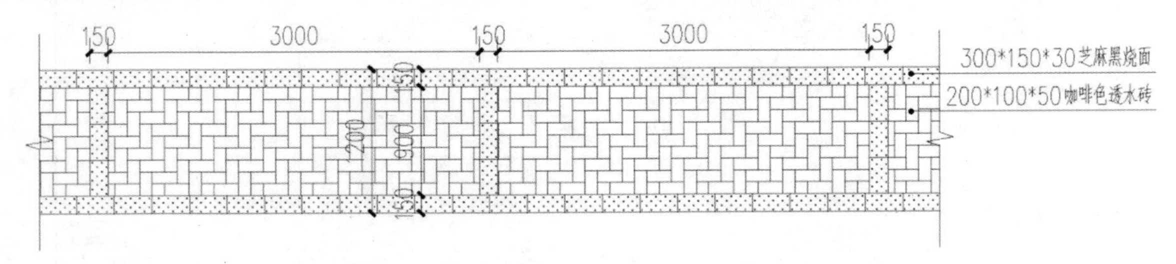

图 1-6-11 局部放大平面图一(1.2m 道路标准段)

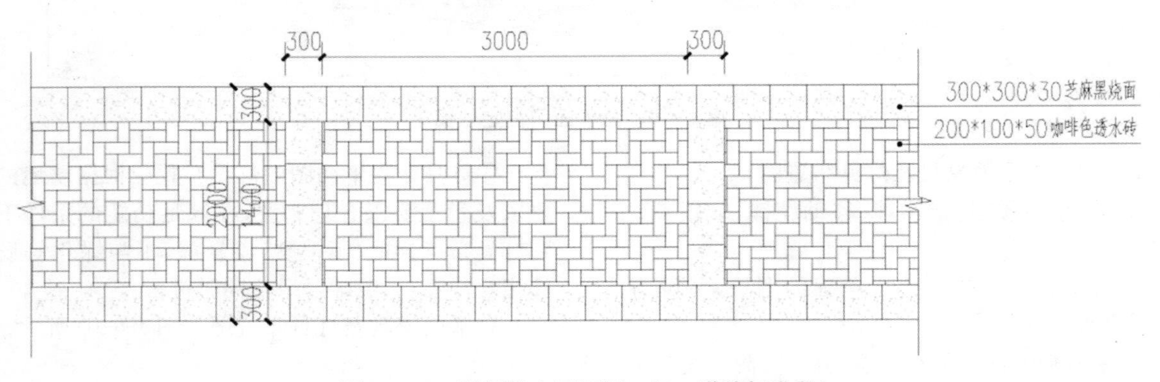

图 1-6-12 局部放大平面图二(2m 道路标准段)

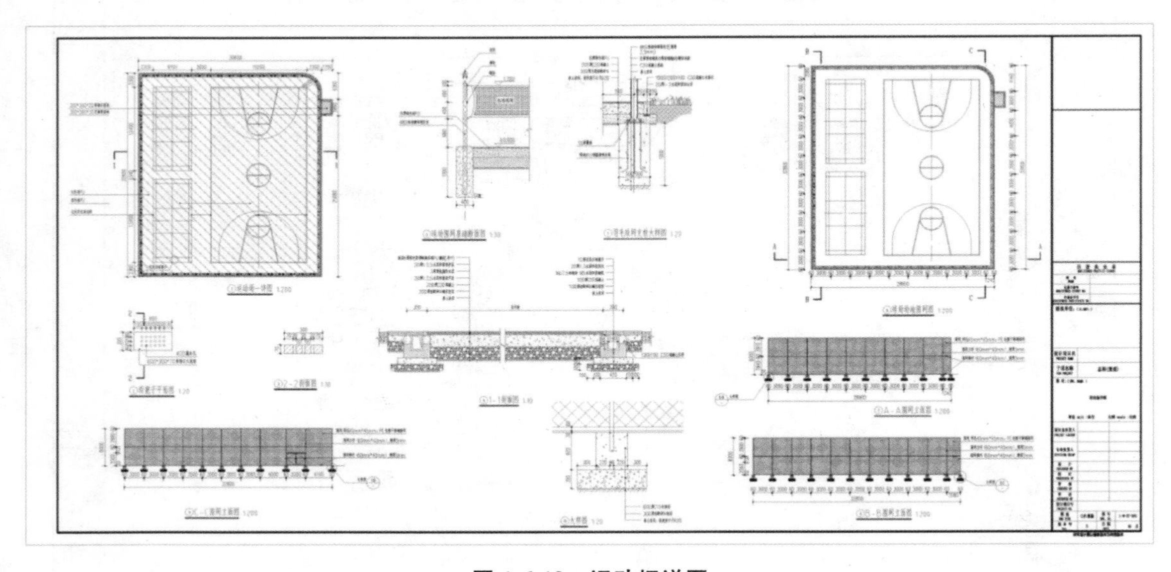

图 1-6-13 运动场详图

①图纸图名建议按照具体构筑物名称另取，如“运动场详图”。

②绘制构筑物详图时，其平面、立面、剖面用同一个比例出图，并且在图纸空间上下左右对齐。

③立面图及剖面图采用相对标高来表示。

④一些特殊材料或做法图纸上不能表达清楚的须在图右下角注明。

6.2.2.3 构筑物平面图

构筑物平面图实际上是构筑物水平剖面图，是用假想的水平剖切平面把构筑物剖开向水平投影面作投影得到的正投影图。

依据剖切位置的不同，构筑物平面图可分为底平面图与顶平面图两类。

(1)底平面图

底平面图又称首层平面图或一层平面图(图 1-6-14)。底平面图的形成，是将剖切平面的剖切位置放在构筑物的底层，剖切之后进行投影得到的。

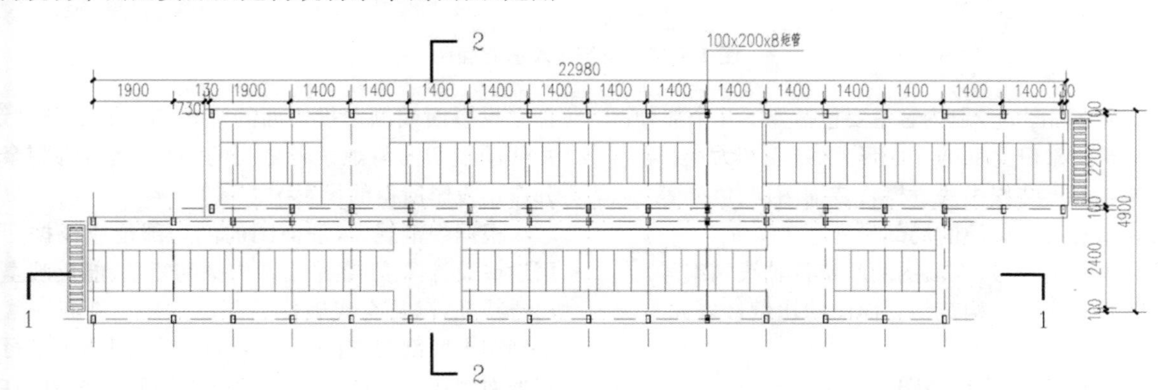

图 1-6-14 自行车坡道底平面图

(2)顶平面图

顶平面图是位于构筑物最上面一层的平面图，具有与其他层相同的功用(图 1-6-15)。

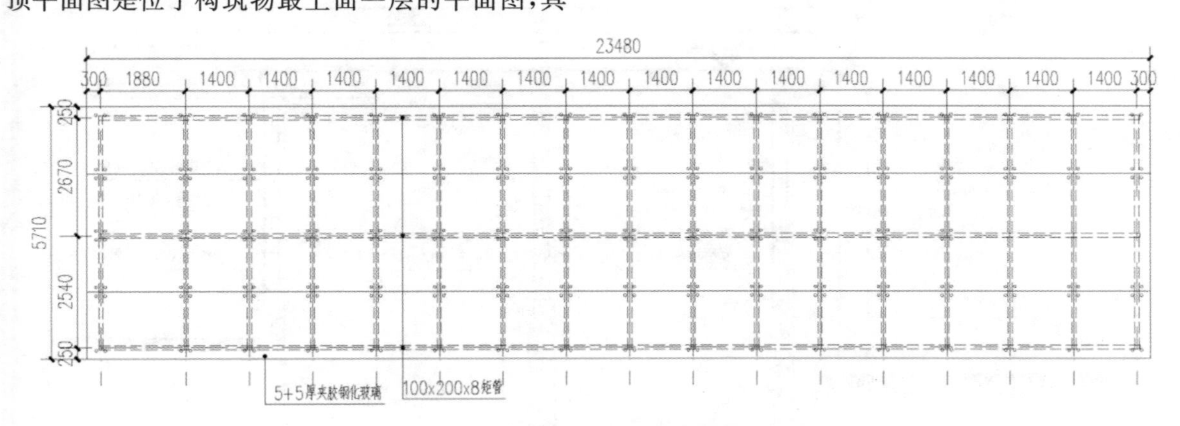

图 1-6-15 自行车坡道顶平面图

构筑物平面图虽然类型和剖切位置都有所不同，但绘制的具体内容基本相同，主要包括以下几个方面：

①构筑物平面的形状及总长、总宽等尺寸。

②具体做法、详细索引、图名、绘图比例等详细信息。

6.2.2.4 构筑物立面图

构筑物立面图(图 1-6-16)是用来研究构筑物立面的造型和装修的图样，主要反映构筑物的外貌和立面装修的做法。

构筑物立面图命名的目的是使读者一目了然地识别其立面的位置。因此，各种命名方式都围绕着“明确位置”的主题进行。如“正立面图”“侧立面图”等。

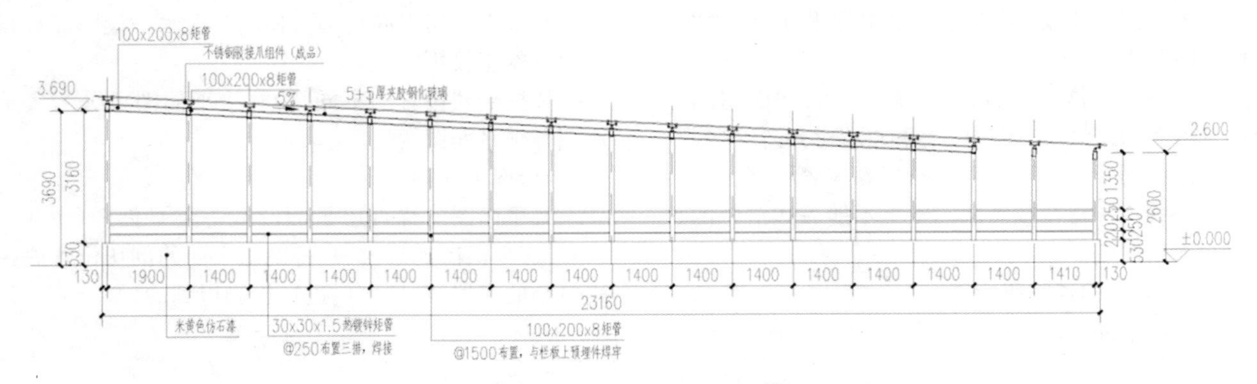

图 1-6-16　自行车坡道立面图

构筑物立面图的绘制内容主要包括如下几个部分：

①构筑物某侧立面的立面形式、外貌和大小。

②外立面上装修做法、材料、装饰图样、色调等。

③标高及必须标注的局部尺寸。

④详细索引符号、立面图两端定位轴线和编号。

⑤图名和比例。构筑物立面图的比例最好和平面图比例一致。

6.2.2.5　构筑物剖面图

构筑物剖面图（图 1-6-17）是用一个假想的平行于正立投影面或侧立投影面的竖直剖切面剖开构筑物，并移动剖切面与观察者之间的部分，然后将剩余的部分作正投影所得的投影图。

根据规范规定，剖面图的剖切部位应根据图纸的用途或设计深度，在平面图上空间复杂、能反映全貌和构造特征，以及有代表性的部位剖切。剖面图常用一个剖切平面剖切，有时也可转折一次，用两个平行的剖切平面剖切。剖切符号一般应画在底层平面图内，剖切方向宜向左、向上，以便于看图。

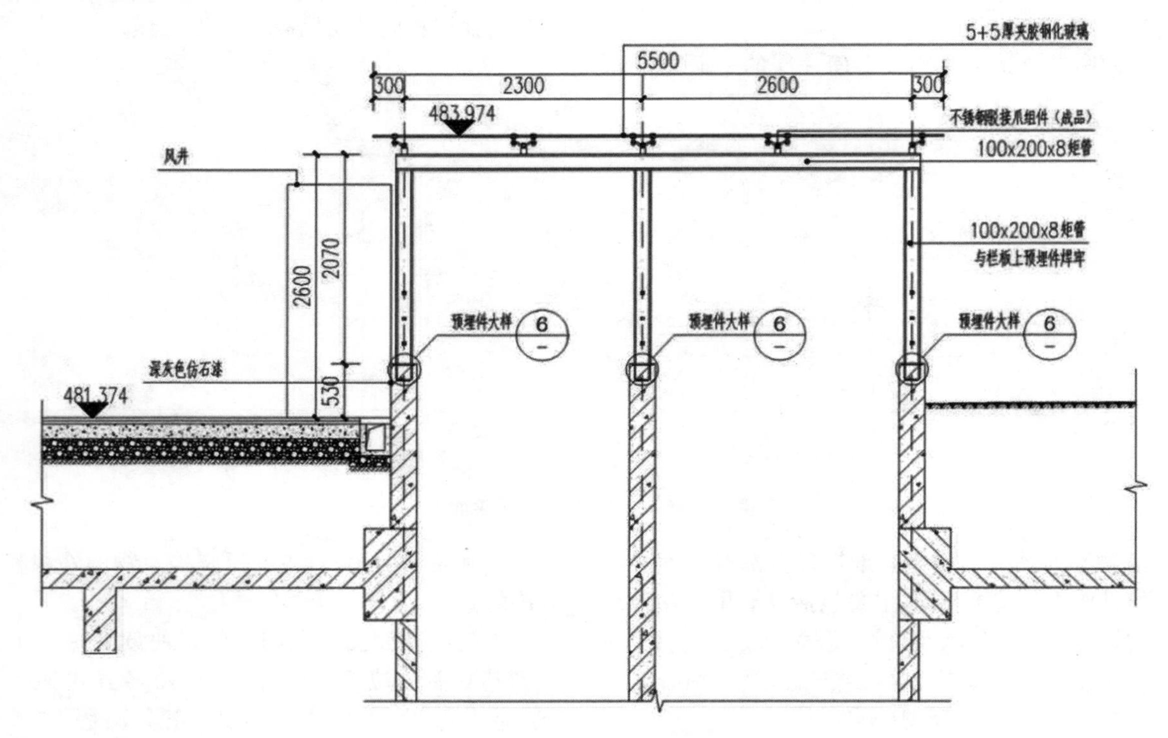

图 1-6-17　自行车坡道剖面图

构筑物剖面图的绘制内容主要包括：

①构筑物剖面图内应包括剖切面和投影方向可见的构筑物构造、构配件以及必要的尺寸、标高等。

②定位轴线和轴线编号。剖面图中定位轴线的数量比立面图多，但一般也不需全部绘制，通常只绘制被剖切到的构筑物的轴线。

③表示构筑物承重构件的位置及相互关系，如各层的梁、柱、板及墙体的连接关系等。

④竖向尺寸、标高的标注。

⑤详细的索引符号和必要的文字说明。

⑥内部装修材料和做法。

⑦图名和比例。剖面图比例宜与立面图、平面图一致，为了图示清楚，也可用较大的比例进行绘制。

案例 2　居住区环境设计图纸绘制实例

1 CAD 绘制

1.1 前期工作

1.1.1 打开文件

打开光盘案例 2—操作素材—CAD—案例 2. dwg 素材，如图 2-1-1 所示。整理规划 CAD 文件，整理后的图 2-1-2 中蓝线代表停车场，红线代表原始建筑。

1.1.2 图层设置

打开格式—图层，根据自己的需要设置信息，设置完成后，点击“完成”，然后选中自己设置的图层绘制图形。如图 2-1-3 所示。

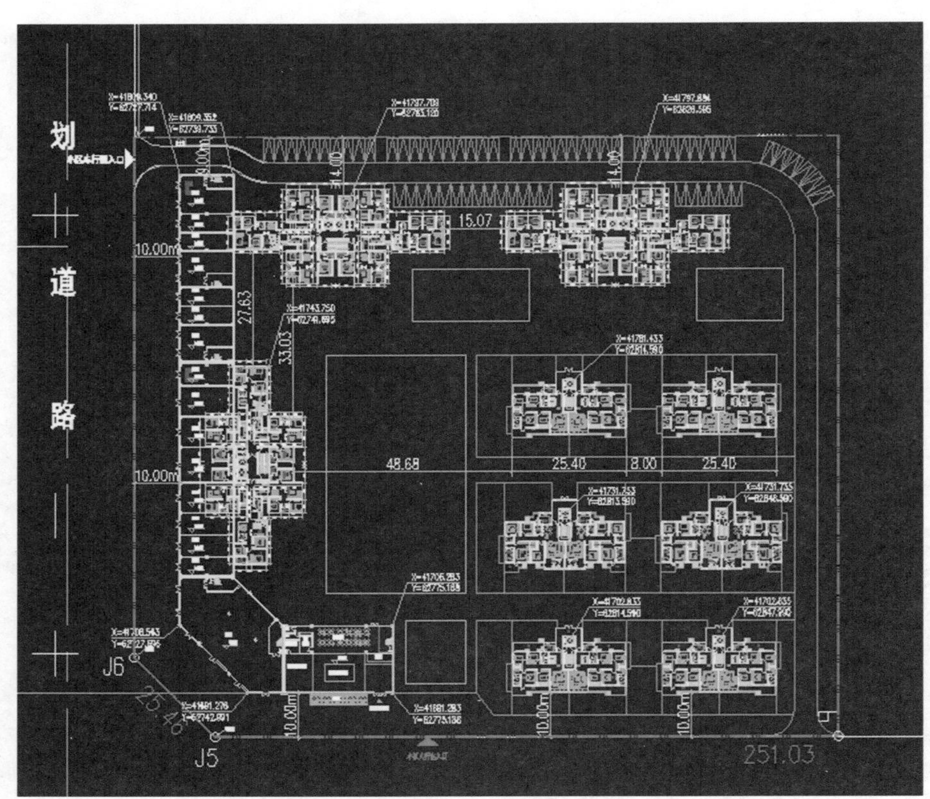

图 2-1-1　原始规划图

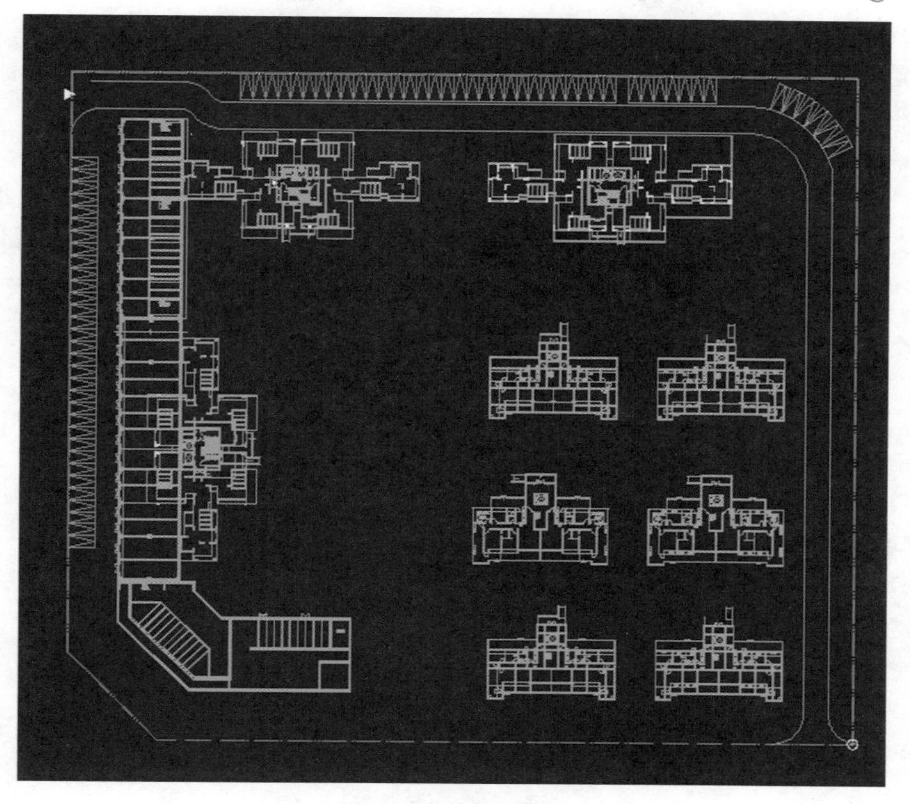

图 2-1-2　整理后图纸

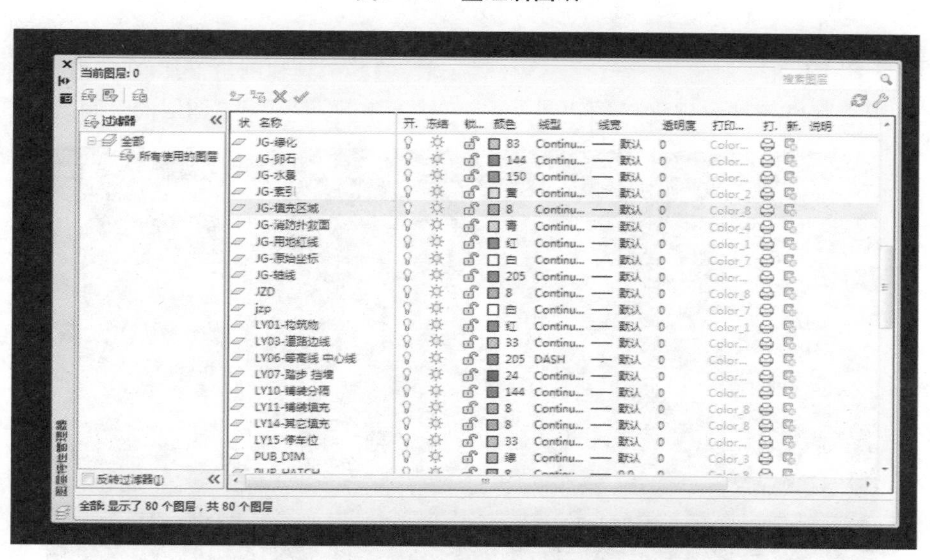

图 2-1-3　设置图层信息

根据自己偏好设定图层颜色(以下作为参考)：
道路边线——红色(1＃)
铺装分隔——蓝色(144＃)
等高线、中心线——紫色(205＃)，线型用 center2
踏步、挡墙——红色(24＃)
填充——灰色(8＃)
水景——蓝色(150＃)
绿化——绿色(3＃)

构筑物——红色(1＃)

小品——可用黄色(2＃)的接近色

原有道路——建议采用青色(4＃),也可采用红色(1＃)

原有建筑——建议采用蓝色(5＃),也可采用红色(1＃)

尺寸标注——白色(7＃)

文字标注——白色(7＃)

1.2 基本绘图过程

1.2.1 绘制道路

将道路边界设置为当前图层,道路边界多为直线,点击【直线】按钮或输入快捷键命令【L】,进行绘制,在圆角部分点击【倒角】工具,并设置半径参数,可出现效果较好的圆角。如图 2-1-4 所示。

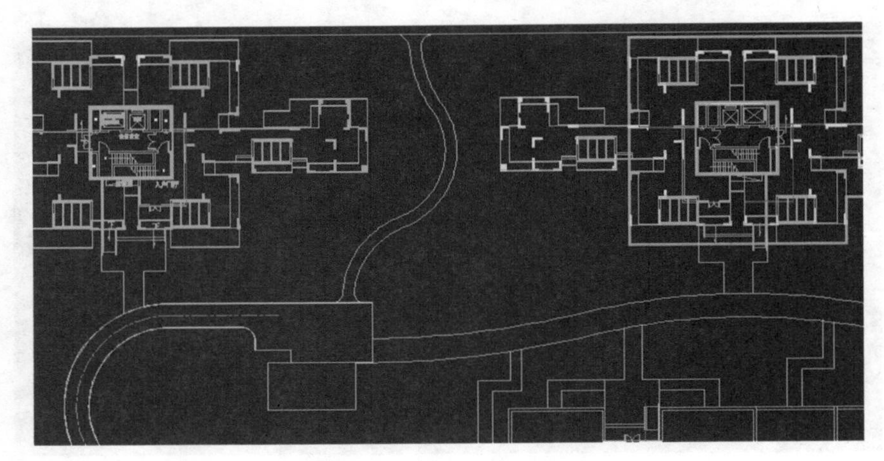

图 2-1-4 绘制道路

1.2.2 绘制其他边线

绘制其他边线指绘制出各种景观设施的边界线。在绘制过程中,主要使用的工具是直线工具、打断线工具、偏移工具和倒角工具,在点击各工具后,根据提示,输入参数,即可完成图层的绘制。如图 2-1-5 所示。

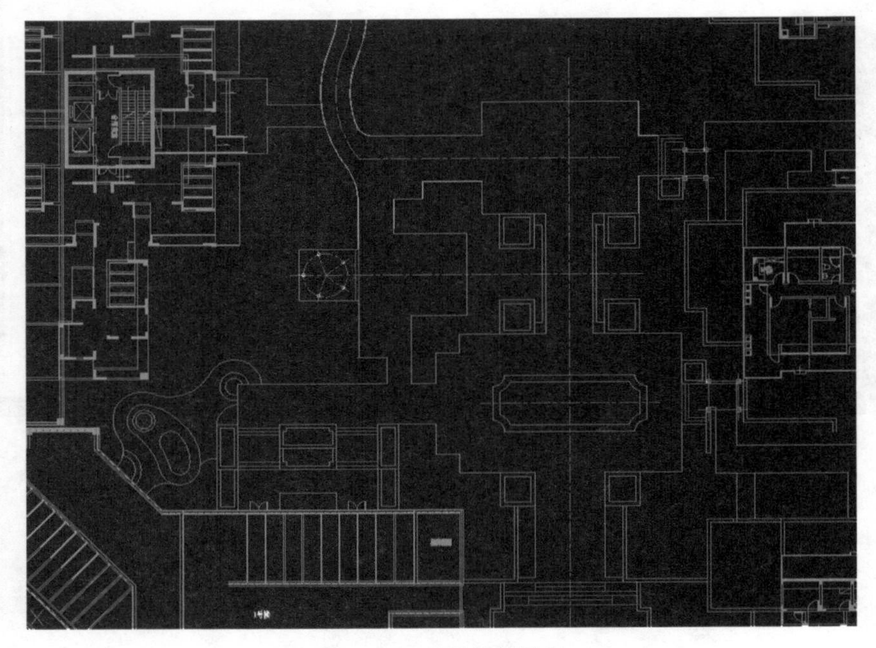

图 2-1-5 其他边线绘制

1.2.3　绘制水域

本规划图中，水域（蓝线）主要是规则图形表现形式，故直接偏移边线即可。若水域为曲线形式，使用到的工具应主要为修订云线工具和直线工具，点击【修订云线】工具，根据鼠标运动绘制出弯曲的水域，利用【直线】工具，绘制出直线段水域。利用【偏移】工具和【打断线】工具进行修整。如图 2-1-6 所示。

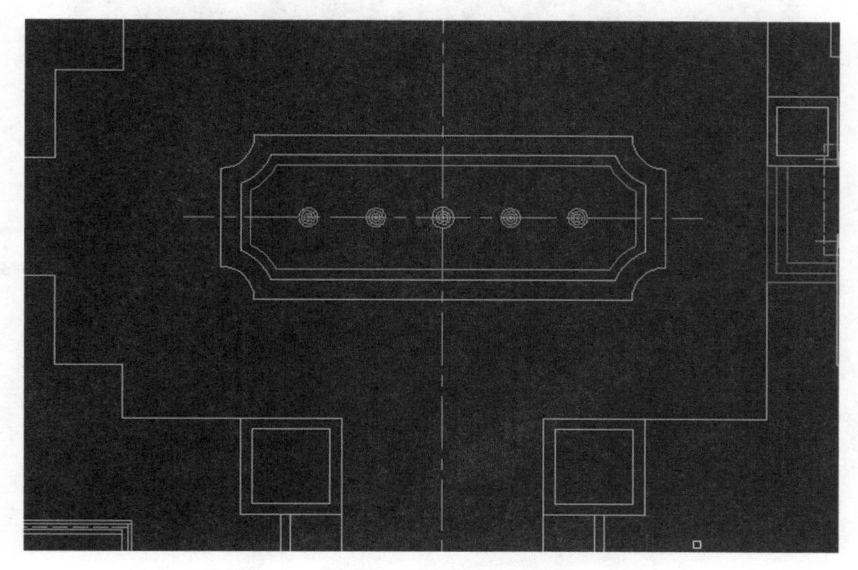

图 2-1-6　绘制水域

1.2.4　绘制构筑物及运动设施

图中红线、粉红色线部分，如图 2-1-7 所示。

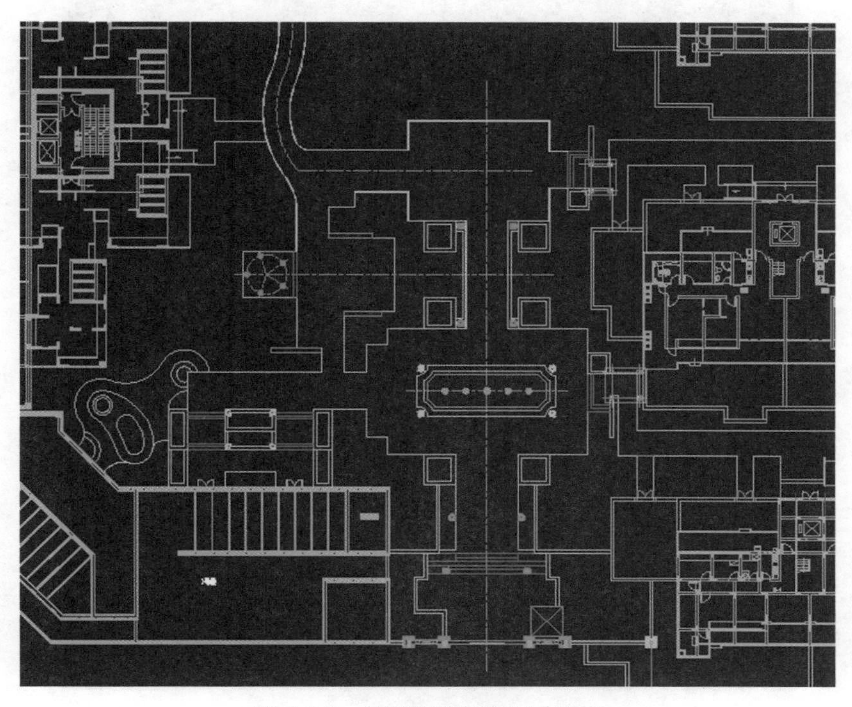

图 2-1-7　绘制构筑物和运动设施

1.2.5 绘制等高线

图中紫线，如图 2-1-8 所示。

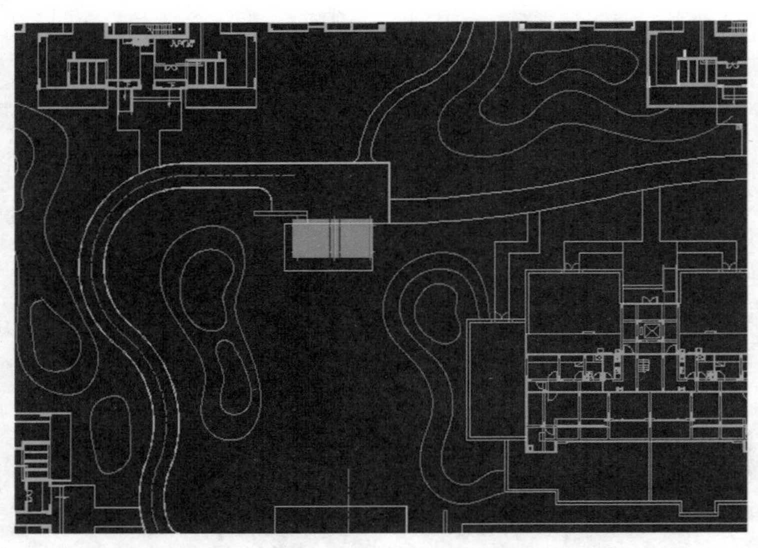

图 2-1-8 等高线绘制

1.2.6 绘制铺装分隔线

图中蓝线，如图 2-1-9 所示。在绘制过程中，利用到绘制直线、绘制多段线、填充等工具。

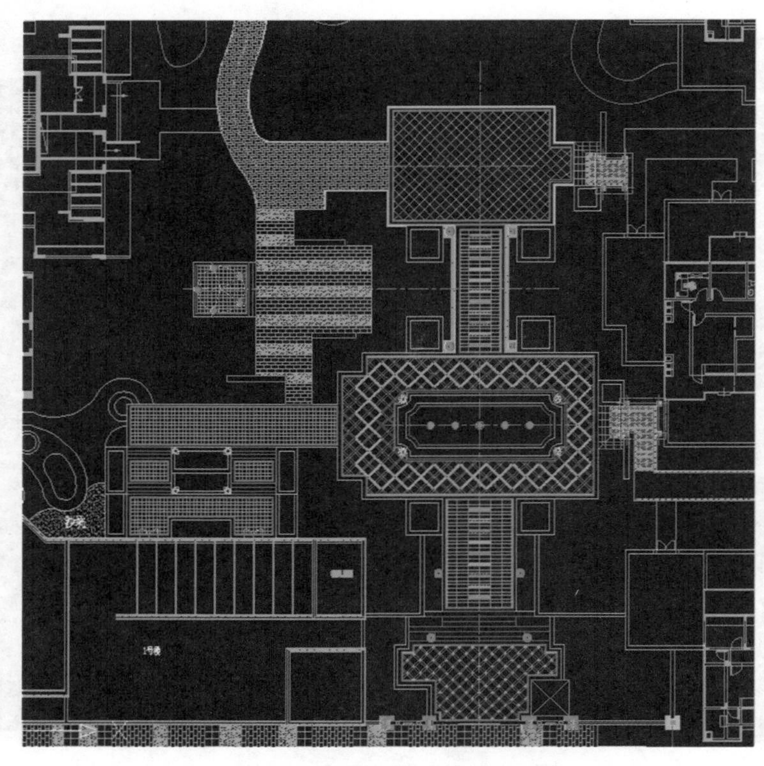

图 2-1-9 填充界限绘制及填充

1.2.7　绘制绿地景观

绿地景观主要包括小区内部的灌丛和道路边的成条状分布的小景观树。在绘制过程中，利用到绘制直线、绘制多段线、镜像、打断于点等工具。如图 2-1-10 所示。

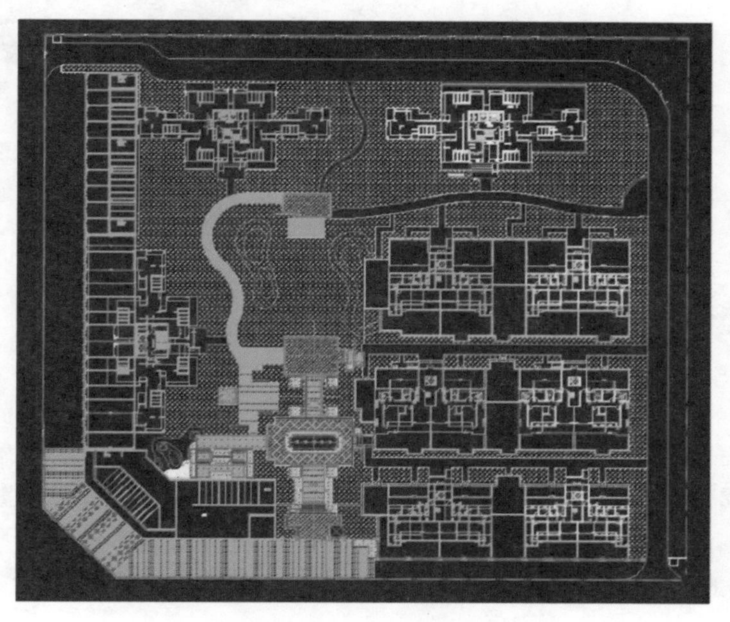

图 2-1-10　绘制绿地景观

1.2.8　绘制停车位的位置和指北针

绘制效果如图 2-1-11 所示，并保存文件备用。

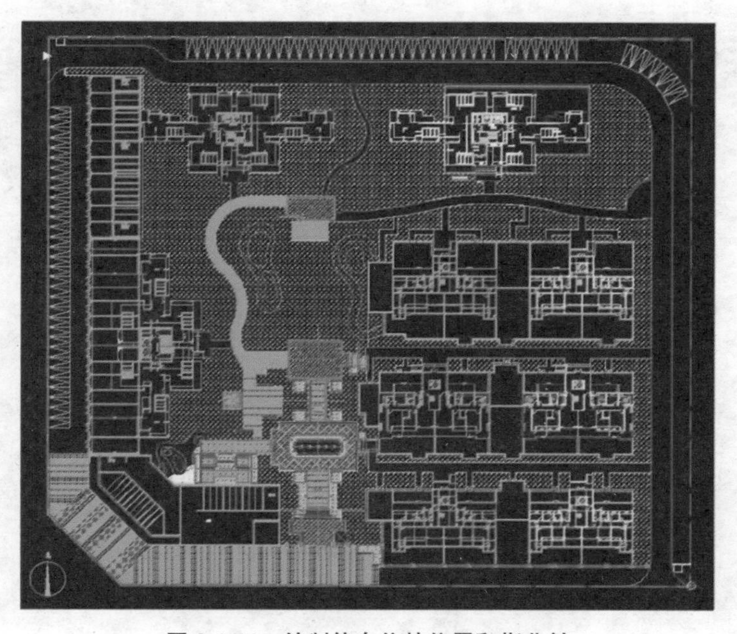

图 2-1-11　绘制停车位的位置和指北针

2 彩平资料准备

2.1 前期工作

2.1.1 整理CAD线稿

删除辅助线、文字、填充等复杂图形，仅保留道路、分区、建筑轮廓等基本线形。如图2-2-1所示。

2.1.2 页面设置

在弹出的对话框中，按照图2-2-2(左)显示的1～7步骤设置打印参数。点击步骤图中所示的步骤“7”弹出以下“打印样式表编辑器”对话框，此对话框按照如图2-2-2(右)所示的1～3步骤设置参数，然后确定。

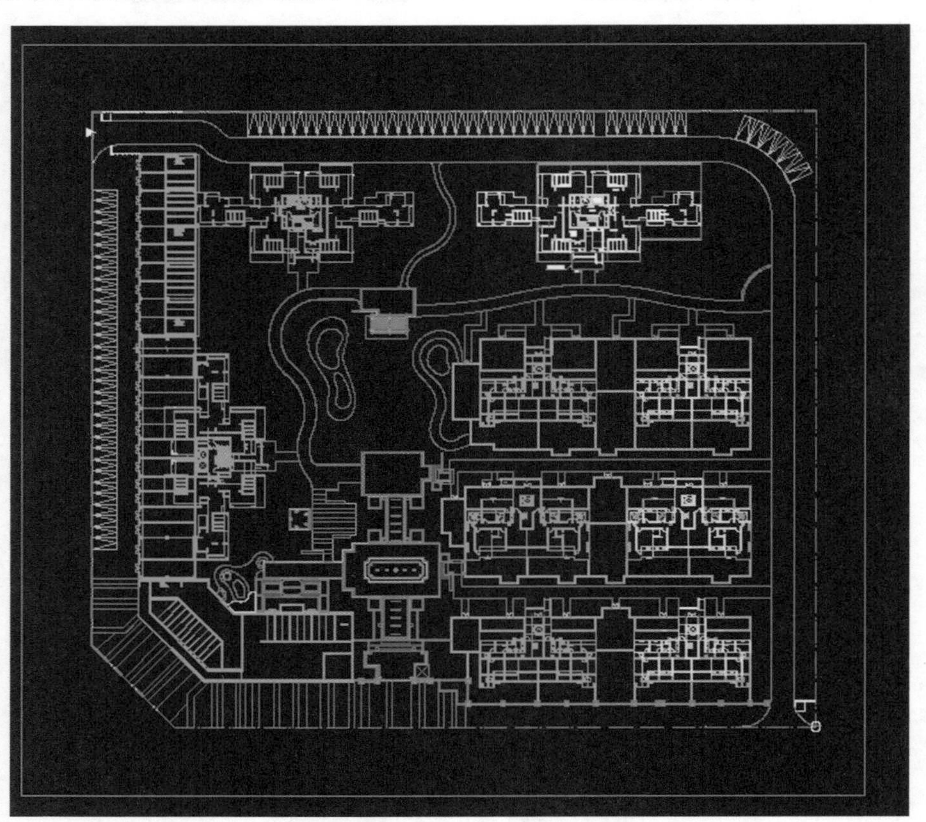

图2-2-1 整理CAD线稿

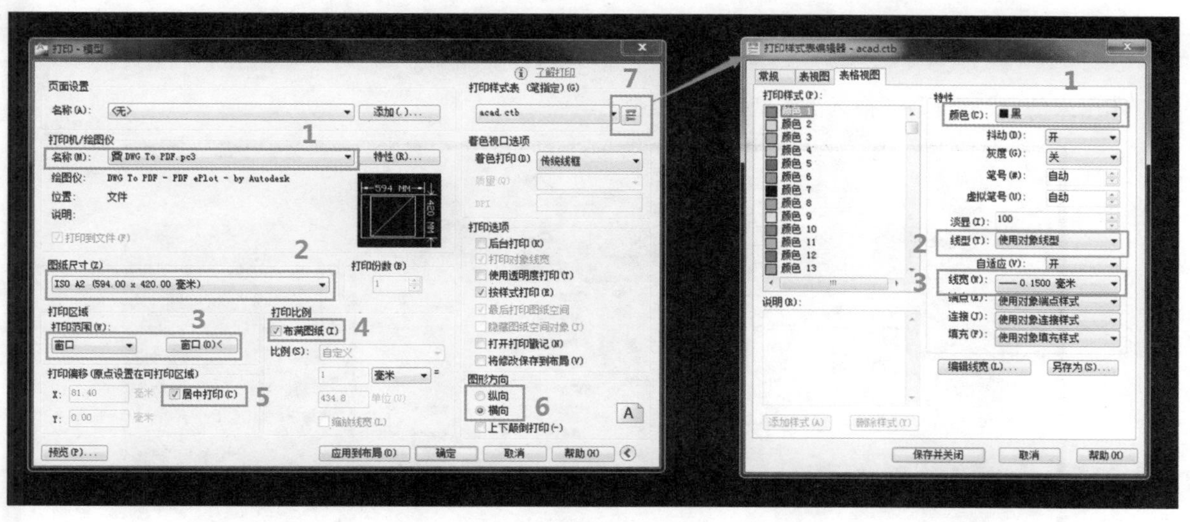

图 2-2-2 页面设置

2.1.3 打印输出

将文件打印输出为“线稿. PDF”格式文件存到光盘案例 2—操作素材—PS 平面文件夹中，如图 2-2-3 所示。

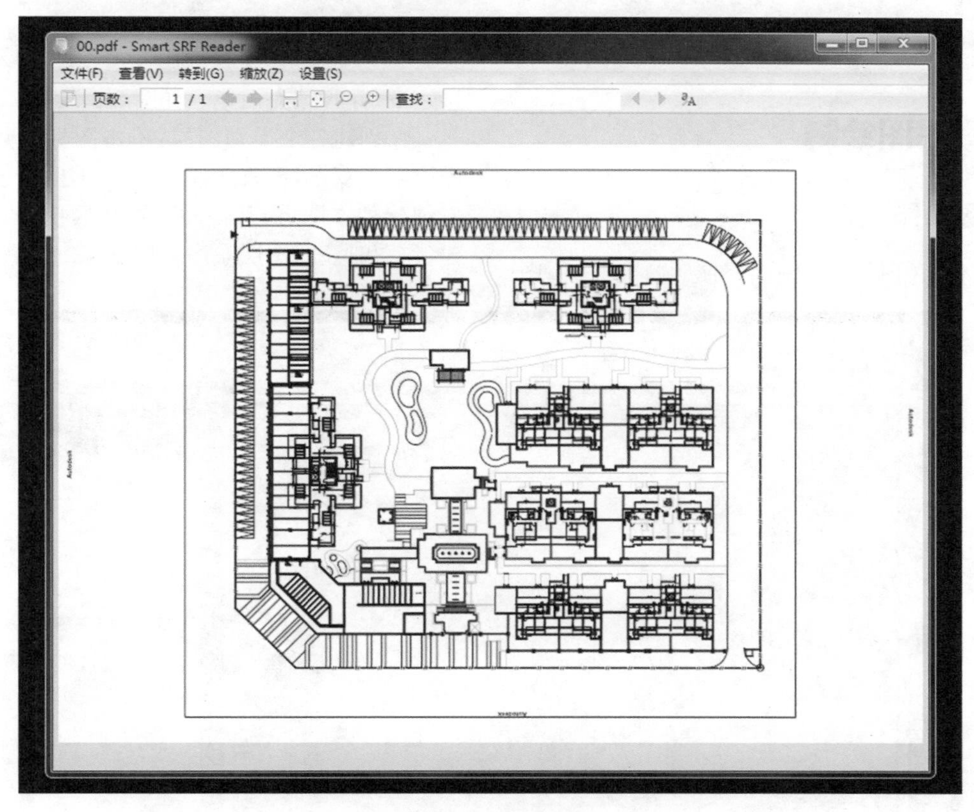

图 2-2-3 打印输出

2.1.4 将打印文件导入 PS

将打印出来的“线稿.PDF”拖入 PS,拖入 PS 时会弹出对话框,注意设置分辨率,一般设置为 300。如图 2-2-4 所示。

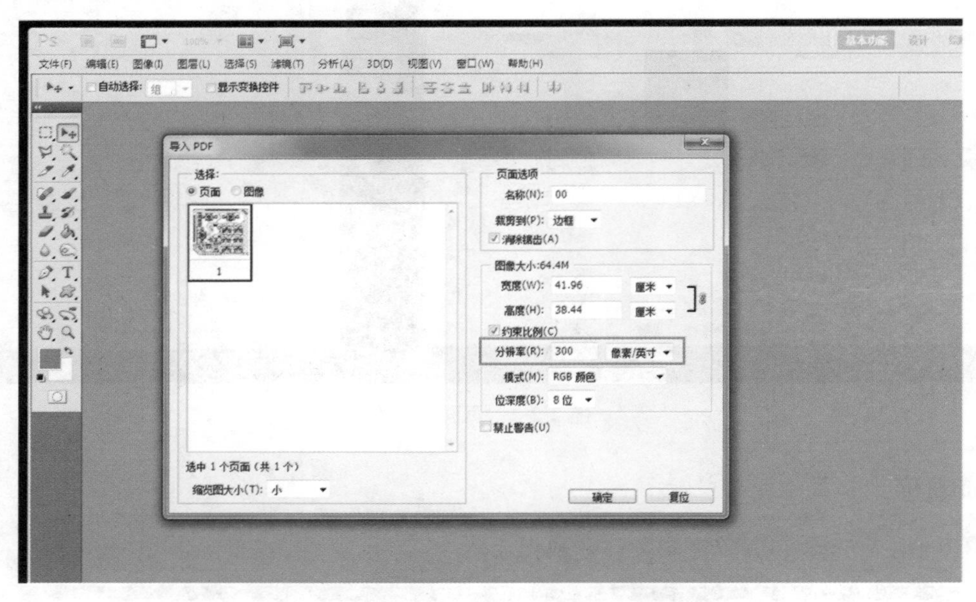

图 2-2-4 将打印文件导入 PS

2.2 PS 彩平图绘制

2.2.1 准备工作

①PDF 文件打开后,新建一个图层调整到线稿图层之下,并且填充白色。如图 2-2-5、图 2-2-6 所示。

②创建各个类别图层:单击图标创建新图层→在图层名上双击,更改名称(注:在创建各类别图层中,可先创建基本图层,其他图层可在后期一边作图一边创建,作图时注意图层顺序),如图 2-2-7 所示。

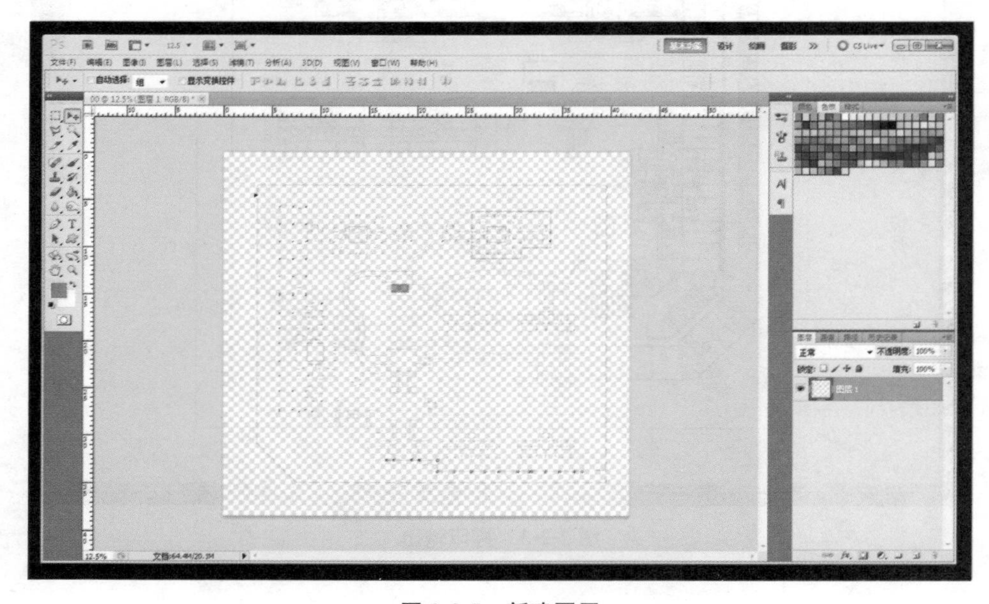

图 2-2-5 新建图层

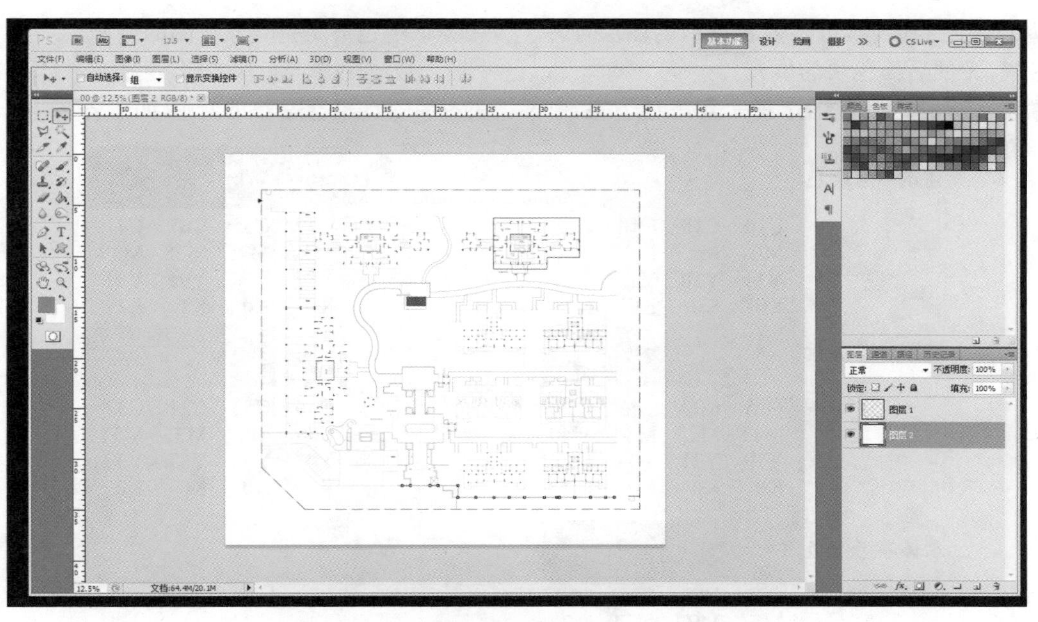

图 2-2-6　填充白色

图 2-2-7　创建图层

①根据彩平图的内容，可将内容近似的图层合并到一个“组”里，方便后面色块的填充。

②根据要营造的方案氛围选择一套配色方案，并根据该配色方案指导彩平图的绘制。

③另外在填充色块之前，还需要在PS中创建你所需的材质图案，方便后续的使用，如图2-2-8、图2-2-9所示。

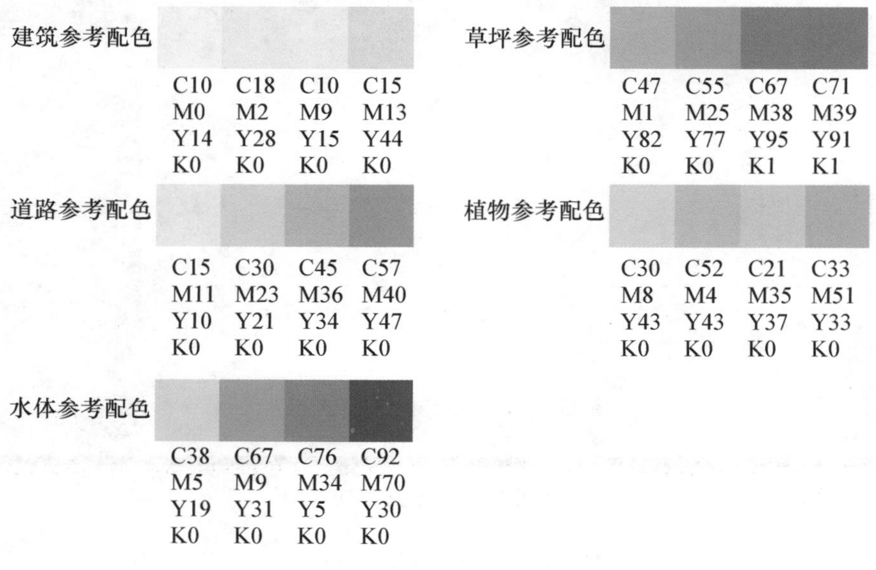

图 2-2-8　配色方案

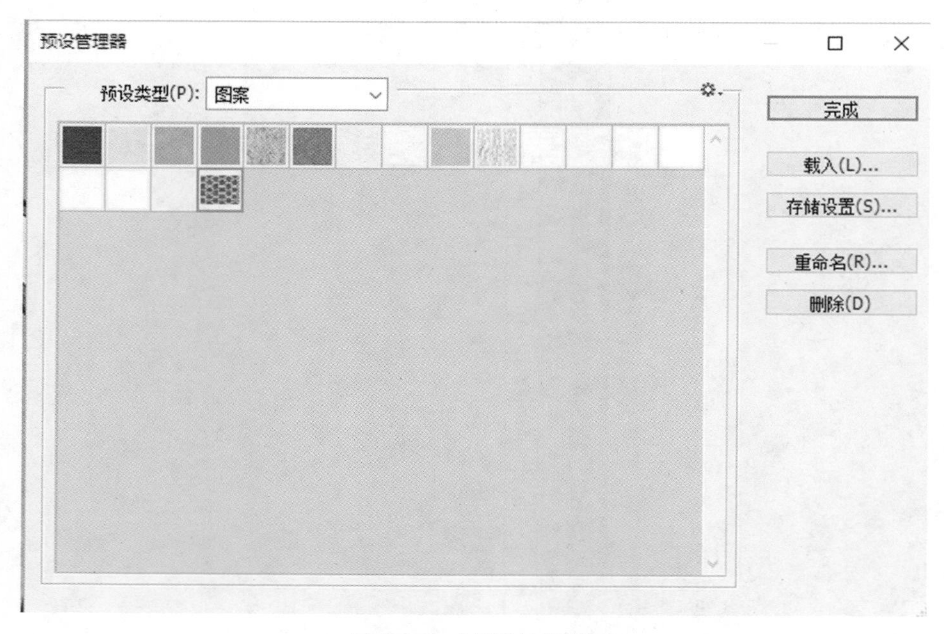

图 2-2-9　创建材质图案

2.2.2　彩平图制作

(1)草坪制作

选择【油漆桶】工具，勾选所有图层，分块进行填色。编辑图层样式的图案叠加，在图层样式中选择适合的图案。注意草坪深浅变化表达场地地形，可用杂色、加深、减淡工具调整，如图2-2-10、图2-2-11、图2-2-12所示。

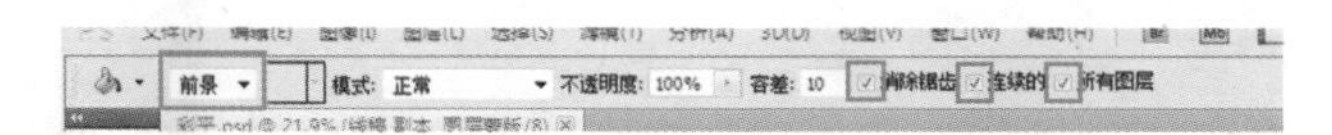

图 2-2-10　油漆桶工具

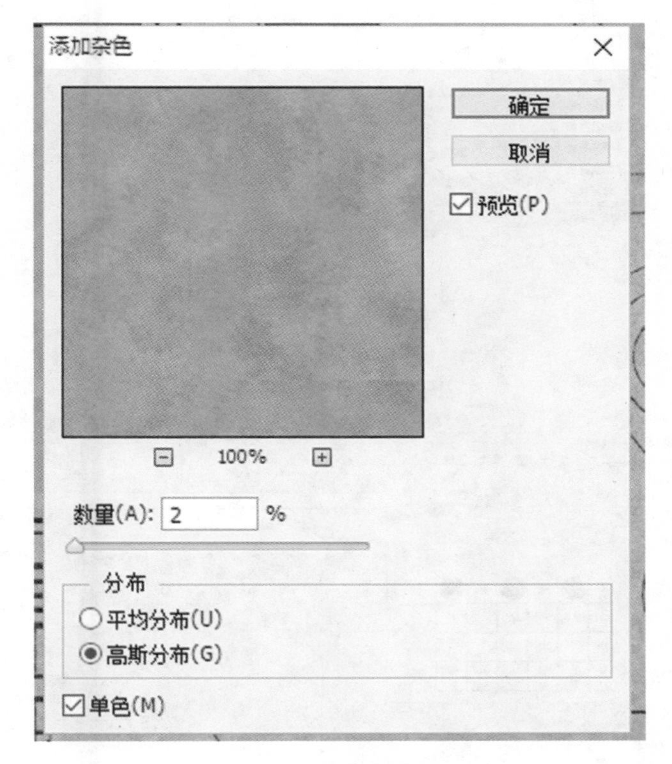

图 2-2-11　添加杂色

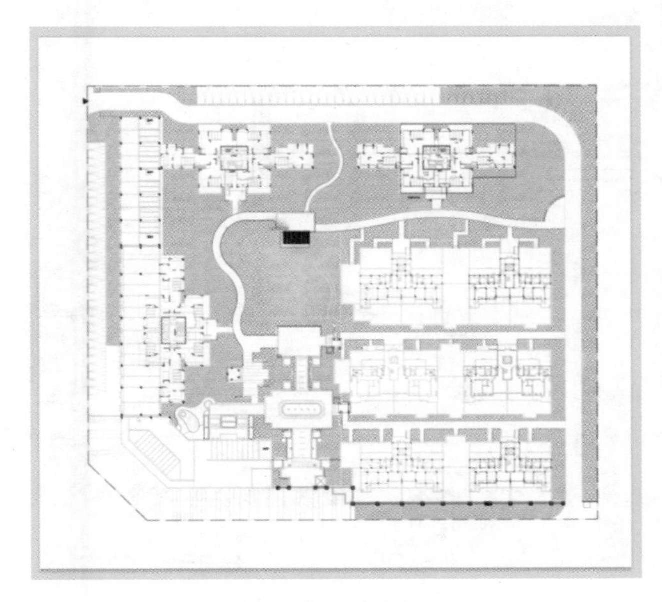

图 2-2-12　草坪效果

(2)道路、硬质等材质填充

在线稿上选择选区后，新建图层，在选区内填充颜色。编辑图层样式的图案叠加，在光盘案例 2—操作素材—PS 平面中选择道路图案.jpg 和道路图案 2.jpg 做成图案样式，调整参数，如图 2-2-13、图 2-2-14、图 2-2-15 所示。

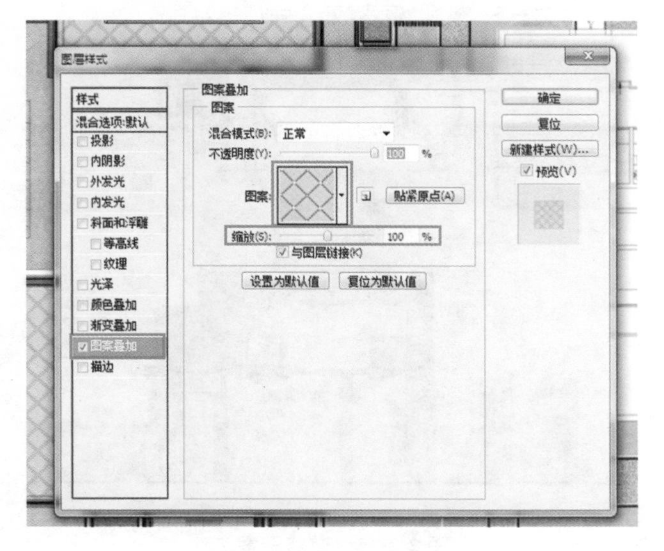

图 2-2-13　图案叠加

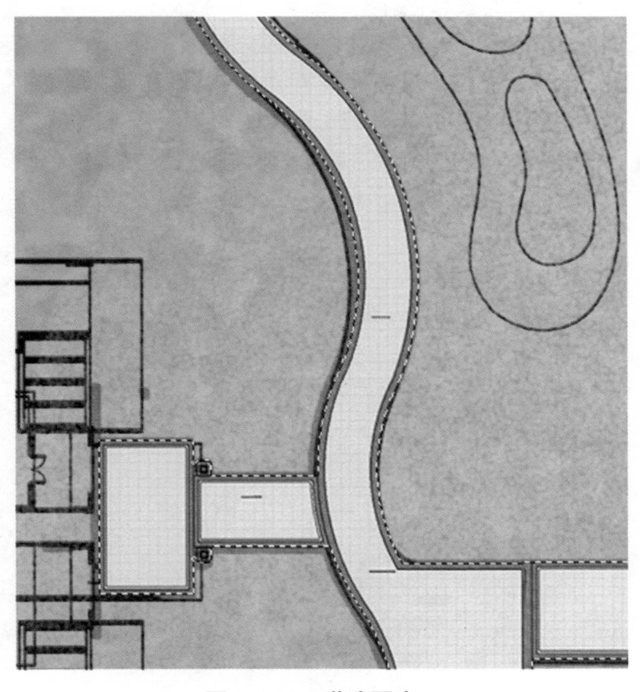

图 2-2-14　道路图案一

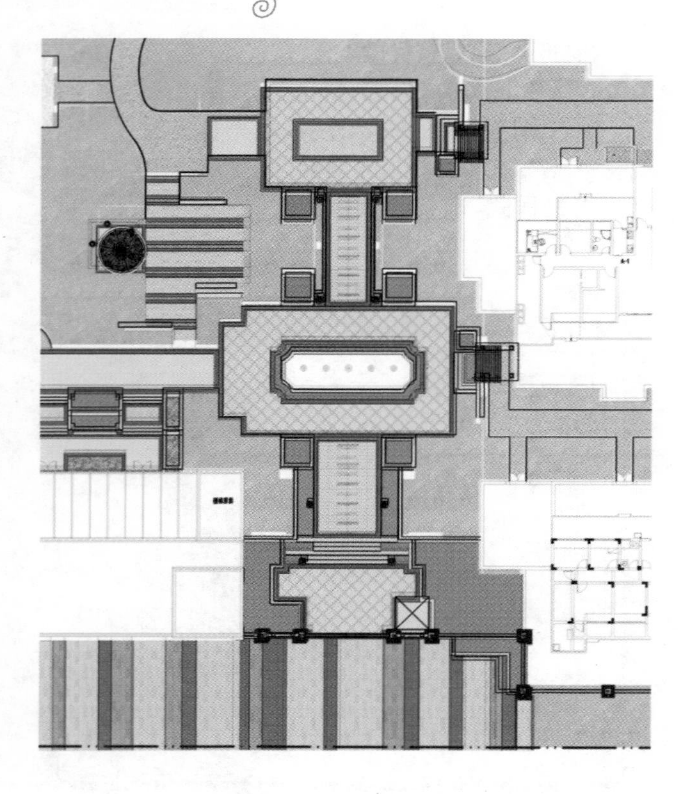

图 2-2-15　道路图案二

(3)水的效果制作

水要有阴影,不过是内投影。可以用图层特效来做,也可以用高斯模糊。要有光感,可以用退晕,也可以用滤镜打光,如图 2-2-16、图 2-2-17 所示。喷泉可选择合适画笔,调整画笔透明度,将前景色设置为白色绘制,如图 2-2-18、图 2-2-19 所示。

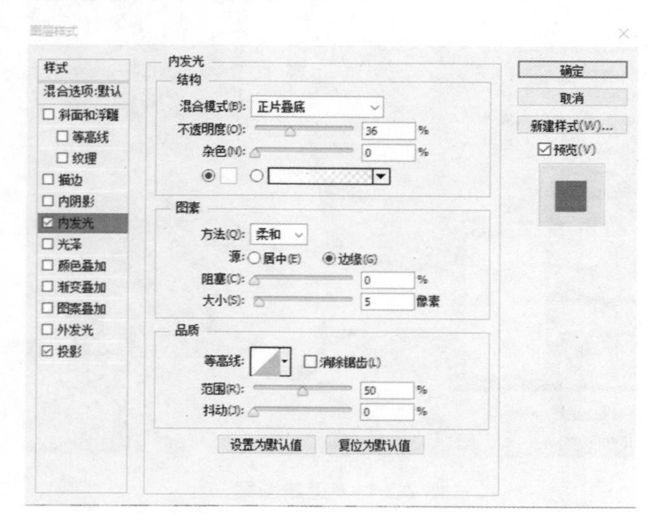

图 2-2-16　内发光设置

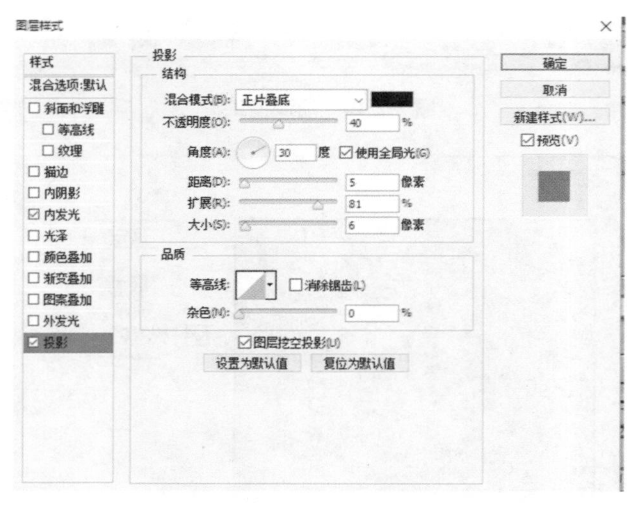

图 2-2-17　投影设置

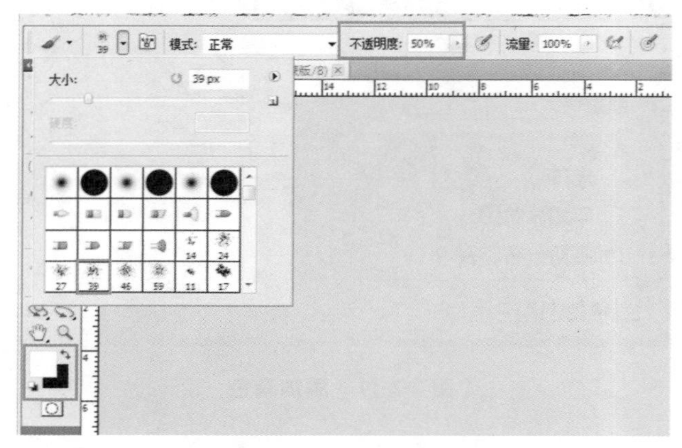

图 2-2-18　画笔工具

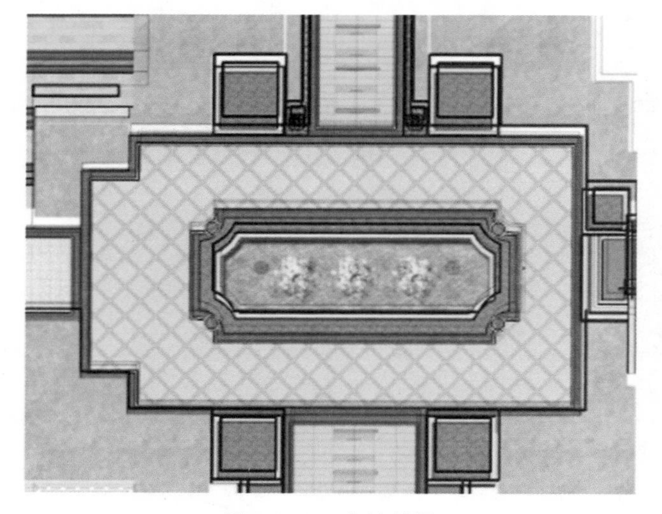

图 2-2-19　水的效果

（4）建筑制作

①想表现高差不一的建筑物，可以利用投影关系实现，高大的建筑物投影面积大，反之就小。

②根据设计方案来确定什么位置占投影面积大，就将该建筑物设定为独立一个图层，以后在图层投影命令时就可以单独控制其大小深度的参数。

③建筑投影做法：复制对应的建筑图层，填黑色，透明度 50%，【Alt＋右键＋下键】多次复制，然后全部选中并按【Ctrl＋E】合并图层即可，如图 2-2-20、图 2-2-21、图 2-2-22 所示。

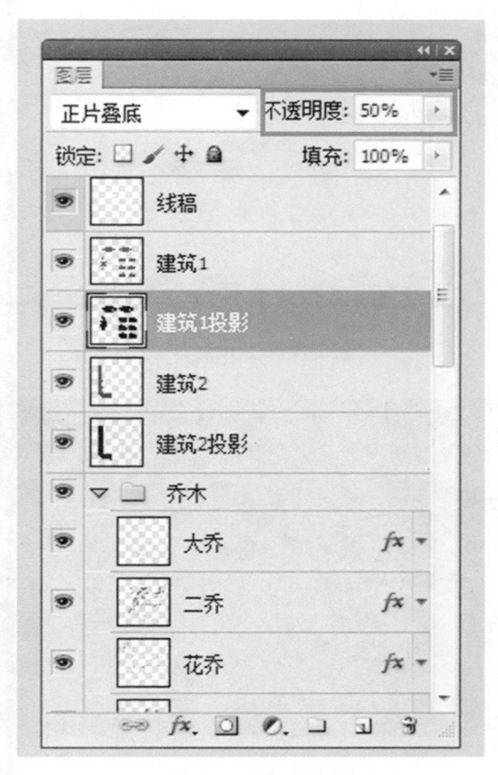

图 2-2-20　透明度设置示意图

图 2-2-21　多次复制示意图

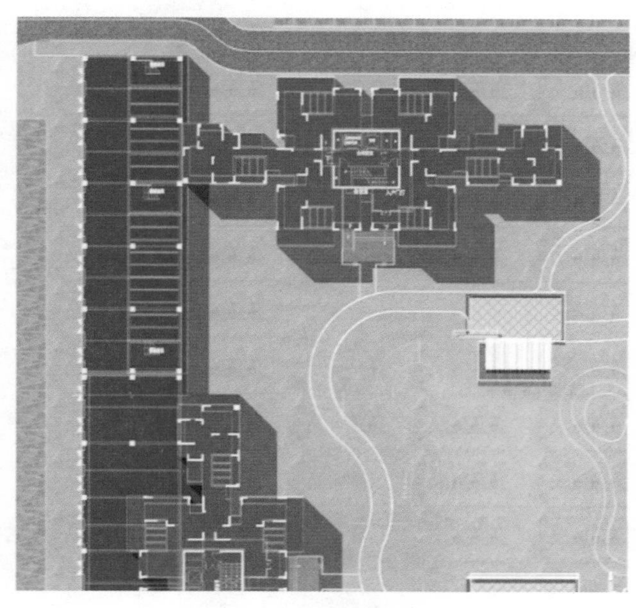

图 2-2-22　建筑制作效果

（5）构筑物制作

①创建构筑物图层进行填色。

②调整图层样式添加描边样式，如图 2-2-23 所示。

③调整图层样式添加投影样式，如图 2-2-24 所示。

（6）植物制作

①乔木素材从光盘案例 2—操作素材—PS 平面—植物. psd 中选择。植物最好是半透明的，设置如图 2-2-25 所示。

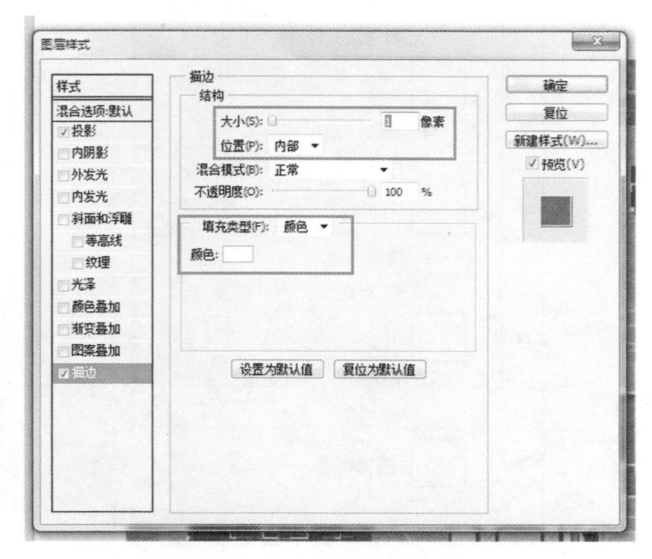

图 2-2-23　描边样式

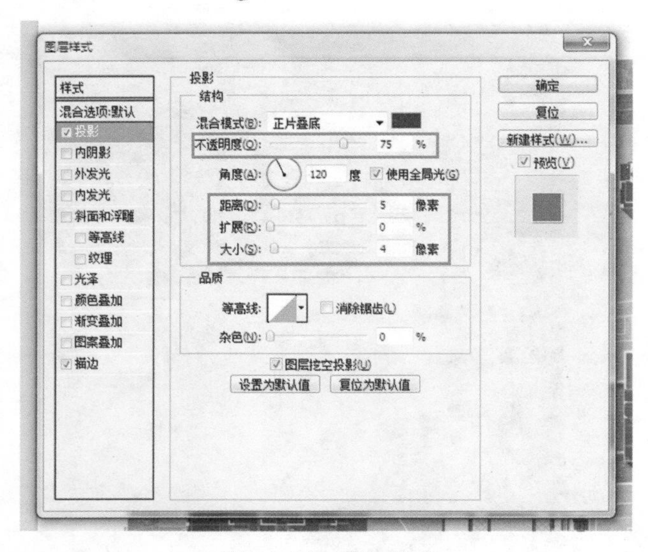

图 2-2-24　投影样式

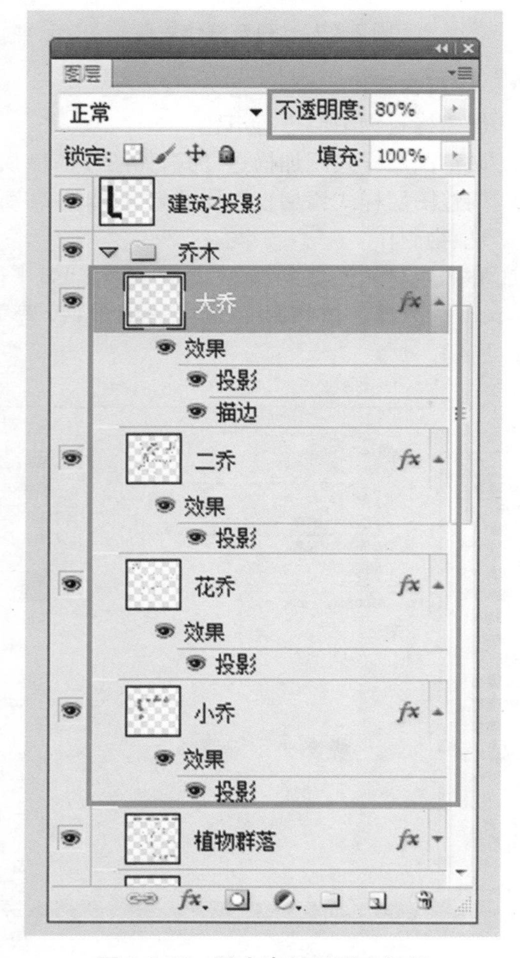

图 2-2-25　乔木素材透明度设置

②根据植物的高度来调整图层的顺序以及投影的距离值，植物的高度越高，图层的顺序就在植物图层里的最上面，投影相应的距离也就越大，如图 2-2-26 和图 2-2-27 所示。

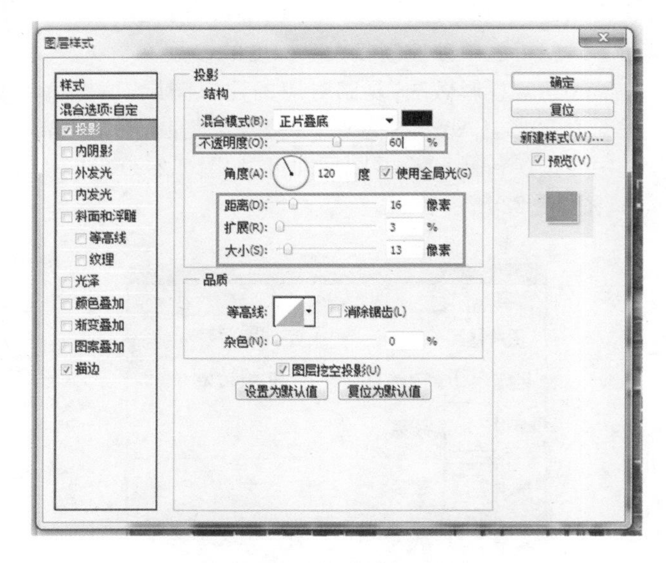

图 2-2-26　投影设置

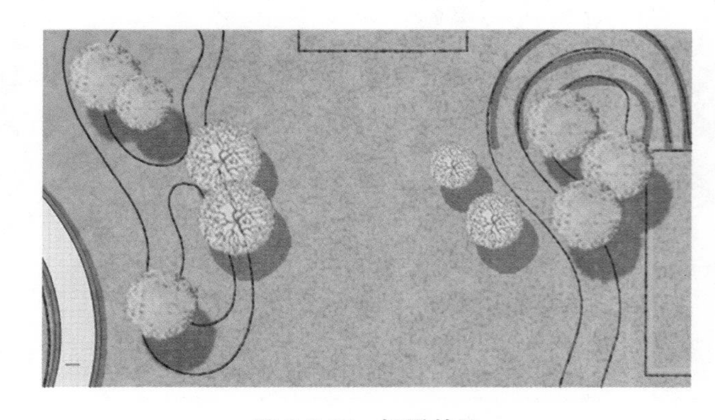

图 2-2-27　投影效果

③背景植物也就是外围环境的植物，它们的色彩的对比度、饱和度都要低，不透明度高一些，弱化这些植物，它们只起到环境烘托作用，所以不要抢眼。如图 2-2-28、图 2-2-29、图 2-2-30、图 2-2-31 所示。

④植物群落绘制：选择圆形笔刷，【F5】调整笔刷大小，抖动绘制，如图 2-2-32、图 2-2-33 所示。

(7)添加小品

将小品放入，效果如图 2-2-34 所示。

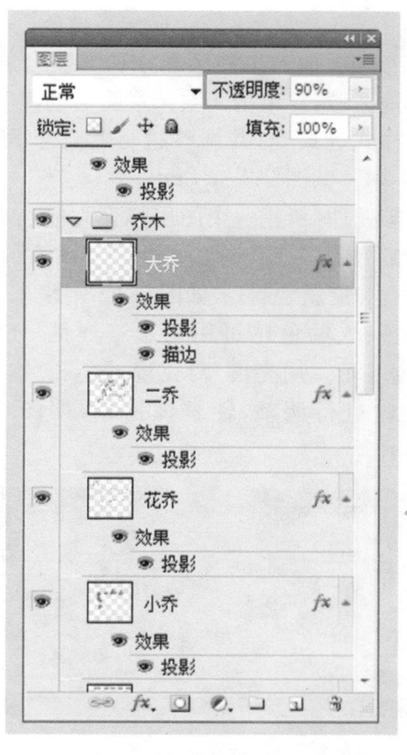

图 2-2-28　大乔不透明度

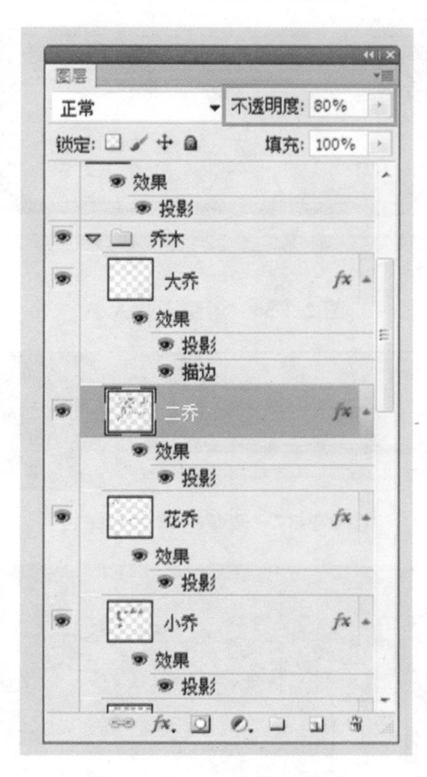

图 2-2-29　二乔不透明度

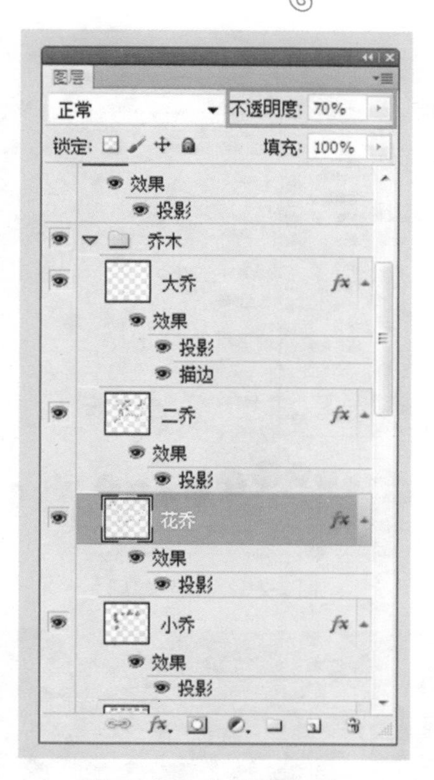

图 2-2-30　花乔不透明度

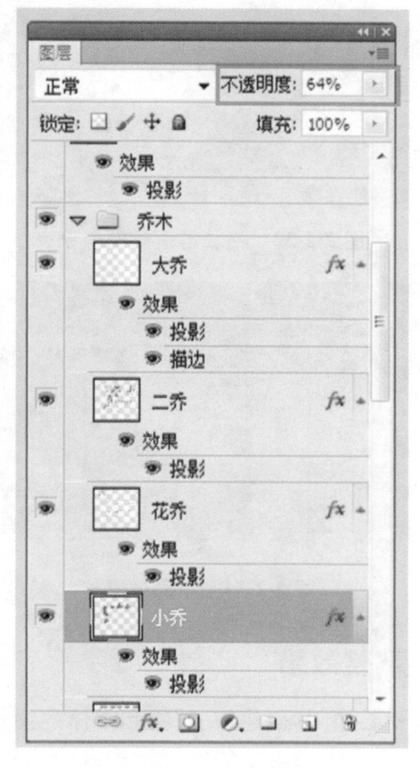

图 2-2-31　小乔不透明度

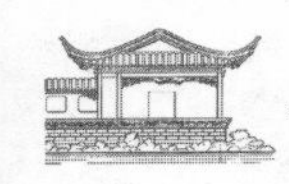

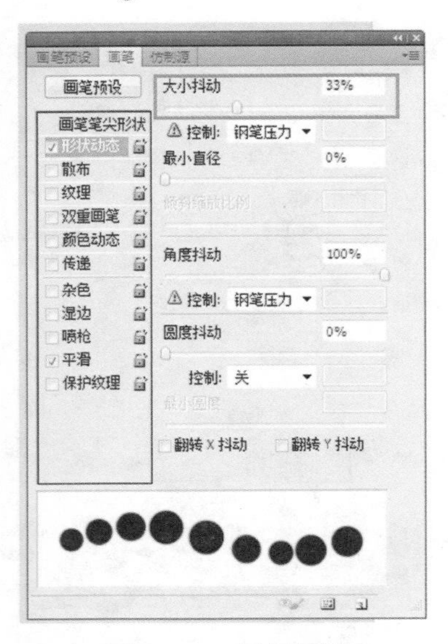

图 2-2-32 设置笔刷

图 2-2-33 植物群落绘制效果

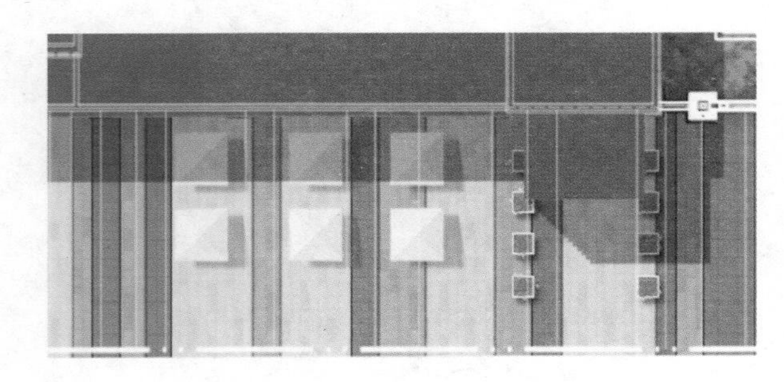

图 2-2-34 小品效果

2.2.3 调整效果

①给图层加阴影：建筑、植物和水体的阴影上面已经添加过，这里主要讲水的纹理添加，让水面更有立体感。我们首先在光盘案例 2—操作素材—PS 平面中选取天空云彩.jpg 拖入工作区间并调整至合适大小，然后选中水池区域，并单击天空云彩图层创建蒙版，调整图层混合样式为柔光，并调整透明度至合适值。如图 2-2-35、图 2-2-36、图 2-2-37 所示。

②明暗处理：新建一个图层填充为白色，调低透明度，再用加深或减淡工具调整明暗(黑色阴影可使用画笔调低透明度和流量绘制)。如图 2-2-38、图 2-2-39 所示。

③颜色：人的色感可用色彩三属性——色调、亮度、饱和度表示。用亮度/对比度或色相/饱和度对各个图层颜色进行调整，使整体协调，如图 2-2-40、图 2-2-41 所示。

图 2-2-35 将“天空云彩”拖入工作区间

图 2-2-36 调整图片大小

图 2-2-37 调整图层混合样式

图 2-2-38 新建图层

图 2-2-39　明暗调整

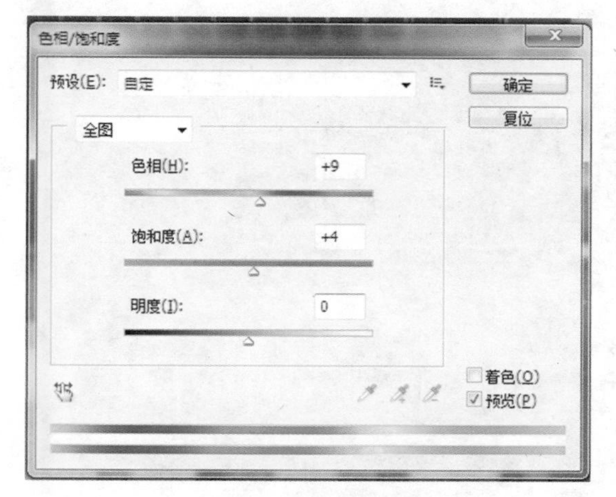

图 2-2-40　色相/饱和度调整

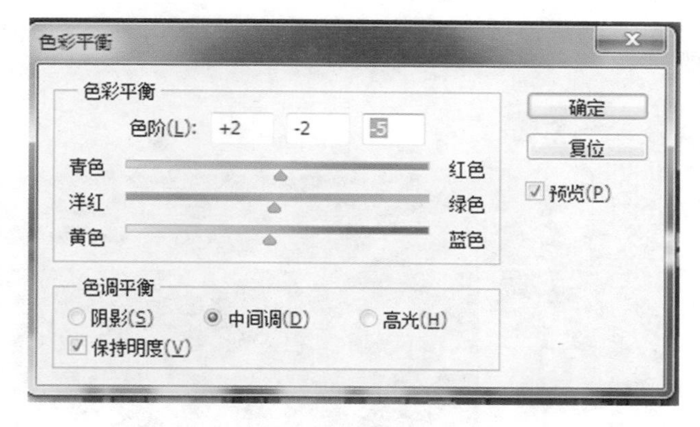

图 2-2-41　色彩平衡调整

2.2.4　添加文字标注

最后添加道路名称、建筑层数、建筑图例编号等，如图 2-2-42 所示，并检查彩平面图是否完成，如图 2-2-43 所示。

图 2-2-42　添加文字标注

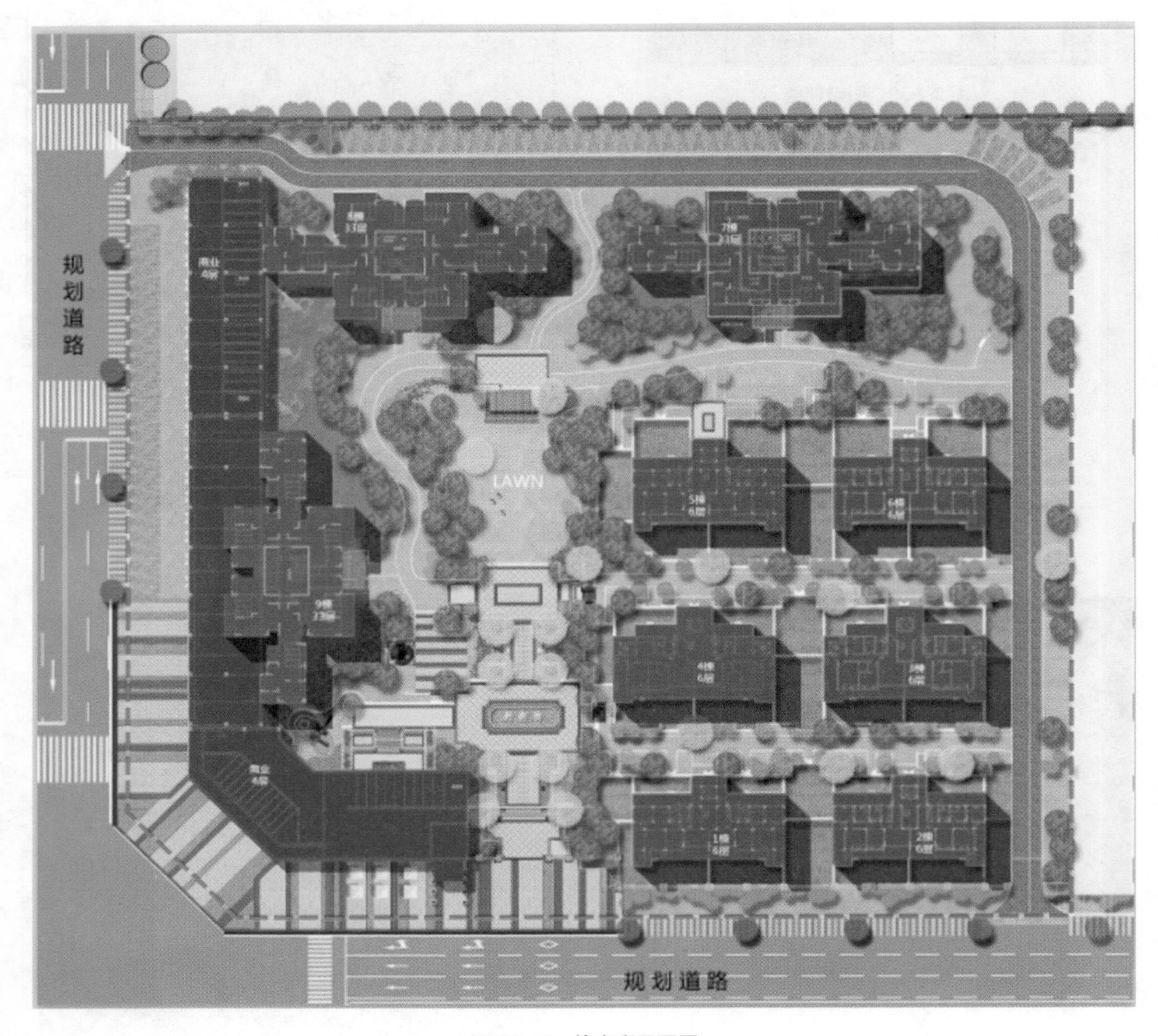

图 2-2-43　检查彩平面图

2.3　出图

完成彩平图的绘制，按住【Ctrl＋S】保存为“psd 格式”的源文件。点击【文件—存储为】，在弹出的选项框中，选择你所要保存的格式（一般保存为“jpg 格式”或“pdf 格式”），在弹出来的选项框中把【品质】调至最佳，点击【确定】，如图 2-2-44、图 2-2-45 所示，保存至光盘案例 2—操作素材—PS 平面文件夹。

图 2-2-44　选择保存格式

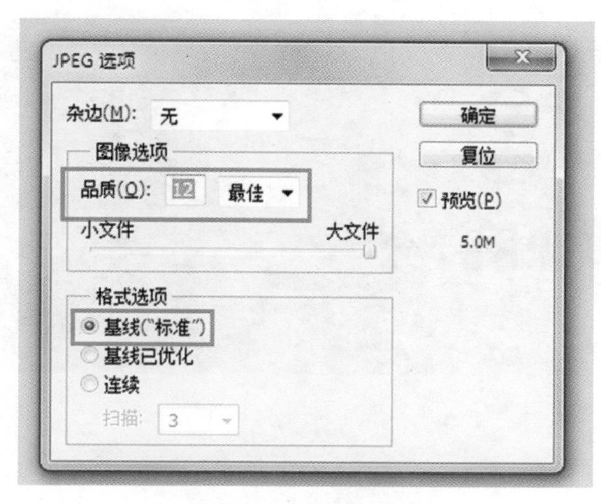

图 2-2-45　调整品质

3 效果图部分

3.1　建模前期工作

3.1.1　方法一:整理 CAD 文件

①清理图形,打开光盘案例 2—操作素材—CAD—案例 2.dwg 素材,如图 2-3-1 所示。使用命令:按【X】键分解开整个图形;删除或隐藏不需要的部分,如尺寸、标注、文字、轴线、植物等;框选所需的图形,使用天正命令【XCCX】消除重线;使用命令【PU】,在弹出的选项框中勾选【确认要清理的每个项目】以及【清理嵌套项目】清理多余图层及图块等,如图 2-3-2 所示。

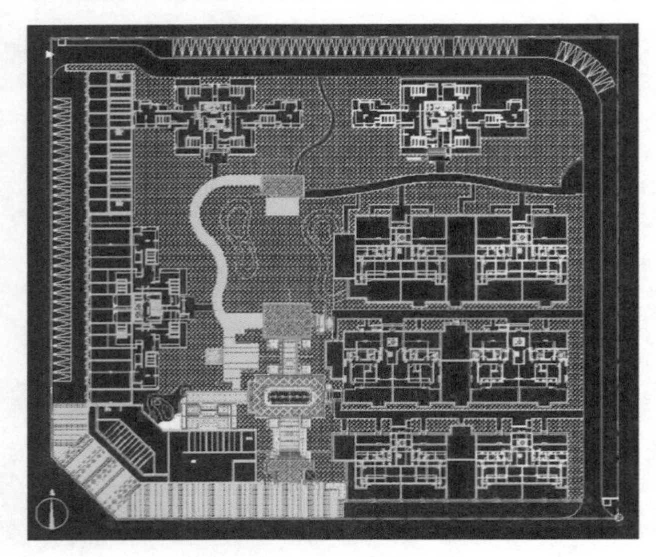

图 2-3-1　打开素材文件

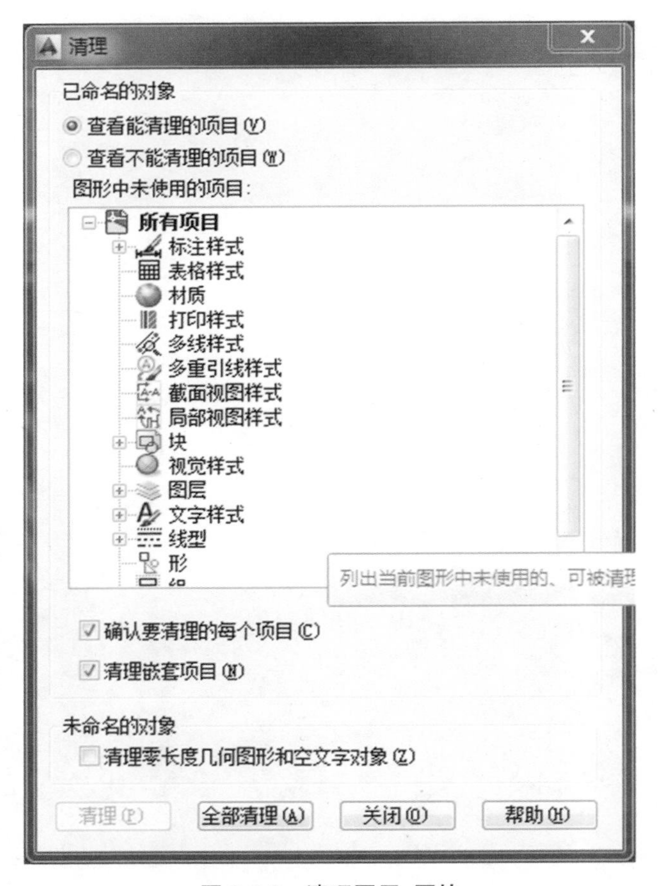

图 2-3-2　清理图层、图块

②统一标高。框选所有图形,使用天正命令【TY-BG】统一标高。

③整理图层。框选所有图形,统一到"0 图层",将所有线型及线宽设为默认,完成图层整理,如图 2-3-3 所示。

④保存 CAD 文件为 DWG 格式(建议保存为 2004 版本)于光盘案例 2—操作素材—SU 建模文件夹，退出 CAD，如图 2-3-4 所示。

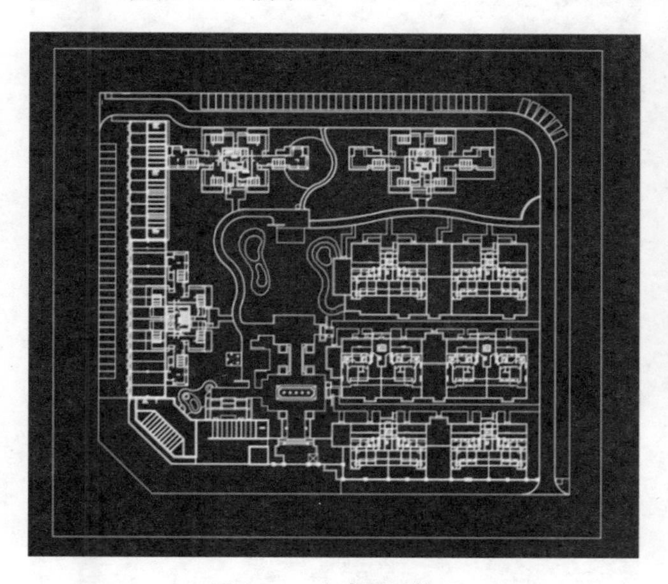

图 2-3-3　完成图层整理

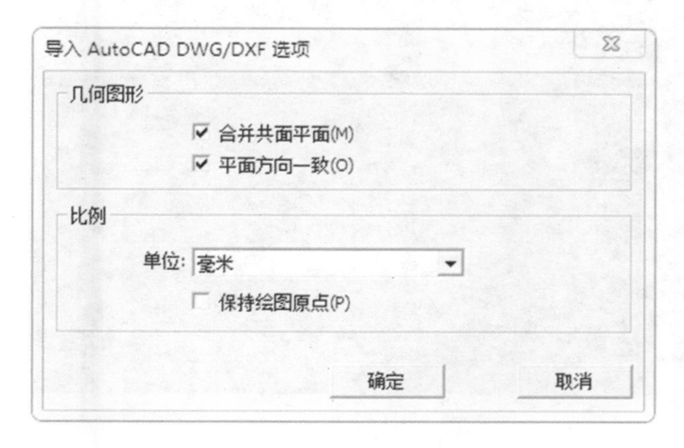

图 2-3-4　保存文件

3.1.2　方法二：重绘 CAD 底图

①将设计完成的 CAD 图保存成图片格式于光盘案例 2—操作素材—CAD，如图 2-3-5 所示。打开 CAD，新建图层 1：图廓，颜色设置为红色 10，置为当前层，用菜单命令插入光栅图像，将图片插入，把图片放入 0 层即可。

②用直线命令画一条长度为 156800(设计地块的实际长度)的直线，然后启用【AL】对齐命令，选中图

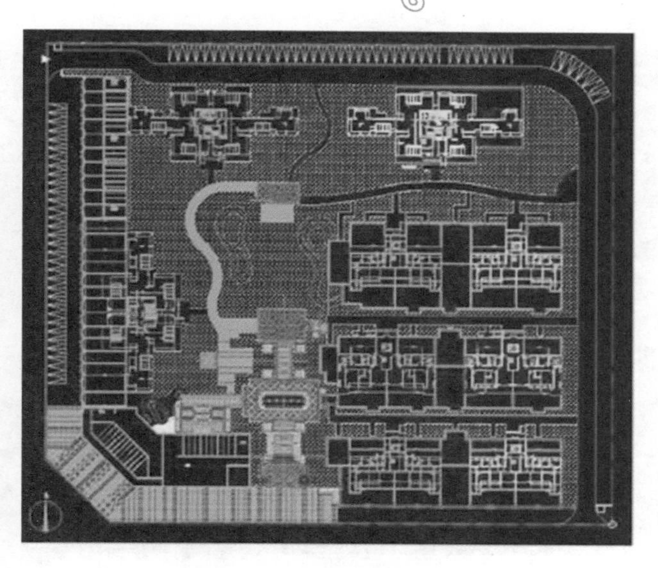

图 2-3-5　保存为图片格式

片，将直线与图片上的 AB 边对齐，这样就将图片缩放到与实际地块大小相同了，接下来的描图就是按 1∶1 的比例进行。如图 2-3-6、图 2-3-7 所示。

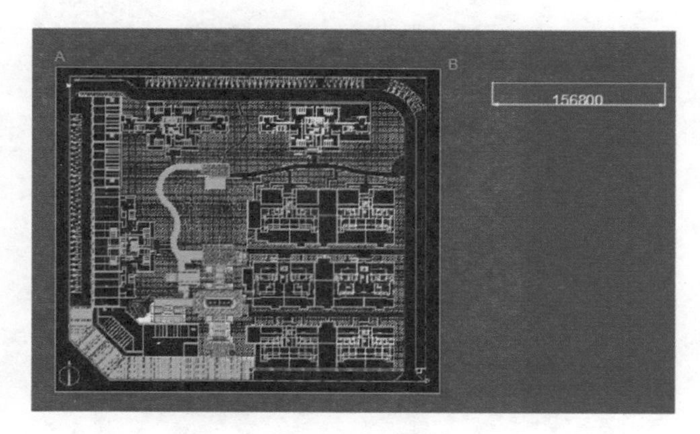

图 2-3-6　画直线

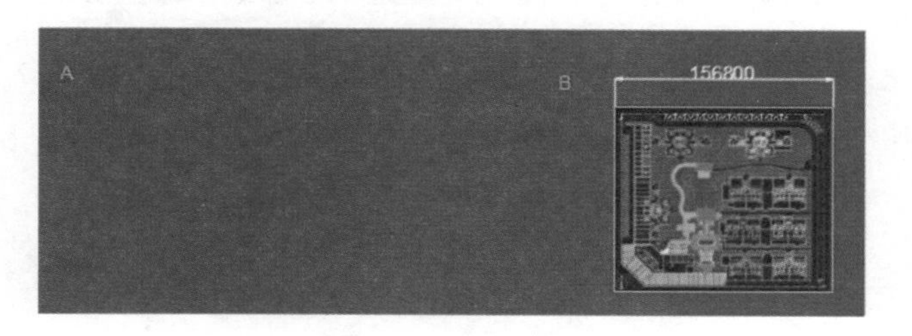

图 2-3-7　缩放图片

③用【多段线】命令开始描设计地块的图廓，完成后如图 2-3-8，关闭 0 层即可查看描图。

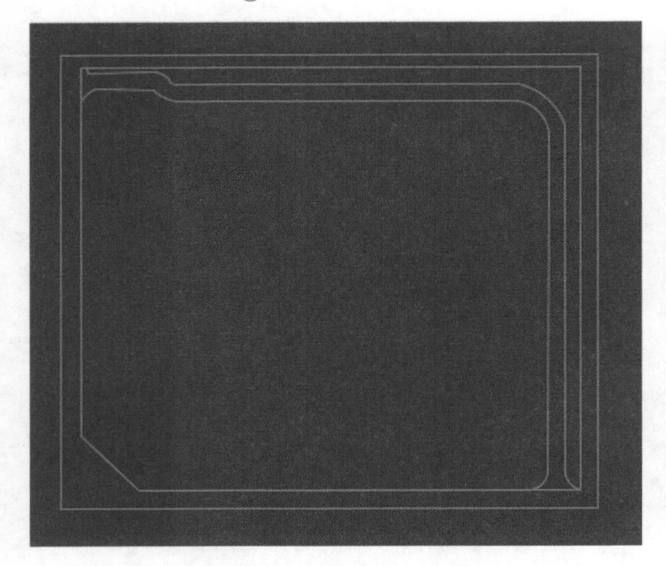

图 2-3-8　描绘的地块外框线

④继续描绘建筑轮廓,如图 2-3-9 所示。

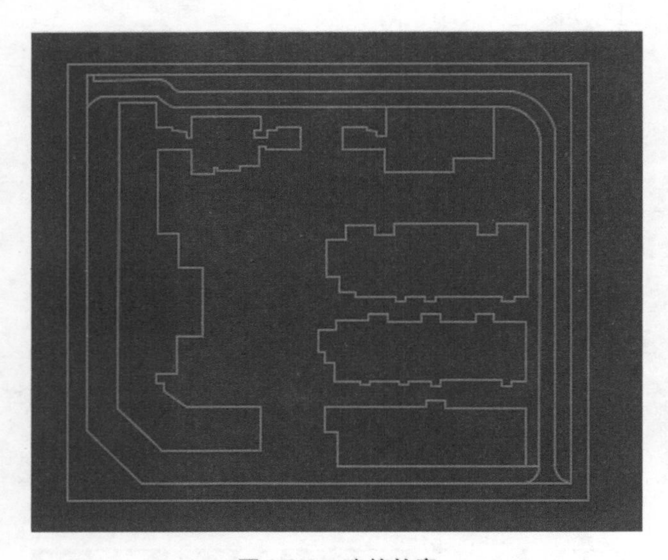

图 2-3-9　建筑轮廓

⑤新建图层 2 道路,颜色为黄色 40,开始描绘道路。用多段线、圆弧命令描绘曲线路段,用夹点编辑操作使曲线尽量与图片上的曲线弧度一致;描绘完毕后用修剪、延伸命令修整线条。结果如图 2-3-10 所示。

⑥建立新图层 3 种植池,颜色为绿色 100,置为当前,开始进行种植池的描绘,如图 2-3-11 所示。

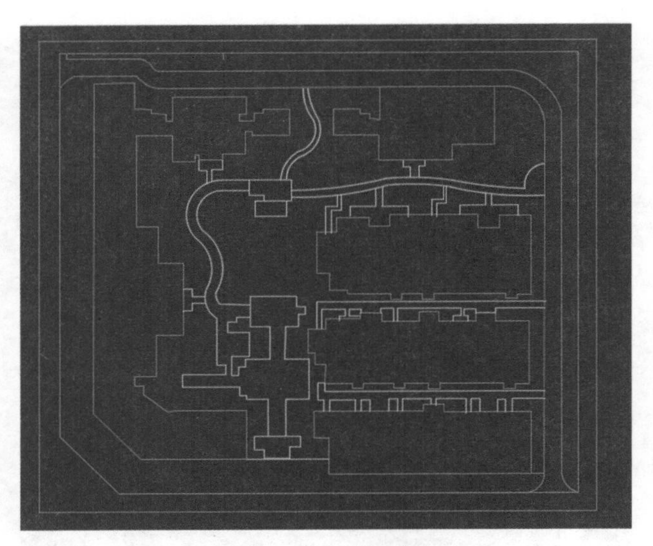

图 2-3-10　描绘道路

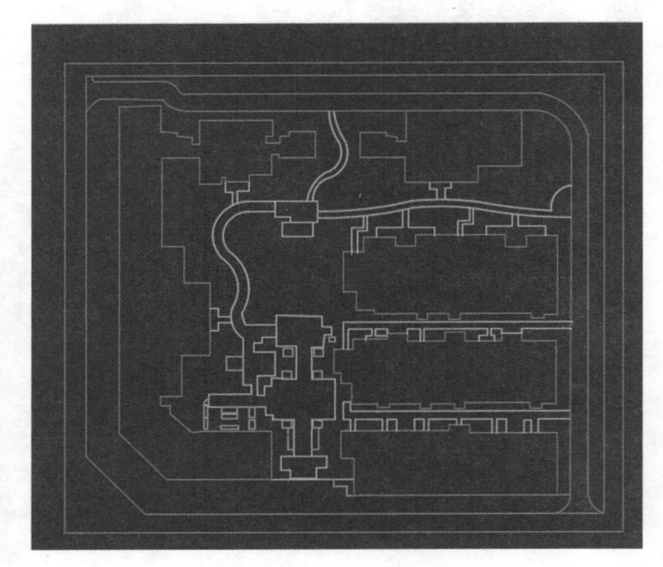

图 2-3-11　描绘种植池

⑦建立新图层 4 水池,颜色为蓝色 150,置为当前,开始进行水池的描绘,如图 2-3-12 所示。

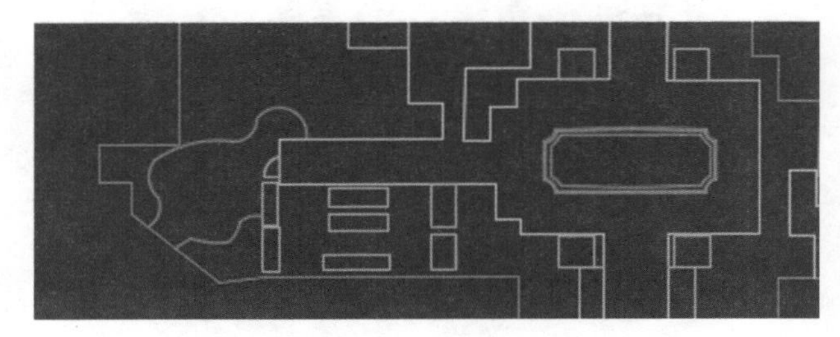

图 2-3-12　描绘水池

⑧新建图层5台阶，颜色为白色，将台阶描绘出来，效果如图2-3-13所示。

⑨新建图层6停车场，颜色为棕色23，也可以自己画停车场。全图描绘完毕，效果如图2-3-14所示。保存文件备用。

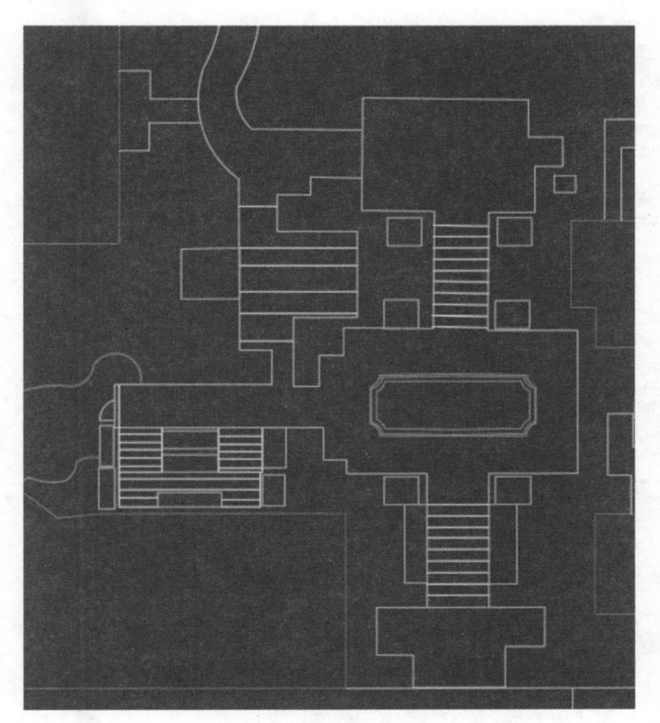

图2-3-13　描绘台阶

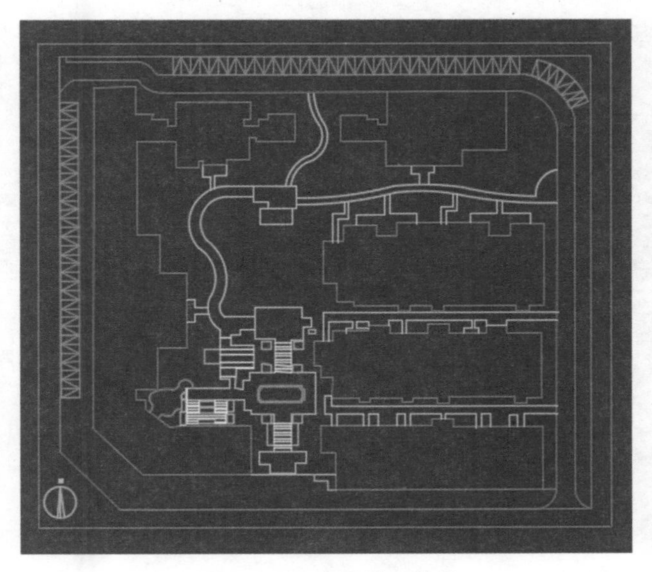

图2-3-14　全图描完效果

3.2　场景的建模

3.2.1　CAD导入SU

(1)安装插件

下载SketchUp 2016封面工具插件，安装在SketchUp文件下的Shipped Extensions文件中。

(2)图形封面

打开SketchUp软件，在【文件】—【导入】选择光盘案例2—操作素材—SU建模—整理后.dwg的CAD文件，点击【选项】勾选【合并共面平面】以及【平面方向一致】；在【比例】一栏选择单位，在弹出的选项框中点击【关闭】，选择样式，只保留边线，如图2-3-15所示。

使用命令【Ctrl＋A】全选整个图形，使用封面插件对图形进行封面，没有封闭的面应先找到断点，用【直线】封闭后再生成面，如图2-3-16所示。

(3)反转表面与分图层

选择图形，双击鼠标命令，单击鼠标右键，选择【反转表面】。打开图层选项，新建建筑、道路、铺装、景观小品、乔木、灌木等图层。单击鼠标右键【创建组】；在图层中添加“建筑”图层，如图2-3-17所示。

(4)将建筑与平面图对齐

将建筑图层置为当前图层，导入天正建筑模型，并赋予相应材质，如图2-3-18所示。

(5)绘制道路

隐藏建筑图层，选中道路区域用【偏移命令】向内偏移300mm、推拉30mm高，单击【材质】按钮，分别赋予道路材质，如图2-3-19所示。选中道路【材质】—【编辑】—【使用纹理贴图】命令，在光盘案例2—操作素材—SU建模—材质贴图中选择相应的材质，如图2-3-20所示，最终结果如图2-3-21所示。

用同样的方法，将其他公共区间的铺装绘制出路，效果如图2-3-22所示。

(6)坡道处理

根据图纸上所标高差，对有坡度的道路进行放坡处理。

①假设这个道路坡道的最高点比最低点高出1000mm，先用【直线】标出此段道路，并创建组件，再用【推拉】推1000mm。

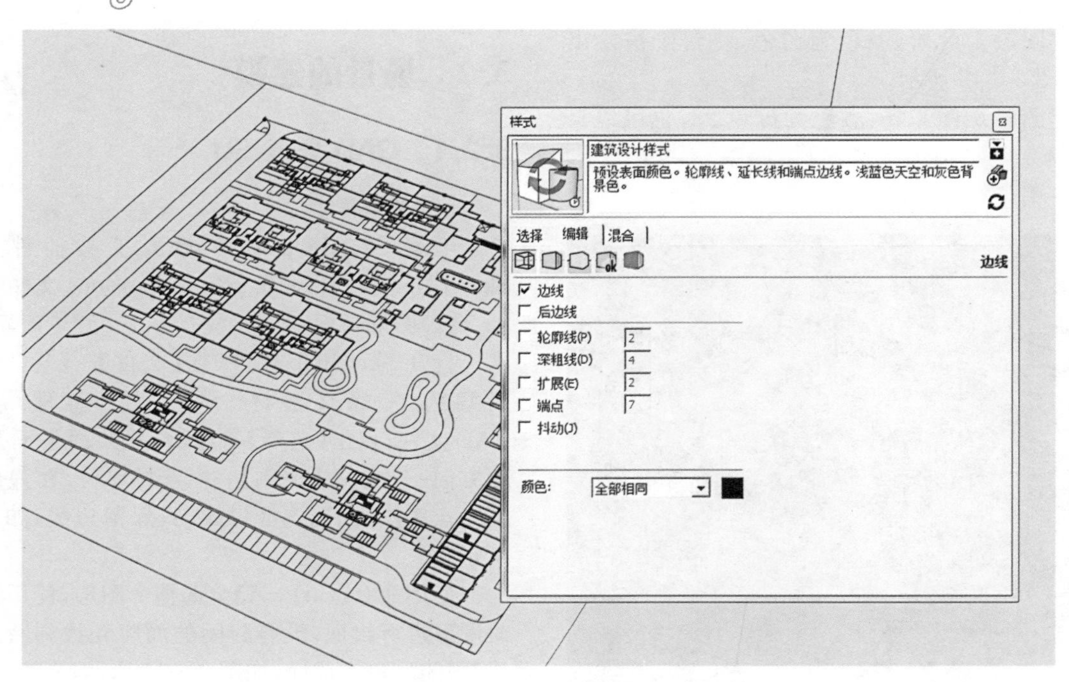

图 2-3-15　合并共面平面

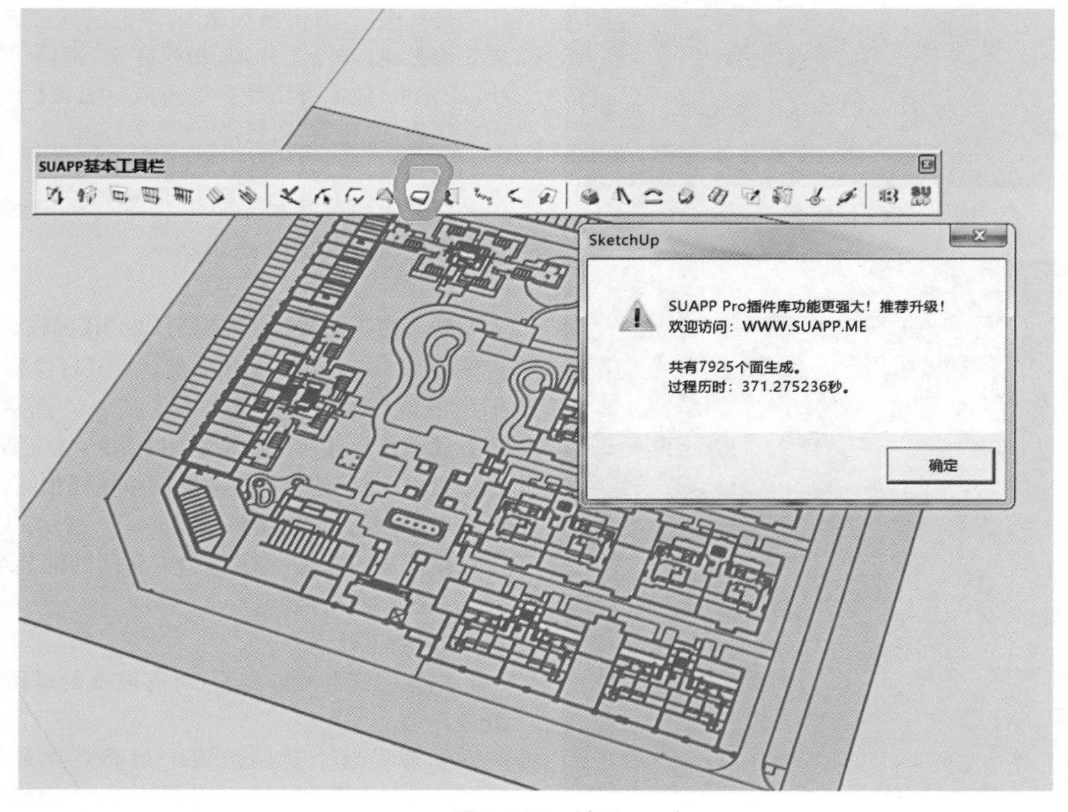

图 2-3-16　封面

图 2-3-17　分图层

图 2-3-18　导入建筑模型

图 2-3-19　赋予道路材质

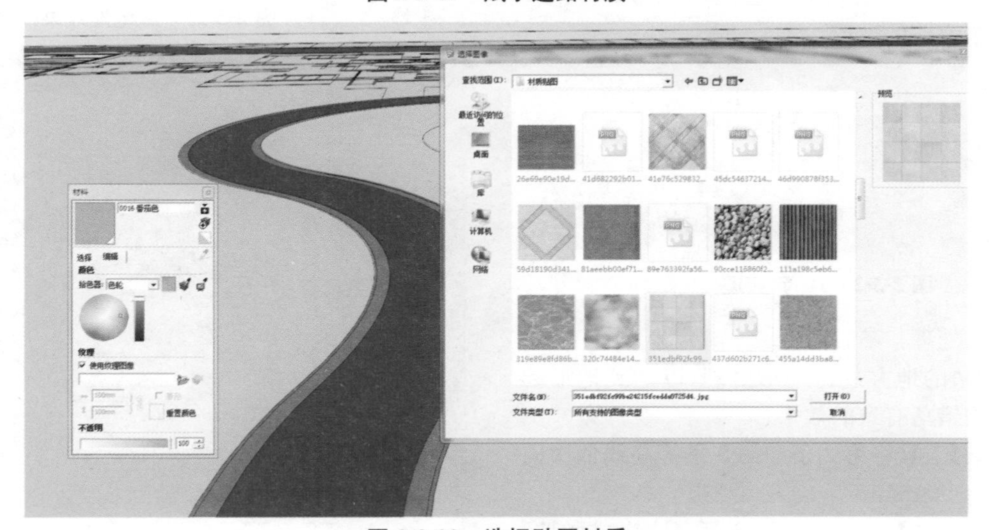

图 2-3-20　选择贴图材质

图 2-3-21　道路绘制效果

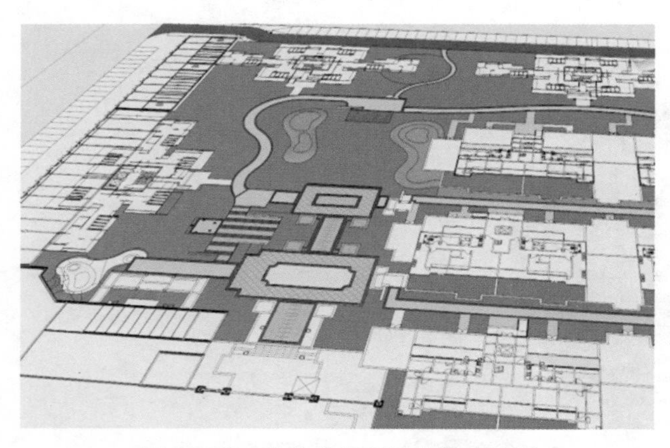

图 2-3-22　其他公共区间的道路绘制

②先选中顶视面低的一边，用【移动】垂直向下使之与最底边重合，由此绘制出坡道，如图 2-3-23 所示。同理，绘制整个道路的坡道。

图 2-3-23　绘制坡道

(7)微地形处理

对植被种植的地方进行地形处理，以达到地形起伏有变化，植物错落有致的效果。

①用【移动】工具将第 2 条和第 3 条等高线依次向上移动 700mm、900mm。

②用【地形生成】工具将三条等高线生成微坡，再删去多余的面和等高线，如图 2-3-24 所示。同理，整个场景的微地形就绘好了，如图 2-3-25 所示。

3.2.2　单体建模

(1)花钵建模

花钵的最终效果图如图 2-3-26 所示。

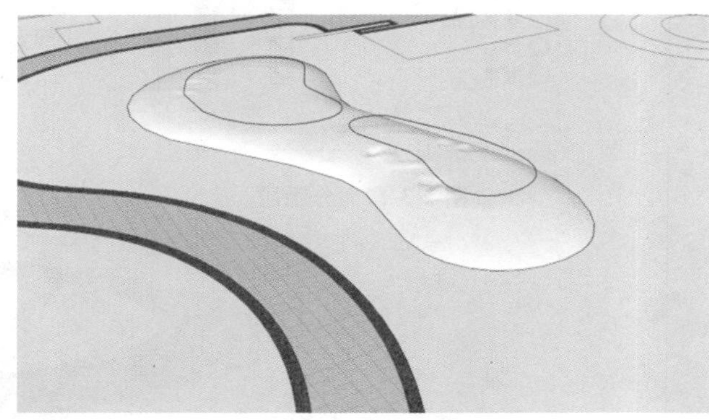

图 2-3-24　生成微坡

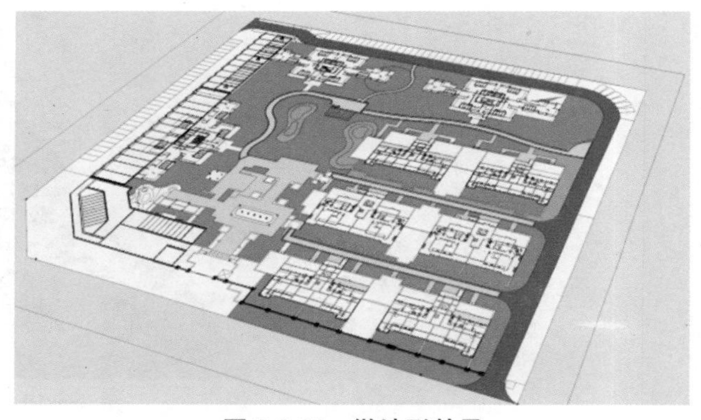

图 2-3-25　微地形效果

图 2-3-26　花钵最终效果

①在光盘案例2—操作素材—SU建模—花钵CAD中导入花钵CAD平面图、立面图，如图2-3-27所示。

②绘制中线，并用工具封面，删除一半轮廓线，如图2-3-28所示。

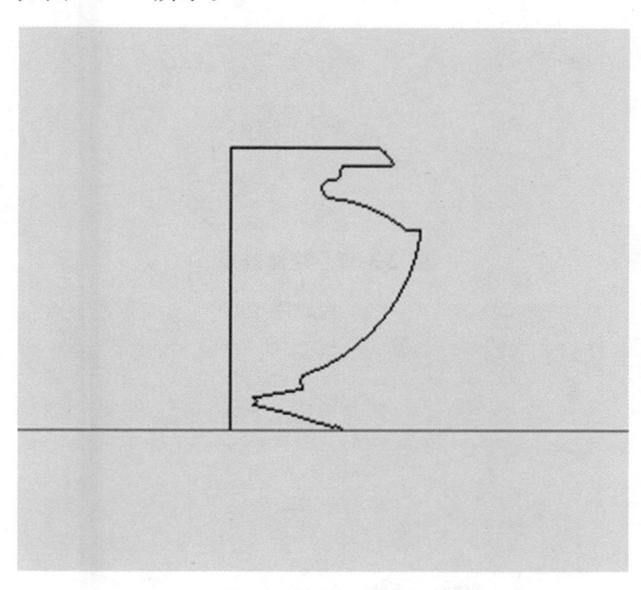

图2-3-27　花钵CAD立面图

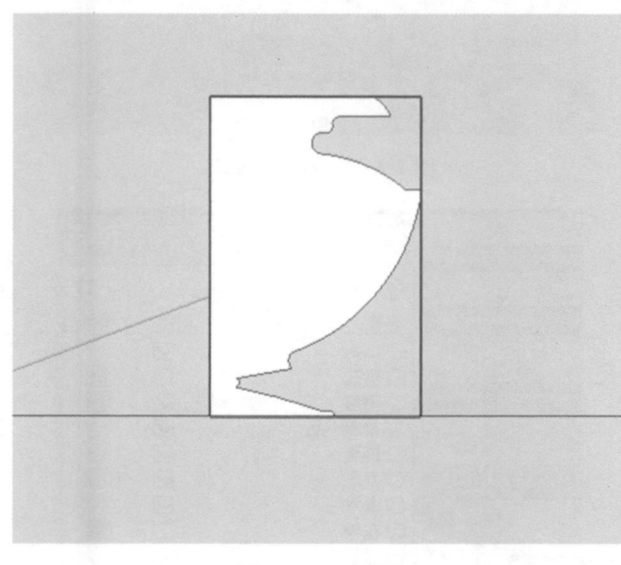

图2-3-28　封面

③以底部边线为半径绘制圆，删除花钵内部线条(统一面)，如图2-3-29所示，点击底部圆，选择【路径跟随】命令，再点击花钵立面面域，生成模型后用工具封面，删除一半轮廓线，如图2-3-30所示。

④单击模型，右击鼠标—点击【材质赋予】工具，赋予任意一种颜色，再选择纹理贴图，如图2-3-31所示，选择米黄色材质图片，结果如图2-3-32所示。

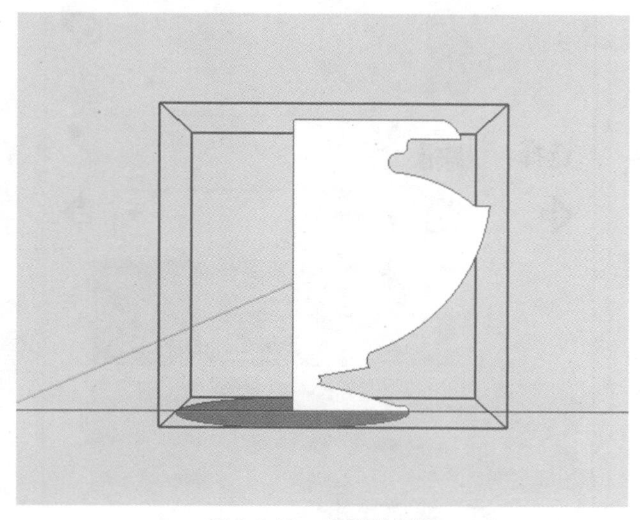

图2-3-29　底部绘制图

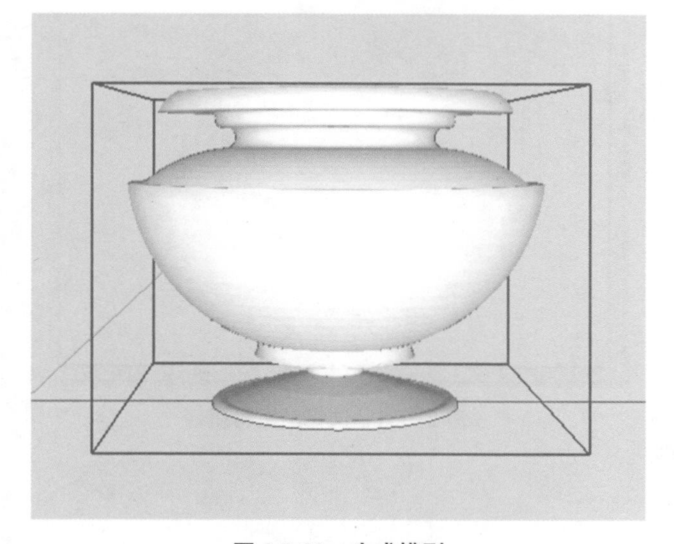

图2-3-30　生成模型

⑤将花钵顶部中间适当面域用【推拉】工具向下推拉2cm，再用材质工具赋予草材质，最后在光盘案例2—操作素材—SU建模中找到花丛.skp插入植物组件，将整体定义为群组，最终效果如图2-3-33所示。

⑥同样的方法，绘制花钵样式二，如图2-3-34所示。新建花钵图层，导入相应的花钵，如图2-3-35所示；用【移动】工具移动到相应的位置，如图2-3-36所示。

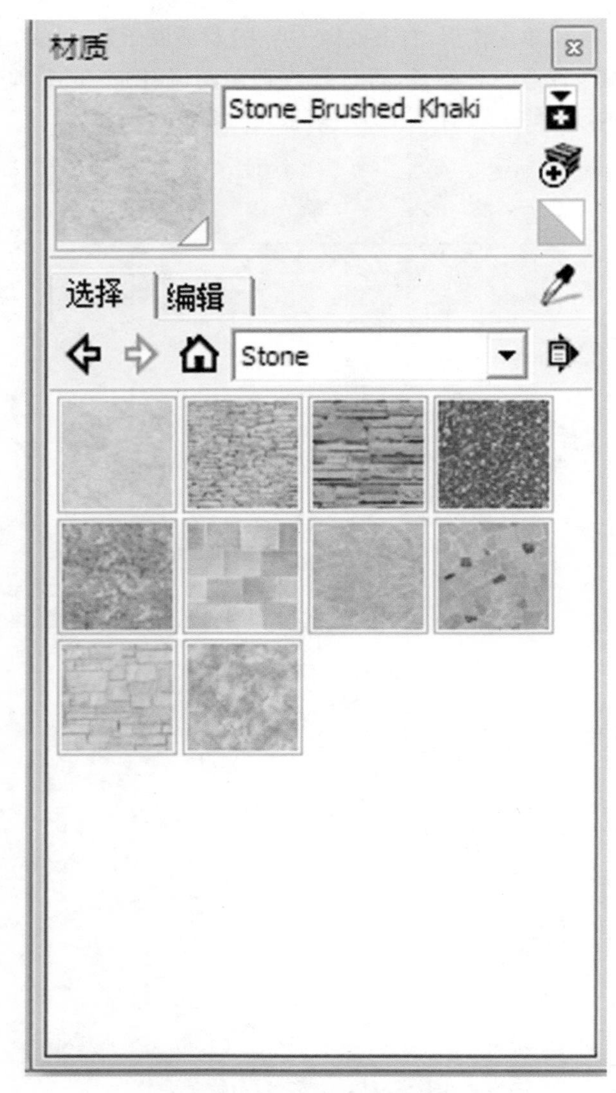

图 2-3-31　选择贴图材质

图 2-3-32　贴图效果

图 2-3-33　花钵效果

图 2-3-34　花钵样式二

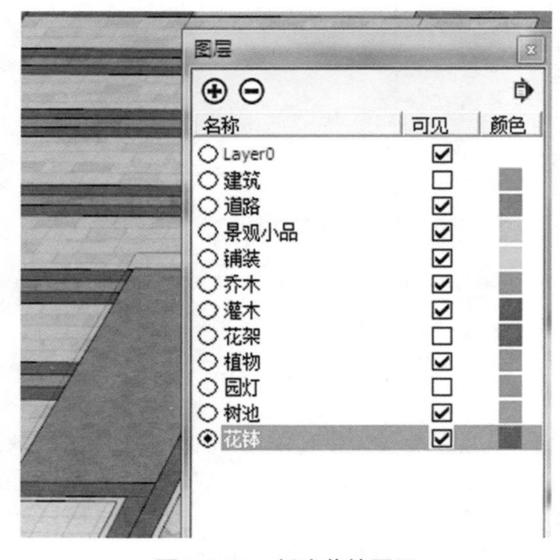

图 2-3-35　新建花钵图层

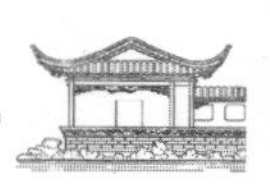

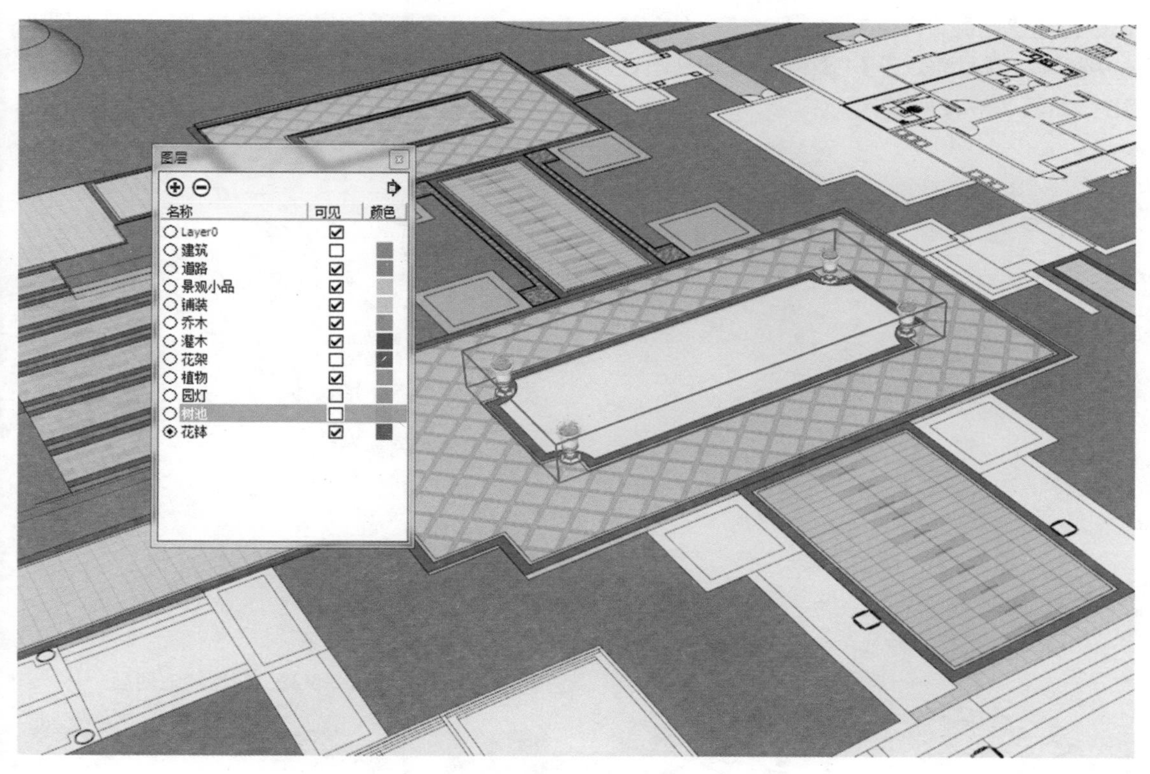

图 2-3-36　移动花钵

(2)树池

①根据树池的平面及设计意图,用【矩形】工具绘制 3000mm×3000mm 的矩形,如图 2-3-37 所示。

②用【推拉】工具向上推拉 300mm,再按住【Ctrl】向上分别推拉 20mm,100mm,50mm,如图 2-3-38 所示。

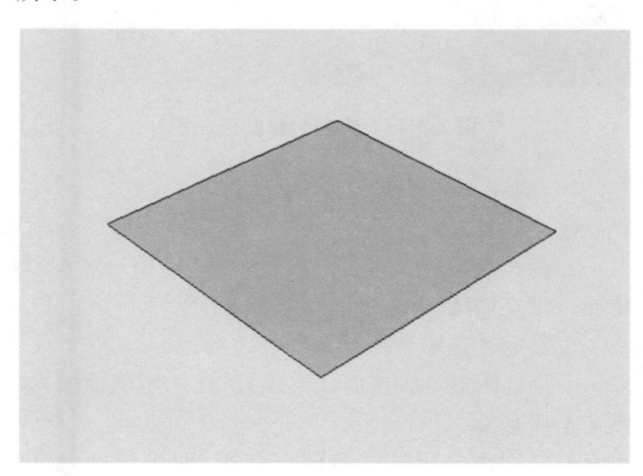

图 2-3-37　绘制矩形

图 2-3-38　推拉矩形

③使用【材质赋予】工具赋予树池材质贴图后,用【推拉】工具,在 20mm 处向里推 20mm,在树池顶面用【偏移】工具朝矩形中心偏移 50mm,再用【推拉】工具选中偏移的 50mm 的一面向下推 50mm,如图 2-3-39 所示。选中树池顶部面,使用【偏移】工具朝矩形中心偏移 200mm,再用【推拉】工具向下推拉

50mm，选中树池建立群组。

④选中树池，用【材质赋予】工具—纹理贴图，选中材料图片，如图 2-3-40 所示。

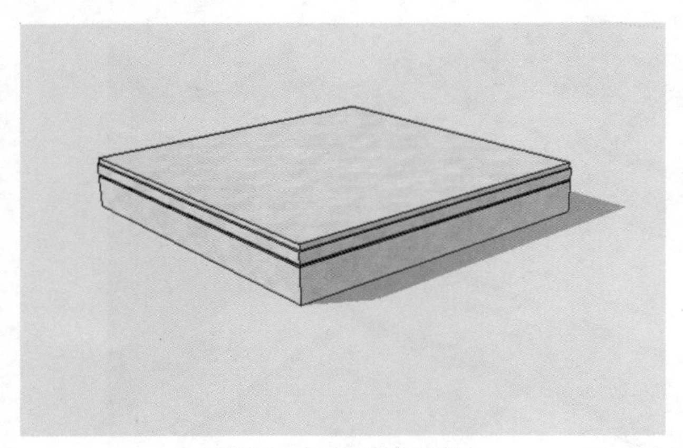

图 2-3-39　树池绘制

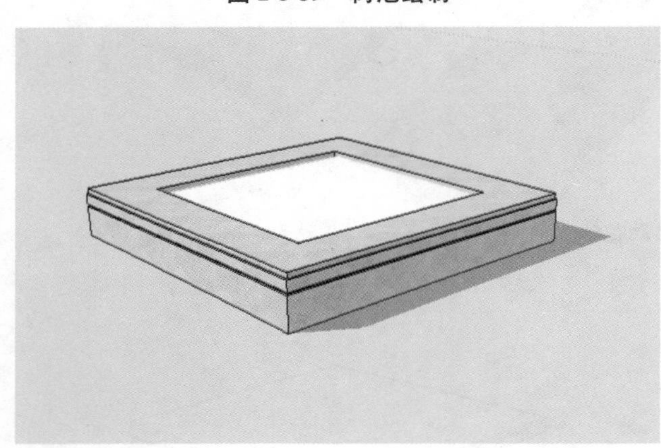

图 2-3-40　树池效果

⑤选中树池中心的草坪面，用【材质赋予】工具赋予草坪贴图，最终效果如图 2-3-41 所示。

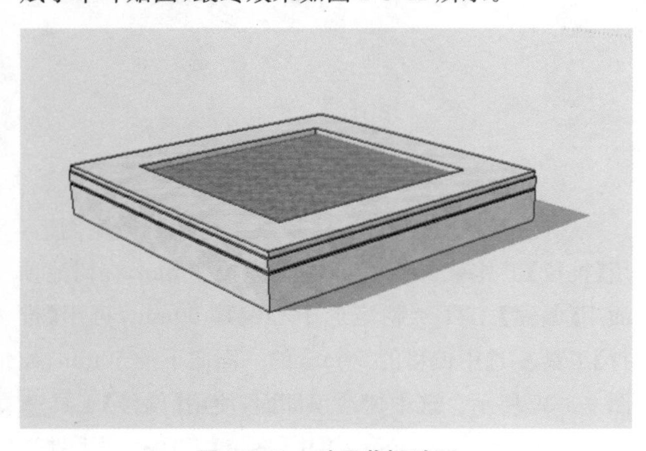

图 2-3-41　赋予草坪贴图

⑥新建树池图层，通过【导入】命令，如图 2-3-42 所示。通过【移动】工具将树池移动到总图相应的位置，最终效果如图 2-3-43 所示。

图 2-3-42　新建树池图层

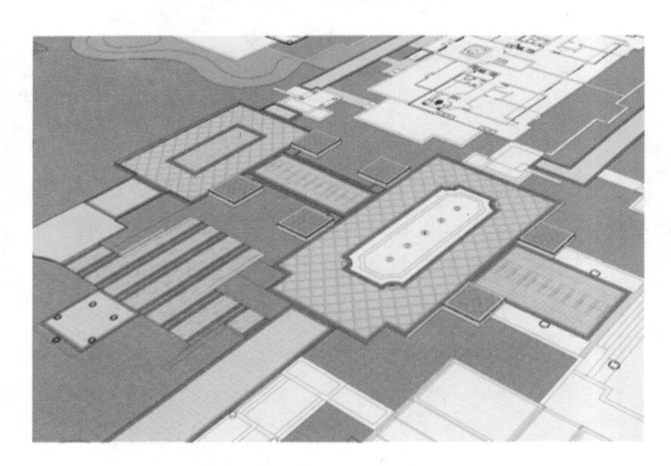

图 2-3-43　将树池移动到总图

(3)园灯

①绘制灯柱。

a. 在光盘案例 2—操作素材—SU 建模—灯 CAD 中导入灯立面图. dwg，如图 2-3-44 所示。

b. 沿蓝轴选中 90°，如图 2-3-45 所示。

c. 全选图形，点击【面域生成】工具生成面域，如图 2-3-46 所示。

d. 分别选中园灯柱和园灯灯箱，创建组件，如图 2-3-47 所示。

图 2-3-44　导入图片

图 2-3-45　选中 90°蓝轴

图 2-3-46　生成面域

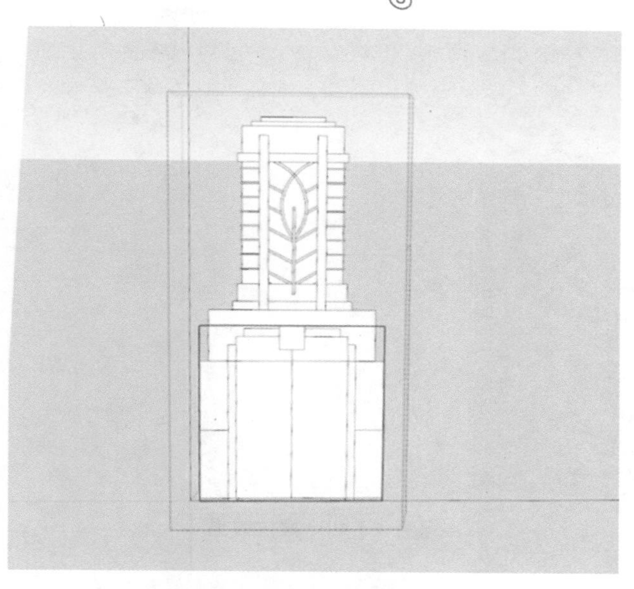

图 2-3-47　创建组件

e. 根据施工图尺寸，用【推拉】命令分别将 1 号区域向外部推拉 70mm，将 2 号区域向外部推拉 30mm，将 3 号区域向外部推拉 40mm，将 4 号区域向外部推拉 20mm，将 5 号区域向外部推拉 20mm，将 6 号区域向外部推拉 10mm，将 7 号区域向外部推拉 50mm，如图 2-3-48 所示，最后将 1～7 号区域选中定义为组件，最终结果如图 2-3-49 所示。

②绘制内部灯柱。

a. 根据施工图尺寸，用【矩形】命令绘制 540mm×540mm 的矩形，再用【推拉】命令向上推拉 650mm，再用【移动】命令将其移动到相应的位置，如图 2-3-50 所示。

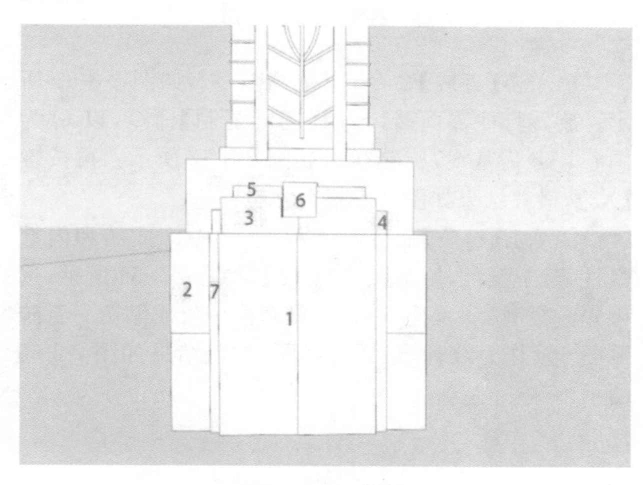

图 2-3-48　推拉

图 2-3-49　推拉效果

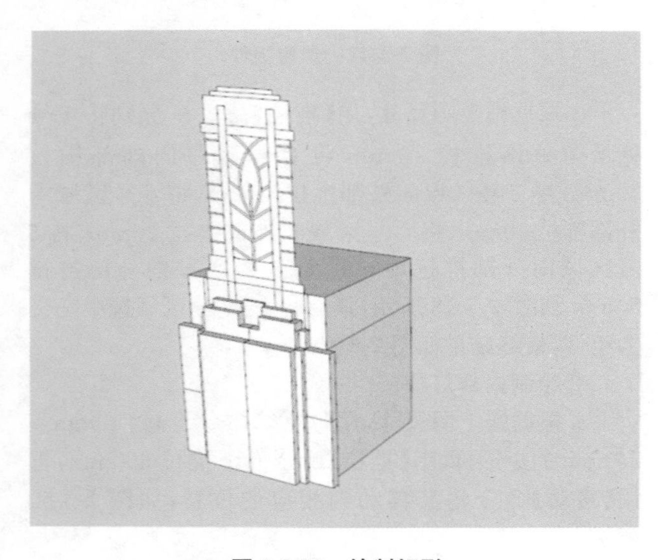

图 2-3-50　绘制矩形

b. 单击【直线】命令，连接 AB，OC，如图 2-3-51 所示。旋转灯柱饰面砖，再用【旋转复制】命令，以 O 为圆心，AB 为基线，旋转 90°，如图 2-3-52 所示。再按键【X3】，最终结果如图 2-3-52 所示。

c. 单击【材质】命令赋予材质，选中饰面砖和内部灯柱，赋予颜色，使用【纹理贴图】，如图 2-3-54 所示，选中光盘案例 2—操作素材—SU 建模—材质贴图—石砖贴图. jpg 作为纹理，最后将底图移开，结果如图 2-3-55 所示。

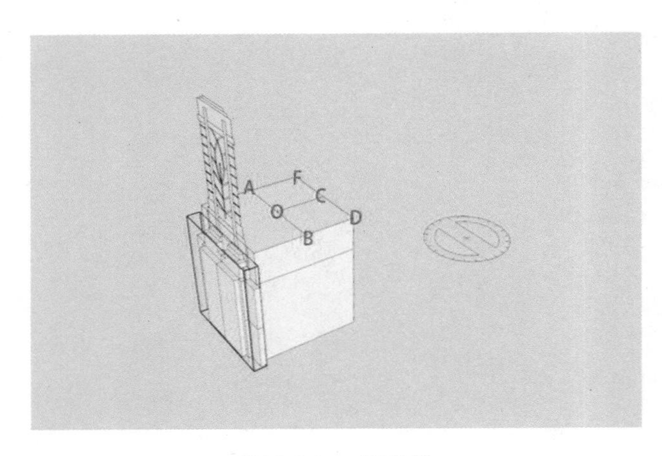

图 2-3-51　画直线

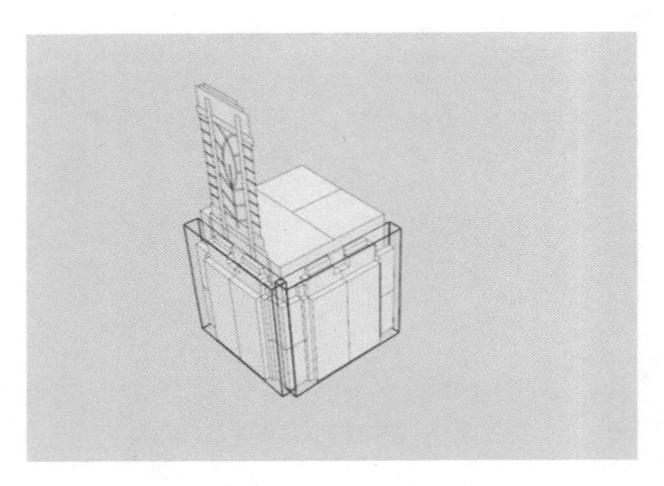

图 2-3-52　旋转灯柱

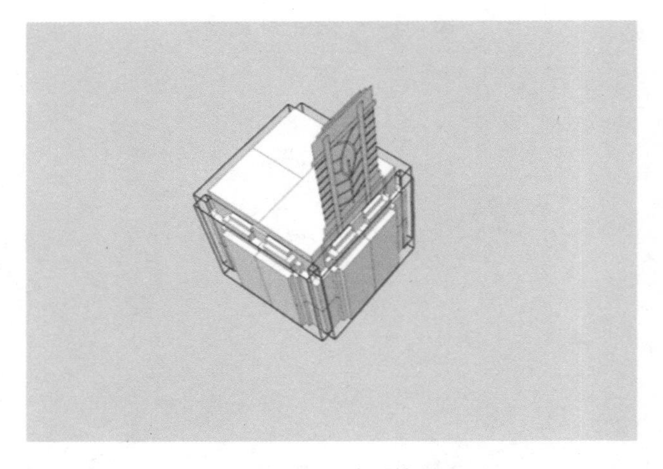

图 2-3-53　绘制结果

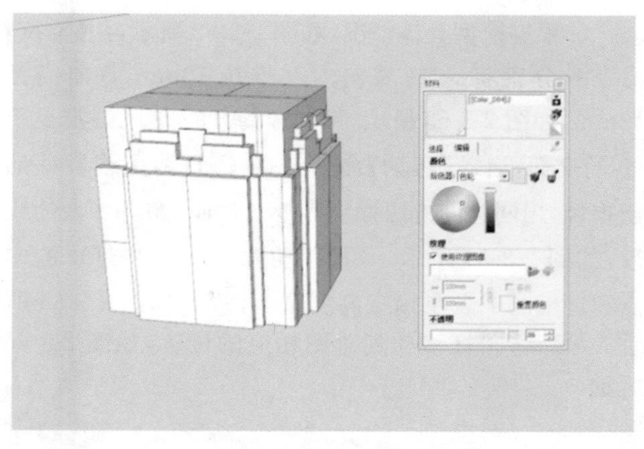

图 2-3-54 赋予材质

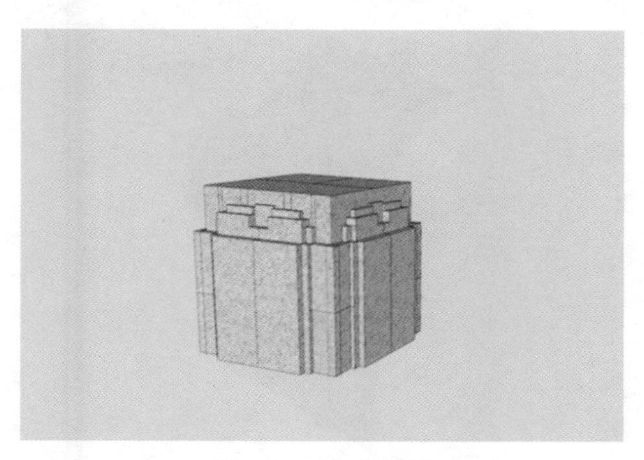

图 2-3-55 灯柱效果

③绘制灯罩。

a. 选中底图，双击选中灯罩部分，如图 2-3-56 所示。单击【移动】+【Ctrl】命令，退出底图，【Ctrl+V】命令，得到结果如图 2-3-57 所示。

图 2-3-56 选中灯罩

图 2-3-57 移动灯罩

b. 根据施工图尺寸，用【推拉】命令 分别将 1 号区域向外部推拉 40mm，将 2 号区域向外部推拉 10mm，将 3 号区域向外部推拉 10mm，将 4 号区域向外部推拉 10mm，将 5 号区域向外部推拉 30mm，将 6 号区域向外部推拉 10mm，将 7 号区域向内部推拉 5mm，将 8 号区域向内部推拉 10mm，将 9 号区域向内部推拉 50mm，最后将 1～9 号区域选中定义为组件，如图 2-3-58 所示。最终结果如图 2-3-59 所示。

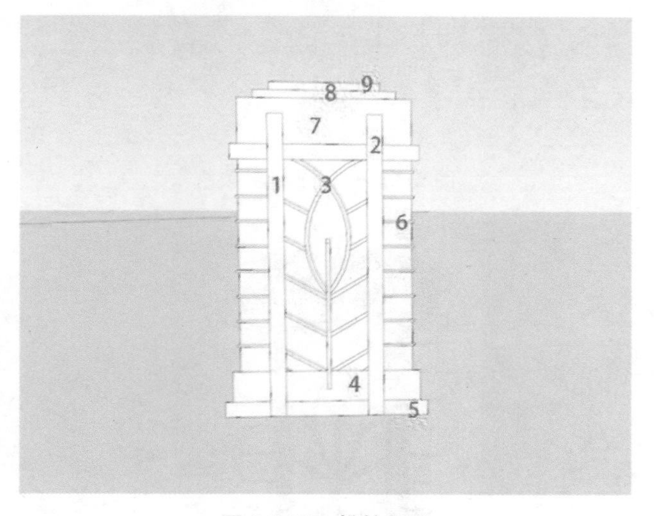

图 2-3-58 推拉灯罩

④赋予材质。

a. 单击【材质赋予】命令 ，选中 1～9 区域，赋予灰褐色颜色，如图 2-3-60 所示再选中灯罩壁区域，赋予材质颜色，使用【纹理贴图】，选光盘案例 2—操作素

图 2-3-59　灯罩推拉效果

材—SU 建模—材质贴图—灯壁罩贴图. jpg，结果如图 2-3-61 所示。

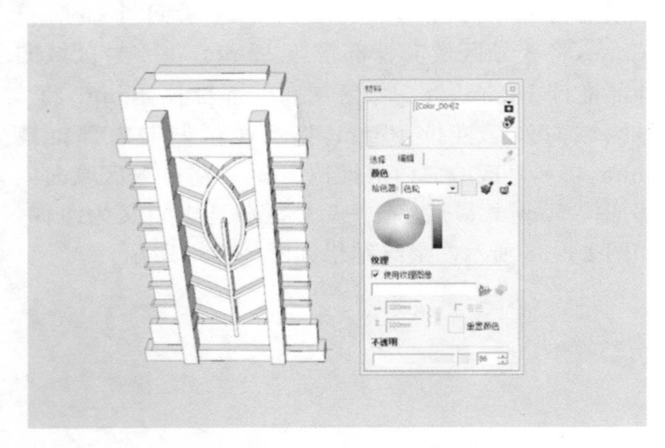

图 2-3-60　赋予材质颜色

图 2-3-61　灯罩贴图效果

b. 根据模型具体情况，如图 2-3-62 所示，用【推拉】命令分别将 A 区域向内部推拉 10mm，B 向内推 12mm，如图 2-3-63 所示，用同样的方法将 F、G 推至于 90°的交面，启动【移动】命令将 C、D 两条线段移动至重合，用同样的方法操纵其他 3 个面，删除多余的线段，如图 2-3-64 所示。用【移动】命令，将灯罩的中点和灯壁的中点在相应高度重合，效果如图 2-3-65 所示。最后将园灯移动到总图相应的位置，如图 2-3-66 所示。

图 2-3-62　推拉 A、B 区域

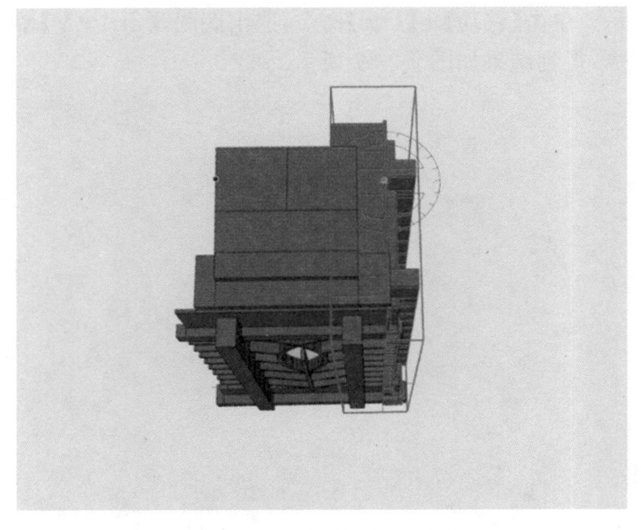

图 2-3-63　推拉 F、G 区域

图 2-3-64　删除多余线段

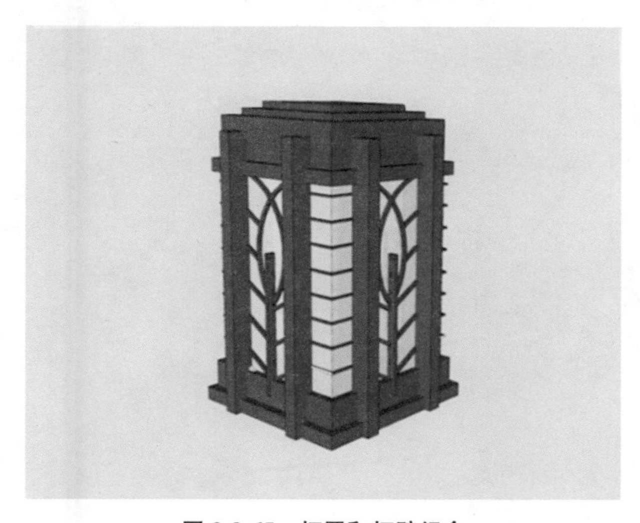

图 2-3-65　灯罩和灯壁组合

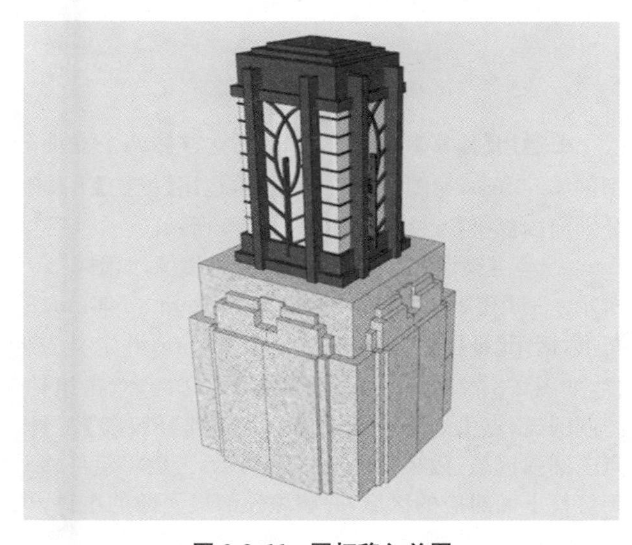

图 2-3-66　园灯移入总图

c. 新建园灯图层，如图 2-3-67 所示，在光盘案例 2—操作素材—SU 建模—灯 CAD 中导入灯. skp 的园灯模型。使用【移动】工具，将园灯移动到相对应的位置，如图 2-3-68 所示。

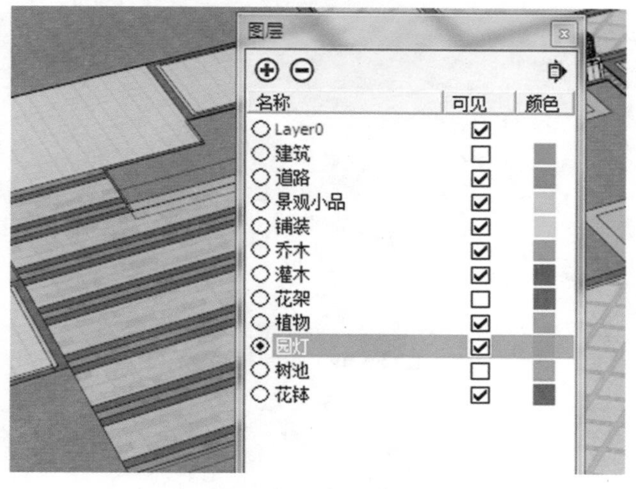

图 2-3-67　新建图层

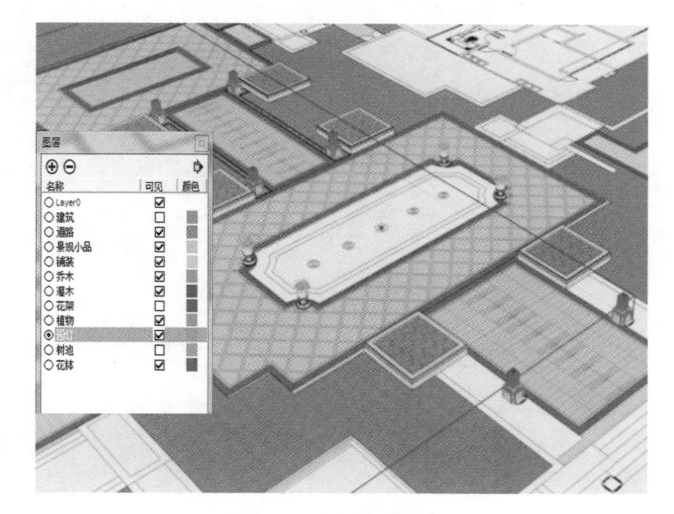

图 2-3-68　移动园灯

(4)花架

①绘制柱体。

a. 运用【矩形】工具，绘制 500mm×500mm 的矩形，如图 2-3-69 所示。使用【偏移】命令分别两次向内偏移 25mm 和 25mm，如图 2-3-70 所示。

b. 运用【推拉】工具，分别由内向外推拉 500mm，100mm，50mm，并分别创建组件，如图 2-3-71 所示。

图 2-3-69 绘制矩形

图 2-3-70 偏移

图 2-3-71 创建组件

c. 运用【圆弧】工具，双击底部长方体，进入编辑，绘制圆弧，如图 2-3-72 所示。运用【路径跟随】命令，选中长方体上表面，再点击刚绘制的圆弧面，得到结果如图 2-3-73 所示。

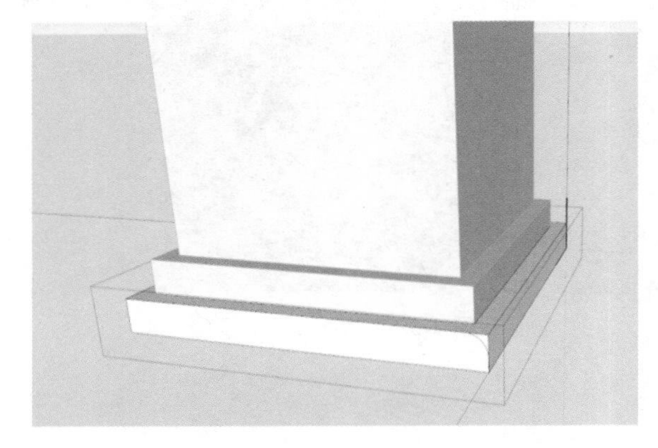

图 2-3-72 绘制圆弧

图 2-3-73 路径跟随

d. 运用【偏移】工具，将上部立方体四个立面分别偏移 50mm，如图 2-3-74 所示，再运用【推拉】工具分别向内部推拉 20mm，如图 2-3-75 所示。

e. 运用【镜像】工具，找到中线面镜像，如图 2-3-76 所示。运用【矩形】工具，绘制 500mm×500mm 的矩形，运用【推拉】工具向上推拉 50mm，并定义为组件，如图 2-3-77 所示。运用【圆弧】工具，双击组件，绘制圆弧，点击矩形上面的面，运用【路径跟随】工具，点击圆弧区域，效果如图 2-3-78 所示，最后将组件移动到灯柱上面对应的区域，并删除顶部最上部的组件，再运用【材质赋予】工具—赋予材质—纹理贴图—选择光

盘案例 2—操作素材—SU 建模—材质贴图—石砖贴图.jpg,如图 2-3-79 所示,最终结果如图 2-3-80 所示。

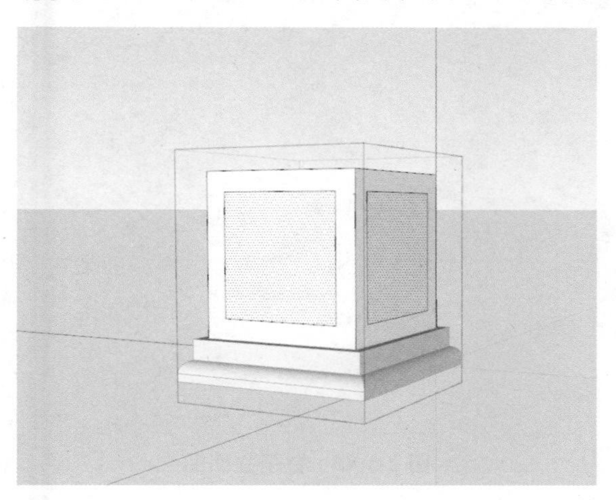

图 2-3-74　偏移

图 2-3-75　推拉

图 2-3-76　镜像

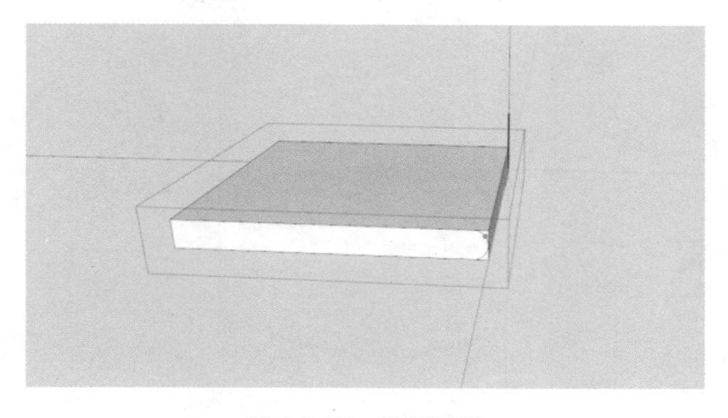

图 2-3-77　绘制矩形

图 2-3-78　绘制圆弧面

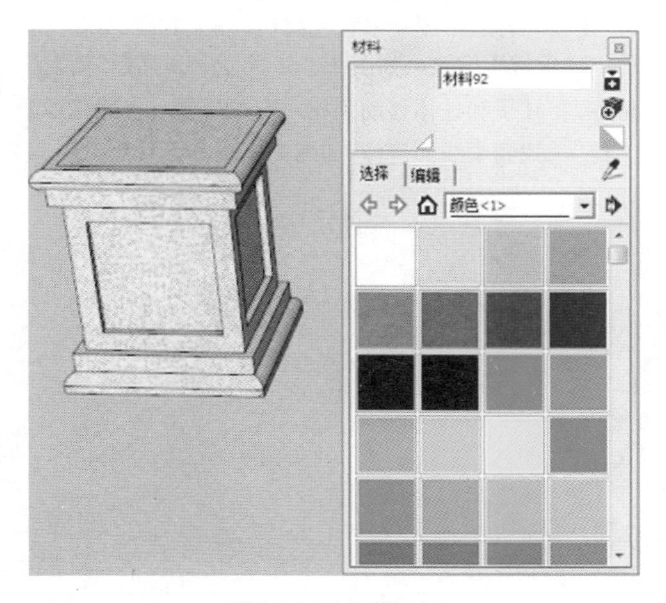

图 2-3-79　材质赋予

图 2-3-80　花架柱体

f. 从光盘案例 2—操作素材—SU 建模—花架 CAD 中导入柱子立面图. dwg，如图 2-3-81 和 2-3-82 所示。绘制中线，并删掉一半轮廓，如图 2-3-83 所示。在柱子上沿下方倒圆角，如图 2-3-84 所示。利用【圆】工具，在底部以柱子的半径绘制圆，选中圆面域，再运用【路径跟随】工具，点击柱立面面域，效果如图 2-3-85、图 2-3-86 所示。使用【材质赋予】工具，选中柱子，赋予材质—纹理贴图—光盘案例 2—操作素材—SU 建模—材质贴图—米黄色材质. jpg，如图 2-3-87 所示。赋予材质后效果如图 2-3-88 所示。运用【移动】工具，将柱子和柱体移动到相对应的位置，运用【镜像】工具，找到中线面镜像，如图 2-3-89 所示。

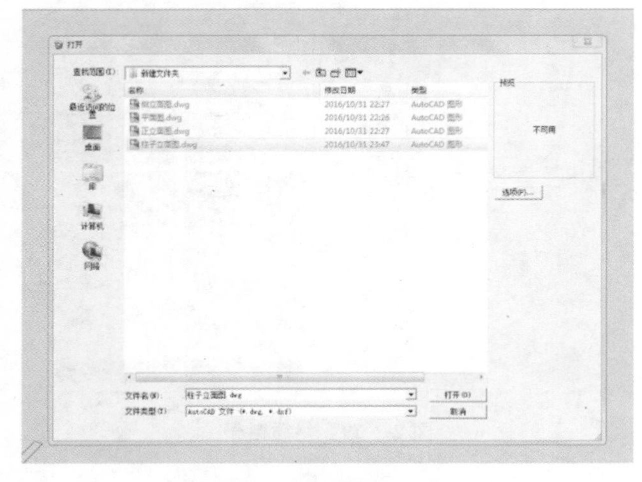

图 2-3-81　导入柱子立面图

图 2-3-82　柱子立面图

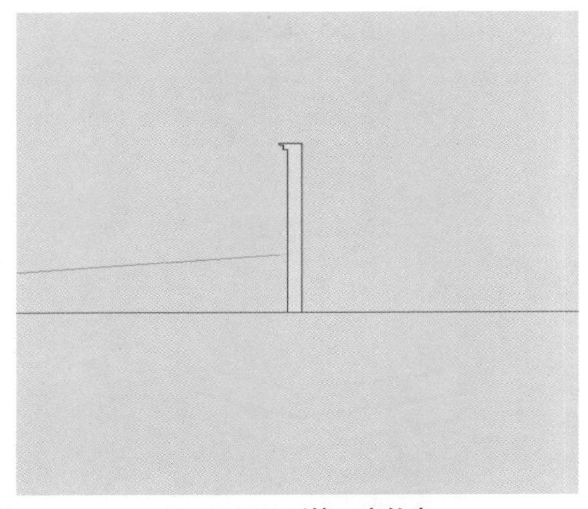

图 2-3-83　删掉一半轮廓

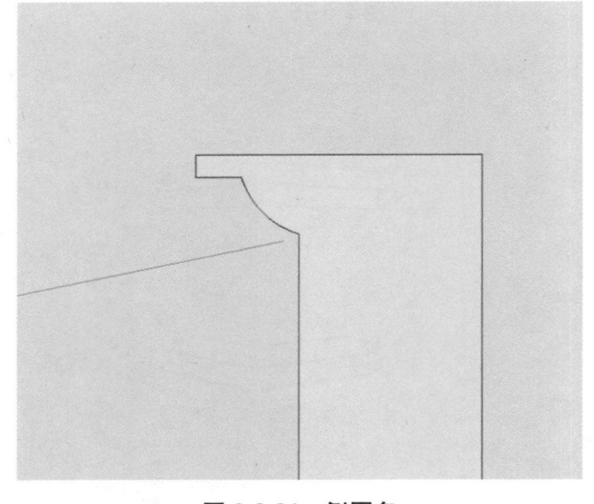

图 2-3-84　倒圆角

图 2-3-85　绘制图

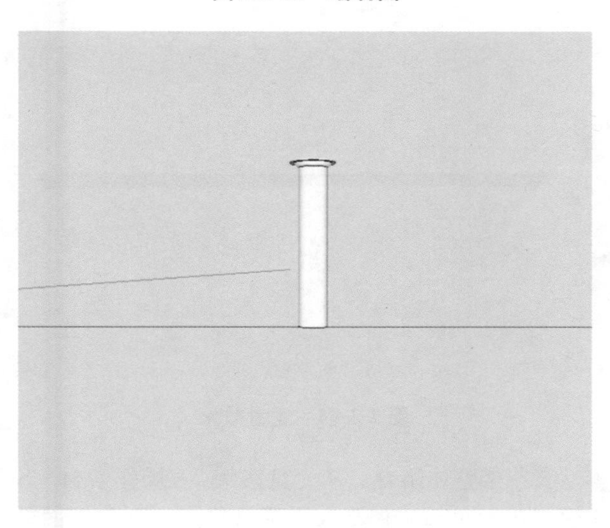

图 2-3-86　路径跟随

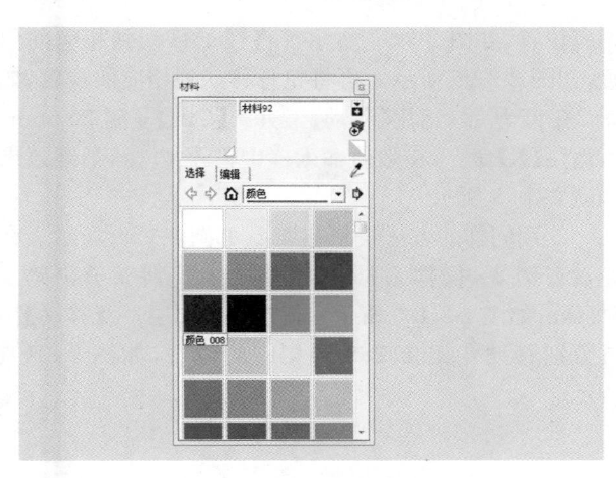

图 2-3-87　赋予材质

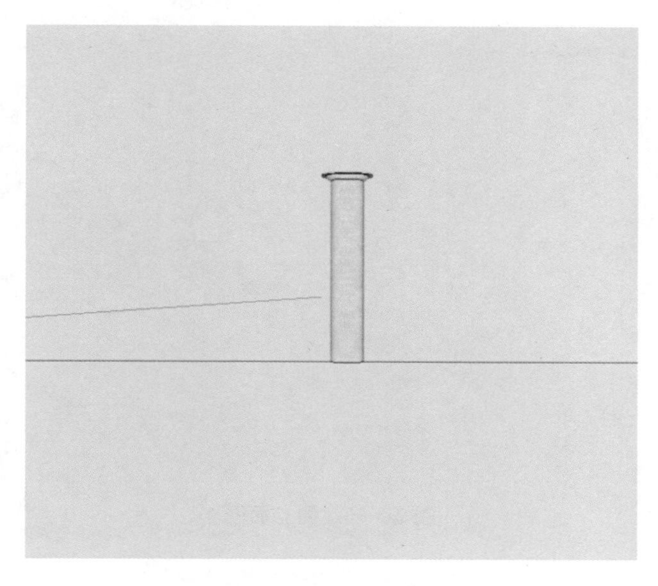

图 2-3-88　灯柱效果

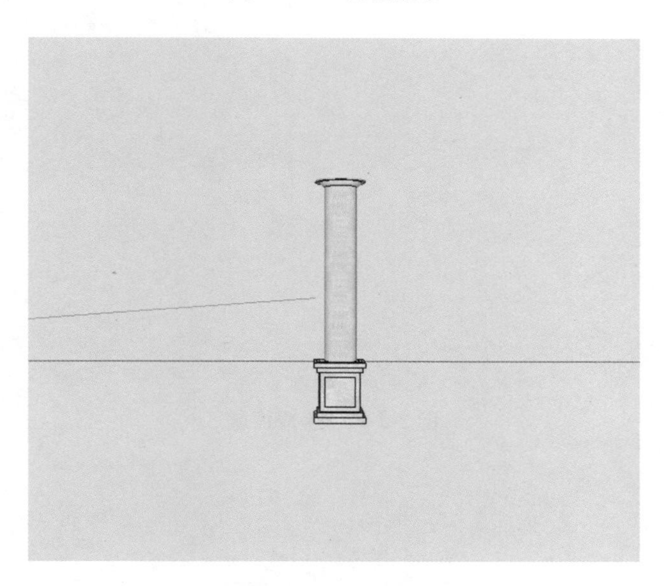

图 2-3-89　柱子与柱体合并

g. 打开光盘案例 2—操作素材—SU 建模—花架 CAD—侧立面图. dwg，导入花架龙骨 CAD 立面图，如图 2-3-90 所示。运用【面域生成】工具，生成面域，如图 2-3-91 所示。用同样的方法绘制龙骨并赋予材质，如图 2-3-92 和图 2-3-93 所示。最终绘制完成效果如图 2-3-94 所示。

图 2-3-90　侧立面图

图 2-3-91　生成面域

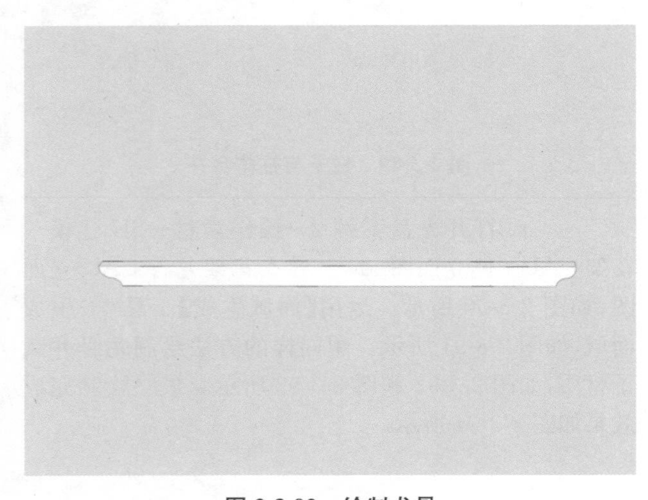

图 2-3-92　绘制龙骨

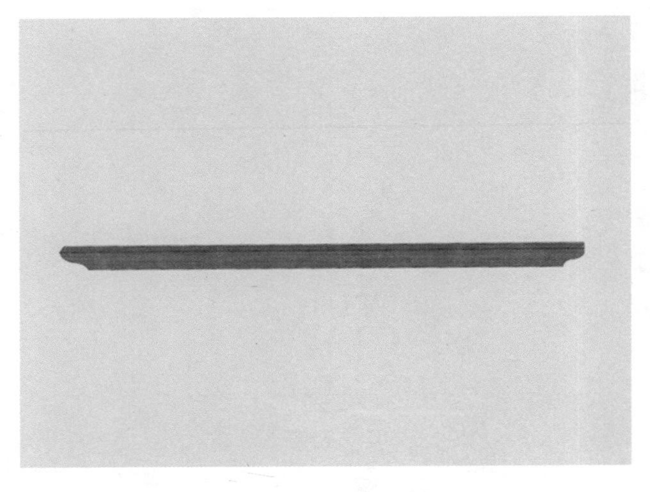

图 2-3-93　赋予材质

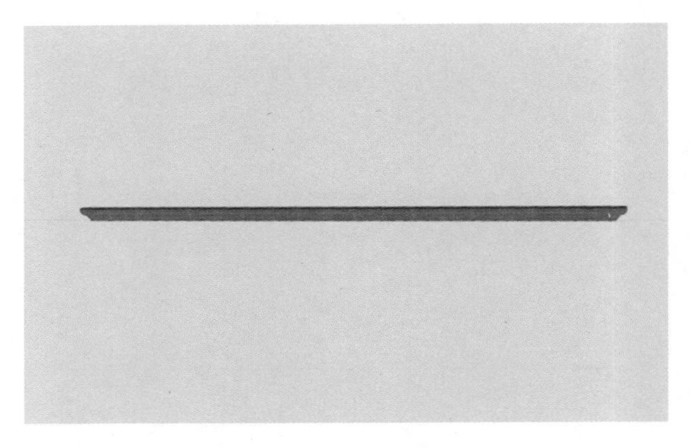

图 2-3-94　龙骨效果

②花架整体组合。从光盘案例 2—操作素材—SU 建模—花架 CAD 中导入平面图. dwg 和正立面图. dwg，用【旋转】工具选中正立面图，旋转 90°，并移动到相应位置，如图 2-3-95 所示。将柱子移动到相应的位置，如图 2-3-96 所示。再将龙骨移动到相应的位置，如图 2-3-97 所示，运用【移动】工具+【Ctrl】复制 200mm，再运用【X】命令，在数值输入框中输入 40 个，最终效果如图 2-3-98 所示。

③用同样的方法绘制花架 2，如图 2-3-99 所示。在光盘案例 2—操作素材—SU 建模中找到亭子花架素材. skp，如图 2-3-100 所示。新建花架图层，用【移动】工具分别移动花架 1、2、3 到相应的位置，如图 2-3-101 所示。

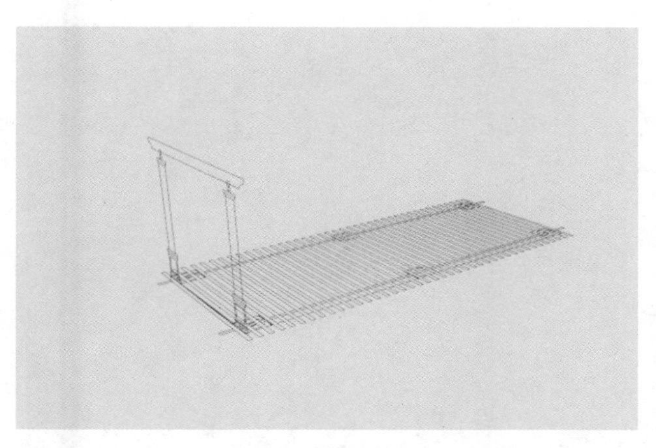

图 2-3-95　导入平面图和正立面图

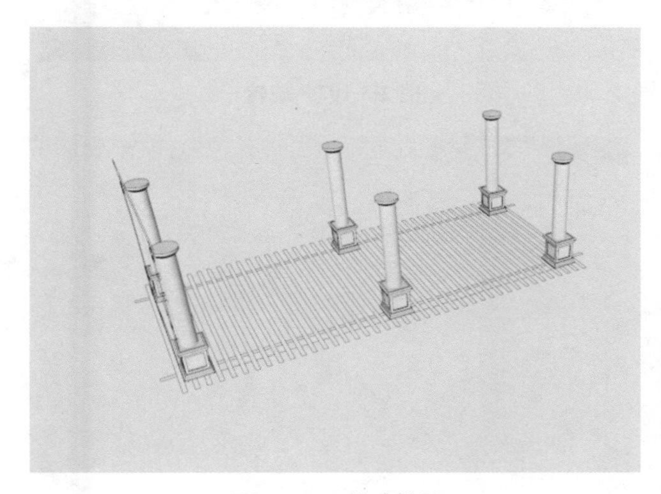

图 2-3-96　移动柱子

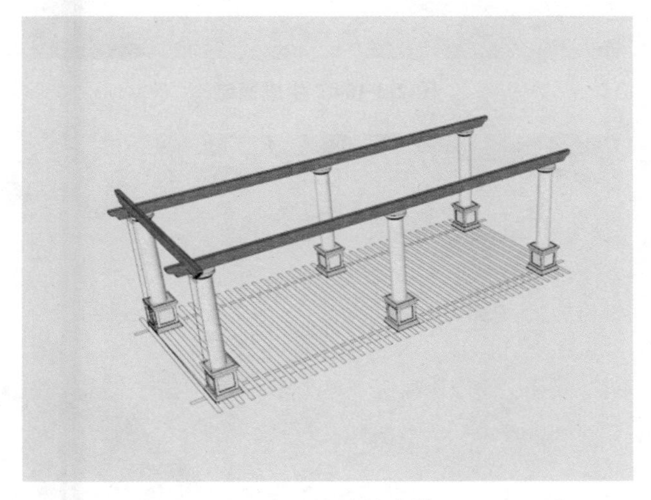

图 2-3-97　移动龙骨

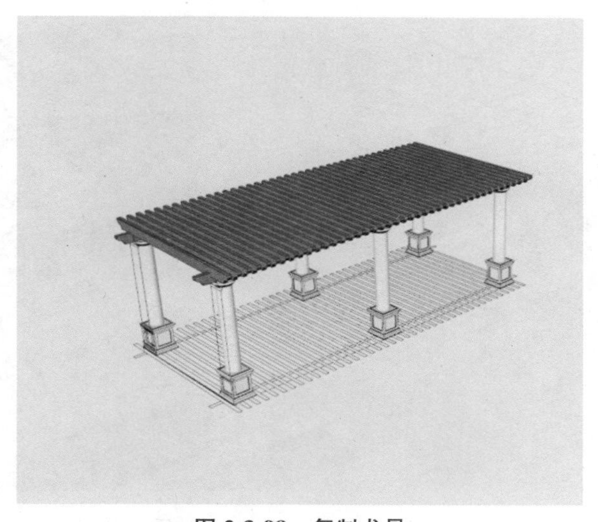

图 2-3-98　复制龙骨

图 2-3-99　绘制花架 2

图 2-3-100　亭子花架素材

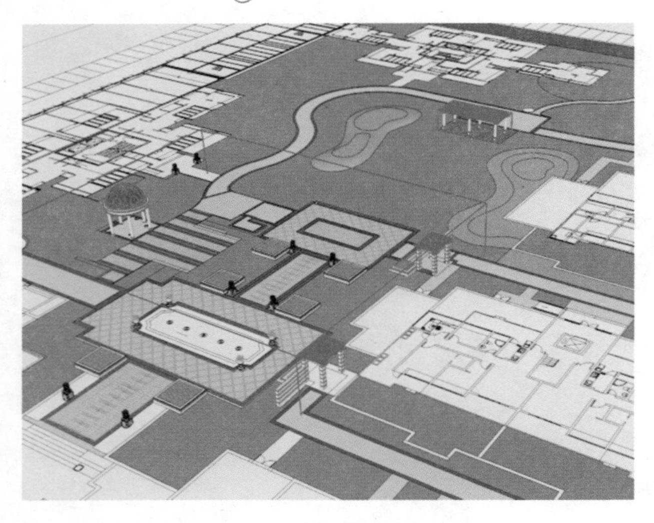

图 2-3-101 将花架移入总图

(5)水池

①打开光盘案例 2—操作素材—SU 建模—水池壁剖面图. dwg,导入水池壁断面图,如图 2-3-102 所示。运用【旋转】工具,旋转 90°,如图 2-3-103 所示。选中图线,运用【面域生成】工具生成面域,如图 2-3-104 所示。再删除多余的线段,如图 2-3-105 所示。

②选中水池壁内部边线面域,运用【路径跟随】工具点击剖面面域,生成水池模型,再运用【推拉】工具将水池水的部分向上推 400mm,如图 2-3-106 所示,新建水池图层,如图 2-3-107 所示,花卉部分向上推拉 300mm,如图 2-3-108 所示。

图 2-3-102 导入素材

图 2-3-103 旋转

图 2-3-104 生成面域

图 2-3-105 删除多余线段

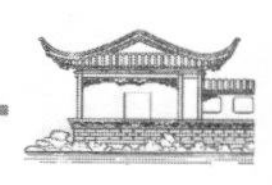

图 2-3-106　推拉水池中的水

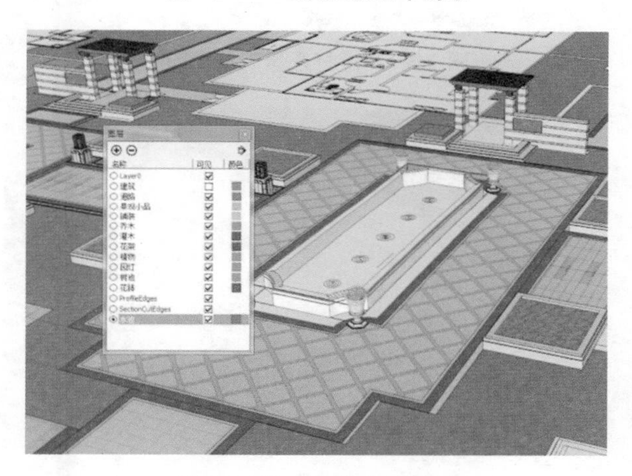

图 2-3-107　新建水池图层

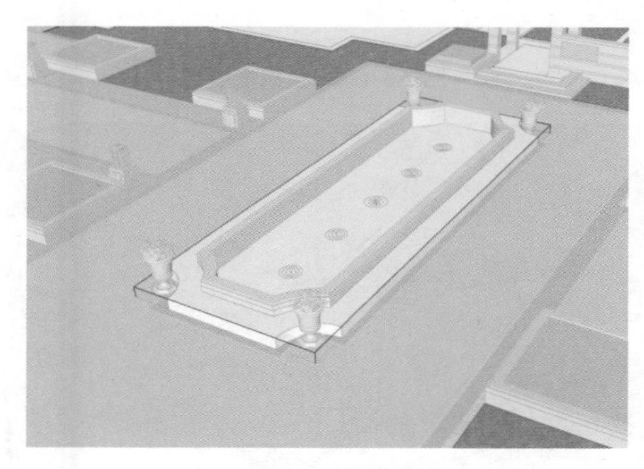

图 2-3-108　推拉花卉部分

③运用【材质】工具，分别赋予选中水池壁材质，纹理大小为 500mm×400mm；水材质（从光盘案例 2—操作素材—SU 建模—材质贴图中找到水纹贴图.jpg），纹理大小为 1600mm×1600mm；花卉材质（从光盘案例 2—操作素材—SU 建模—材质贴图中找到花卉贴图.jpg），纹理大小为 500mm×500mm。如图 2-3-109、图 2-3-110、图 2-3-111 所示，最终效果如图 2-3-112 所示。

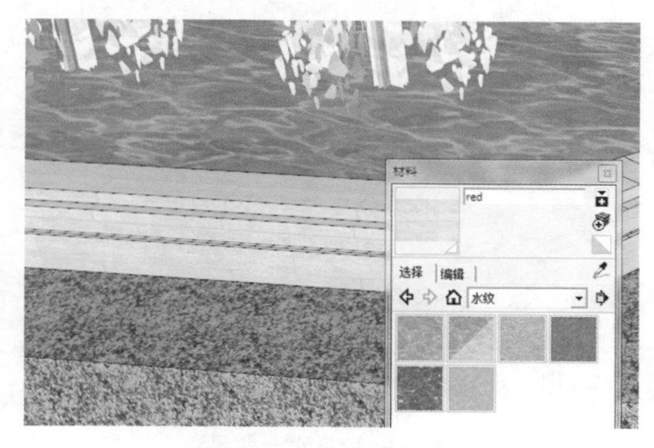

图 2-3-109　水池壁材质

图 2-3-110　水材质

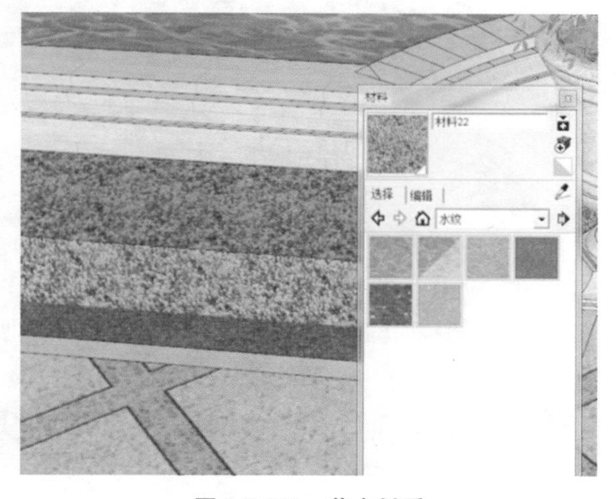

图 2-3-111　花卉材质

图 2-3-112　水池效果

④打开光盘案例 2—操作素材—SU 建模—喷泉素材.skp,导入喷泉组件,运用【移动】工具将喷泉移动到相对应的位置,最终效果如图 2-3-113 所示。

图 2-3-113　喷泉效果

(6)梯步

打开光盘案例 2—操作素材—SU 建模—景观平面图 0928,运用【旋转】工具,旋转 90°,如图 2-3-114 所示。选中图线,用【面域生成】工具生成面域,如图 2-3-115 所示,再删除多余的线段。通过【推拉】工具拉出路缘石的造型,如图 2-3-116 所示。运用【材质】工具给路缘石的铺装赋予材质,如图 2-3-117 所示,再补齐楼梯部分的材质,如图 2-3-118 所示,最后完成所有材质赋予,效果如图 2-3-119 所示。

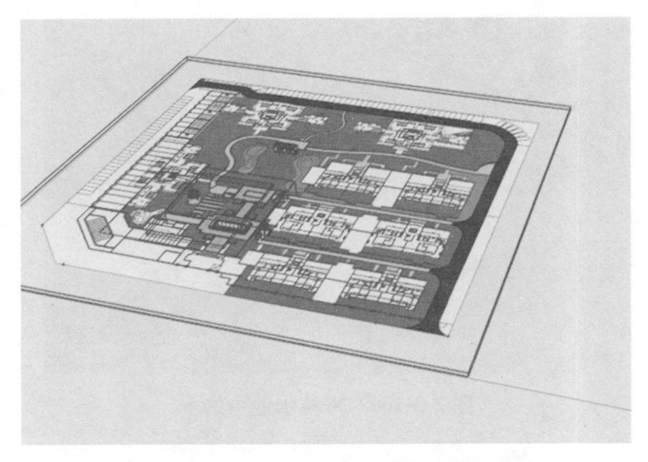
图 2-3-114　打开景观平面图

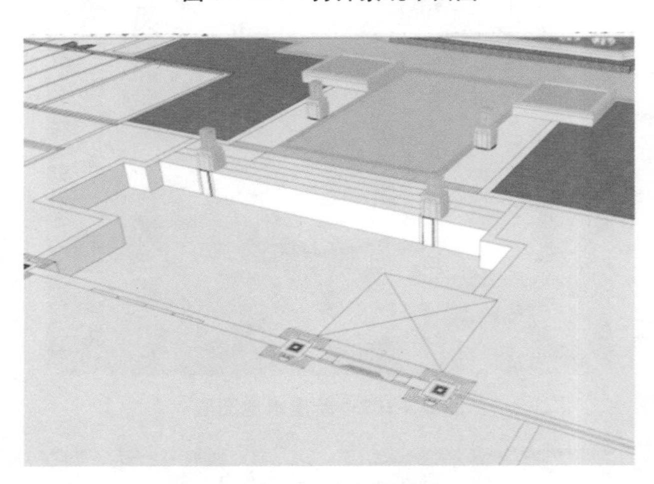
图 2-3-115　生成面域

图 2-3-116　推拉

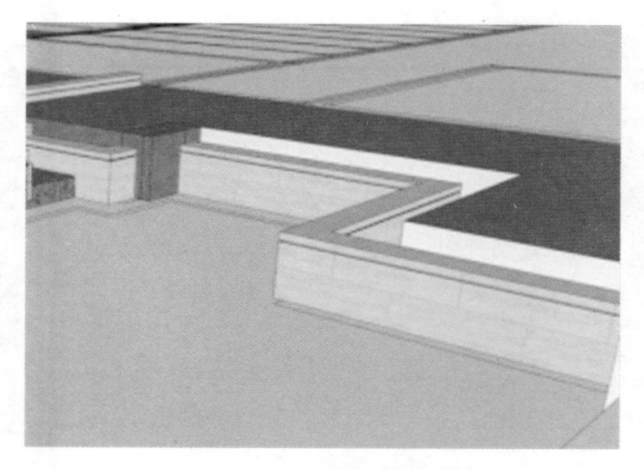

图 2-3-117　赋予路缘石材质

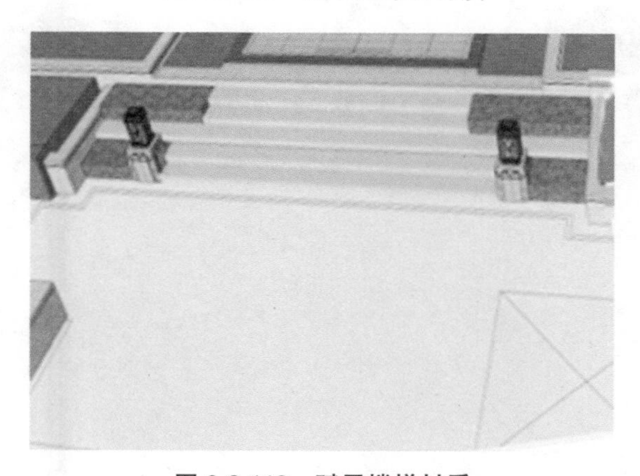

图 2-3-118　赋予楼梯材质

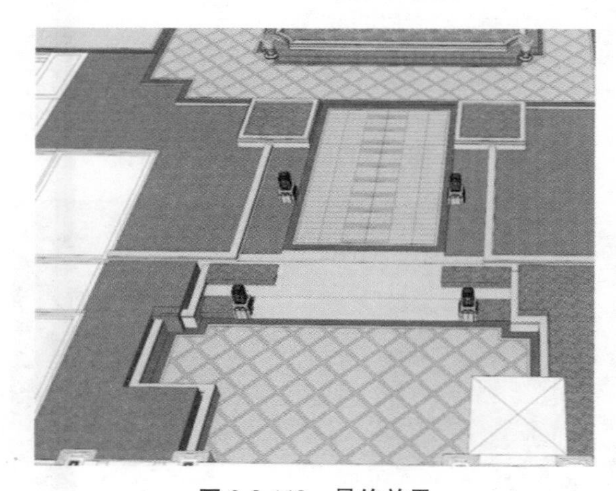

图 2-3-119　最终效果

3.2.3　栽植植物

①双击 Adobe Photoshop CC 2015，如图 2-3-120 所示。运用【Ctrl＋O】打开光盘案例 2—操作素材—SU 建模—材质贴图中的乔木素材，单击【魔棒】工具取消勾选【连续】，并将容差值调小，如图 2-3-121 所示。点击蓝色区域，如图 2-3-122 所示，按【Delete】删除选择区域，再按【Ctrl＋D】取消选区，如图 2-3-123 所示。通过按【Ctrl＋S】保存到光盘案例 2—操作素材—SU 建模—材质贴图文件夹，保存名为大乔木，格式为 PNG 格式，如图 2-3-124 所示。

图 2-3-120　软件图标

图 2-3-121　魔棒工具

图 2-3-122　点击蓝色区域

图 2-3-123　删除选择区域

②打开 SketchUp 场景模型，如图 2-3-125 所示，运用【矩形】工具，绘制 5000mm×700mm 的矩形，全选矩形定义为群组，如图 2-3-126 所示。运用【旋转】工具将该组件沿 X 轴旋转“90°”，如图 2-3-127 所示。通过【材质】工具给该矩形赋予“自定义色彩红色”材质，如图 2-3-128 所示。进入【材质】的【编辑】命令，在【纹理贴图】中选择之前保存的乔木.PNG，如图 2-3-129 所示。编辑树木纹理图案，如图 2-3-130 所示。调整树木材质到合适的大小，如图 2-3-131 所示，补充所有素材，最终效果如图 2-3-132 所示。

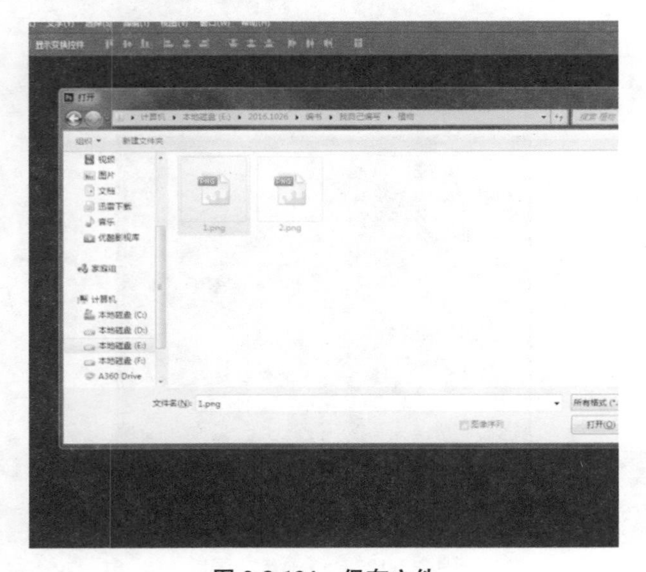

图 2-3-124　保存文件

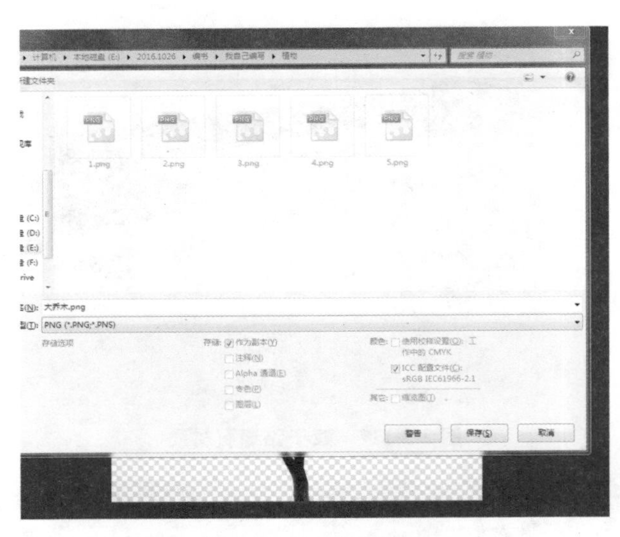

图 2-3-125　打开模型

图 2-3-126　绘制矩形

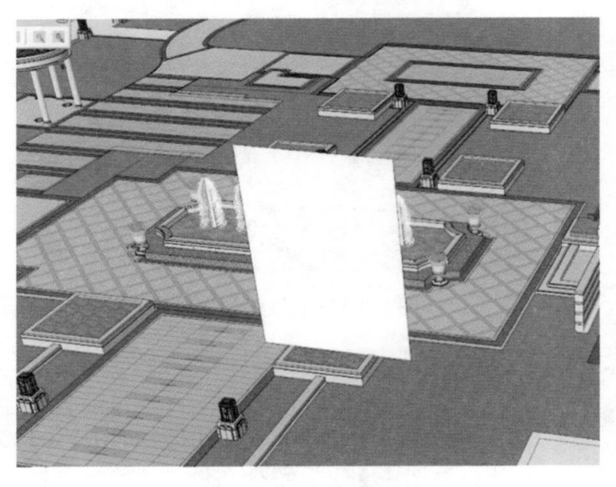

图 2-3-127　旋转矩形

图 2-3-128　赋予材质

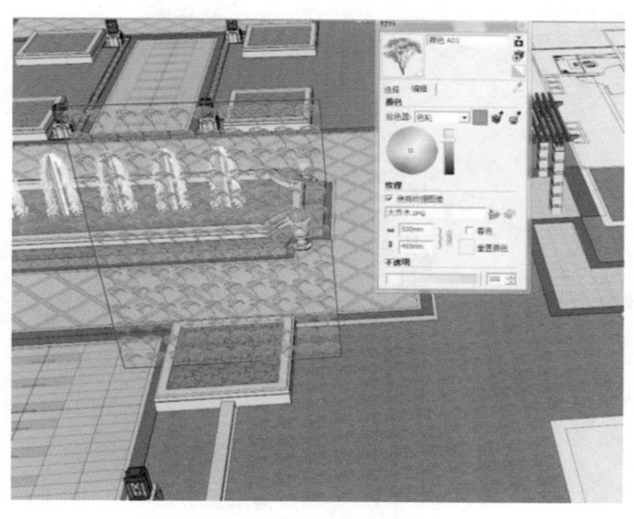

图 2-3-129　编辑材质

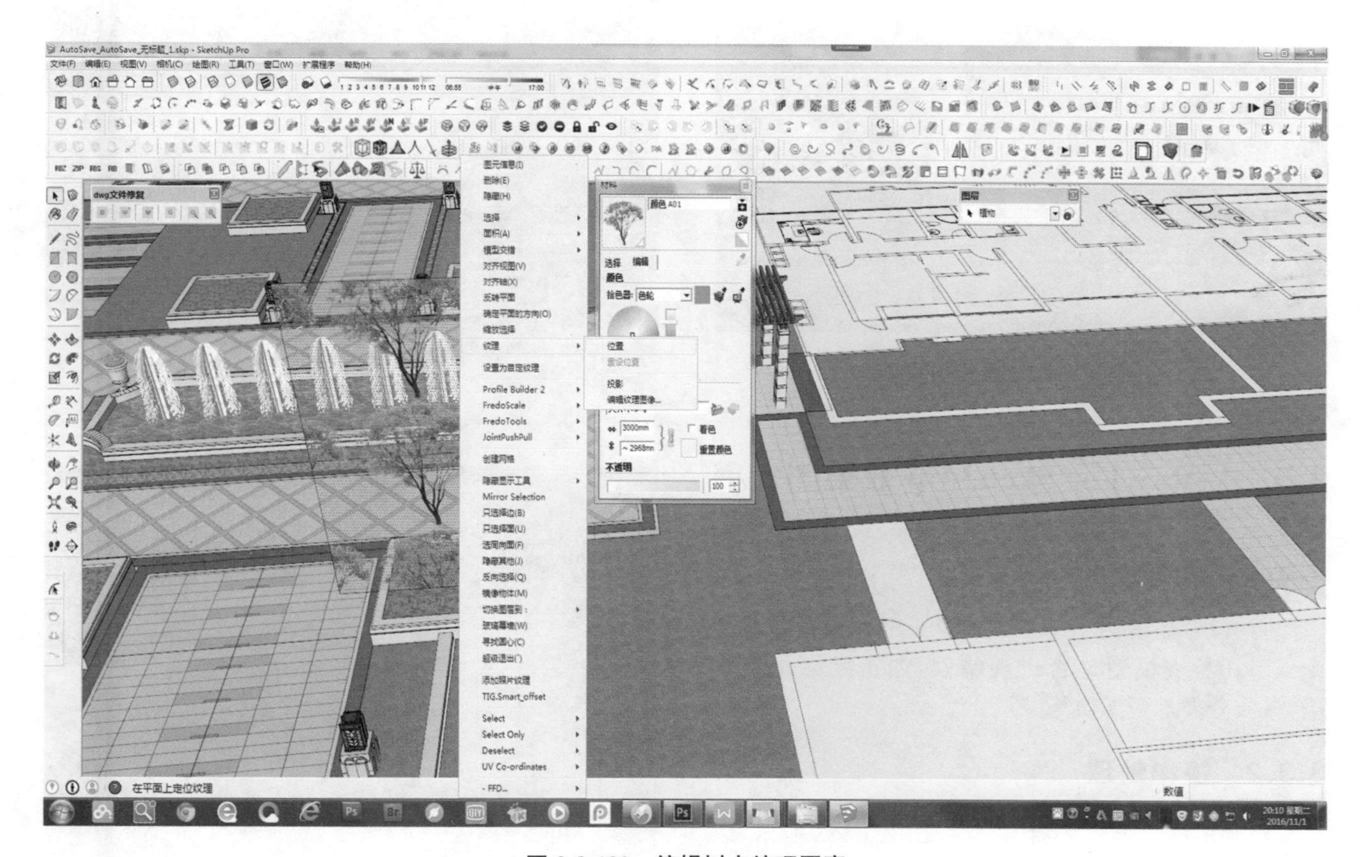

图 2-3-130　编辑树木纹理图案

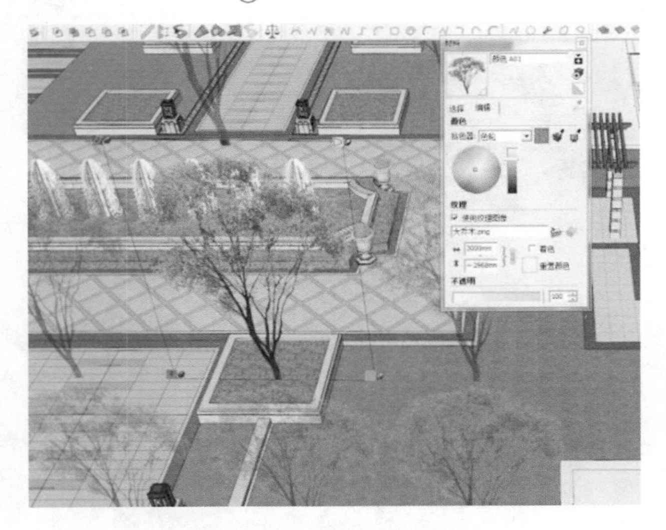

图 2-3-131　调整树木大小

图 2-3-132　最终效果

3.3　V-Ray For SketchUp 效果图表现

3.3.1　场景检查

打开光盘案例 2—操作素材—SU 建模中模型 logo. skp，检查模型是否出现错误，如正反面是否正确、材质分类是否无误等。

3.3.2　植物处理

隐藏植物图层和人物图层，如图 2-3-133 所示，最终效果如图 2-3-134 所示。如前面说到的方法，继续给场景补充植物，如图 2-3-135 所示。从光盘案例 2—操作素材—VR 渲染中导入灌木素材. skp，如图 2-3-136 所示。（若为节省内存，可以先用 VR 工具箱保存 VR 代理模型文件，然后在 VR 工具箱中再行导入）如图 2-3-137、图 2-3-138 所示，最终效果如图 2-3-139 所示。

图 2-3-133　隐藏图层

图 2-3-134　隐藏效果

图 2-3-135　补充植物

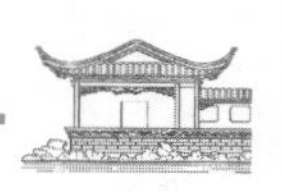

图 2-3-136　导入素材

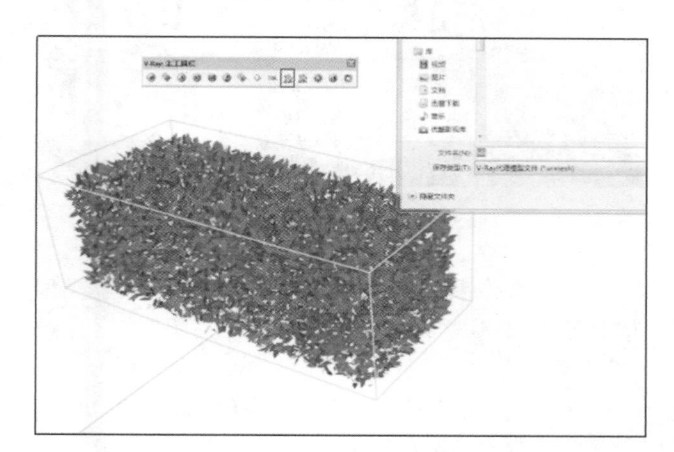

图 2-3-137　保存 VR 代理模型文件

图 2-3-138　导入素材

图 2-3-139　最终效果

3.3.3　构图设置

①打开光盘案例 2—操作素材—SU 建模中模型 logo. skp，如图 2-3-140 所示，选择一个合适的角度，然后执行【镜头—两点透视】菜单命令，视角角度设置为 45°，如图 2-3-141 所示，最终效果如图 2-3-142 所示。

图 2-3-140　打开模型

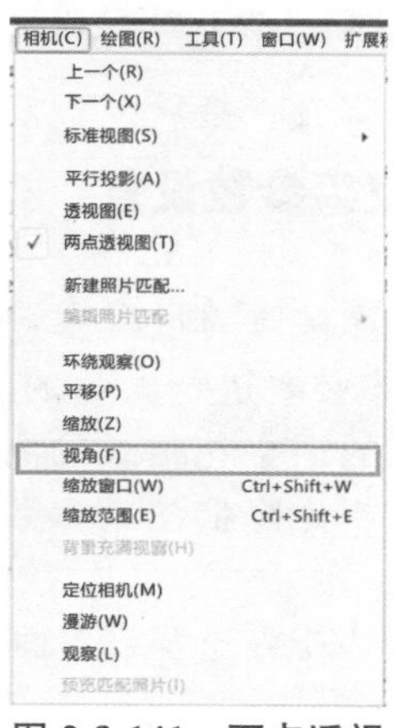

图 2-3-141　两点透视

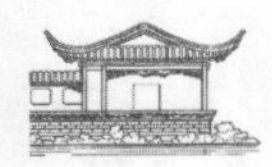

图 2-3-142　透视效果

②执行【窗口—场景】菜单命令，打开场景管理器，然后单击【添加场景】按钮为其添加场景。

3.3.4　阴影参数设置

①当确定好视图角度以后，打开“阴影设置”面板，然后调整阴影的角度到合适位置，如图 2-3-143 所示。

②用鼠标右键单击【页面标签】，然后在弹出的快捷菜单中执行【更新】命令，接着在弹出的“警告”—场景和样式对话框中勾选“不做任何事情，保存更改”选项，最后单击【更新场景】按钮。

图 2-3-143　调整阴影

3.3.5　测试渲染参数设置

在布光与设置材质的过程中，一般是按照主导次的顺序，这样势必要进行大量的测试渲染。如果渲染参数都很高的话会花很长的测试时间，也没有必要。所有我们要先降低渲染参数，来缩短测试的时间。

①单击【打开 V-Ray 选择设置面板】按钮，弹出渲染设置模板，如图 2-3-144 所示。

②在“全局开关”卷展栏中进行参数设置。因为这里对灯光的测试渲染并不需要反射和折射效果，所以将“反射/折射”暂时关闭，如图 2-3-145 所示；按照惯例，还应激活“覆盖材质颜色”选项，给出一个适当的灰度值，如图 2-3-146 所示。

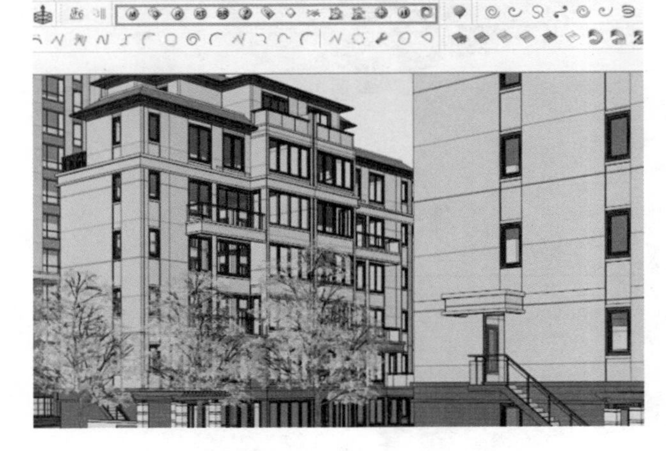
图 2-3-144　渲染设置横板

③在“图像采集器”卷展栏中选择图像采集器类型为“固定比率”，这样速度更快，然后关闭“抗锯齿过滤”，如图 2-3-147 所示。

④为了不让测试效果产生太多的黑斑和噪点，在“纯蒙特卡罗（DMC）采样器”设置面板中将“最少采样”提高到 12，其他参数全部保持默认值即可，如图 2-3-148 所示。

⑤颜色映射，也就是平时所说的曝光方式，因为它与场景的特点有很大的关系，需要根据实际情况具体设置，这次设置如图 2-3-149 所示。

⑥为了尽可能地提高渲染测试速度，本次测试输入一个比较小的尺寸，具体参数如图 2-3-150 所示。

⑦对于间接照明的设置，将“发光贴图”和“灯光缓存”都设定为相对比较低的数字，修改“环境参数”，具体参数如图 2-3-151、图 2-3-152、图 2-3-153 和图 2-3-154 所示。

⑧点击【渲染】命令，效果如图 2-3-155 所示。

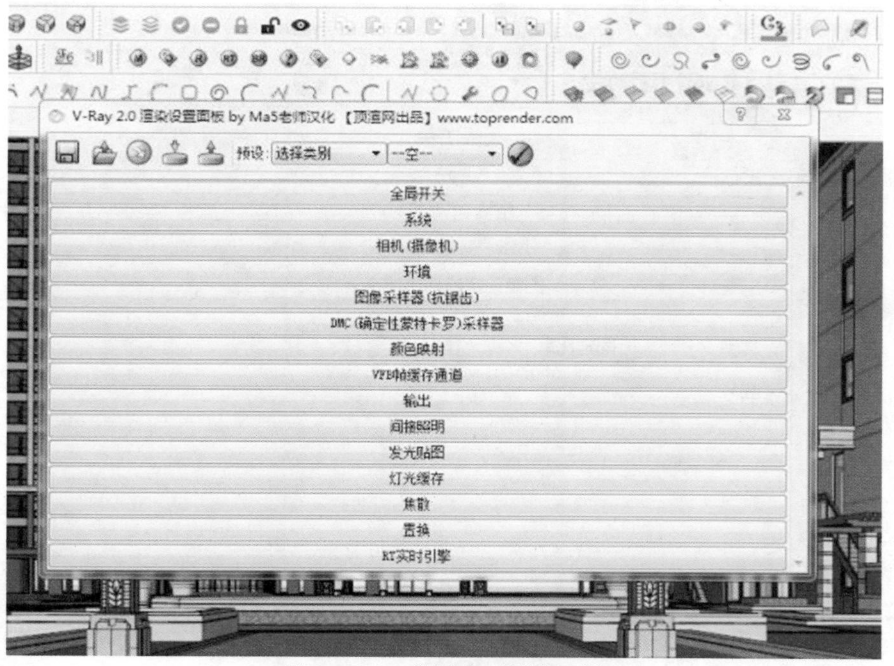

图 2-3-145　“全局开关”卷展栏

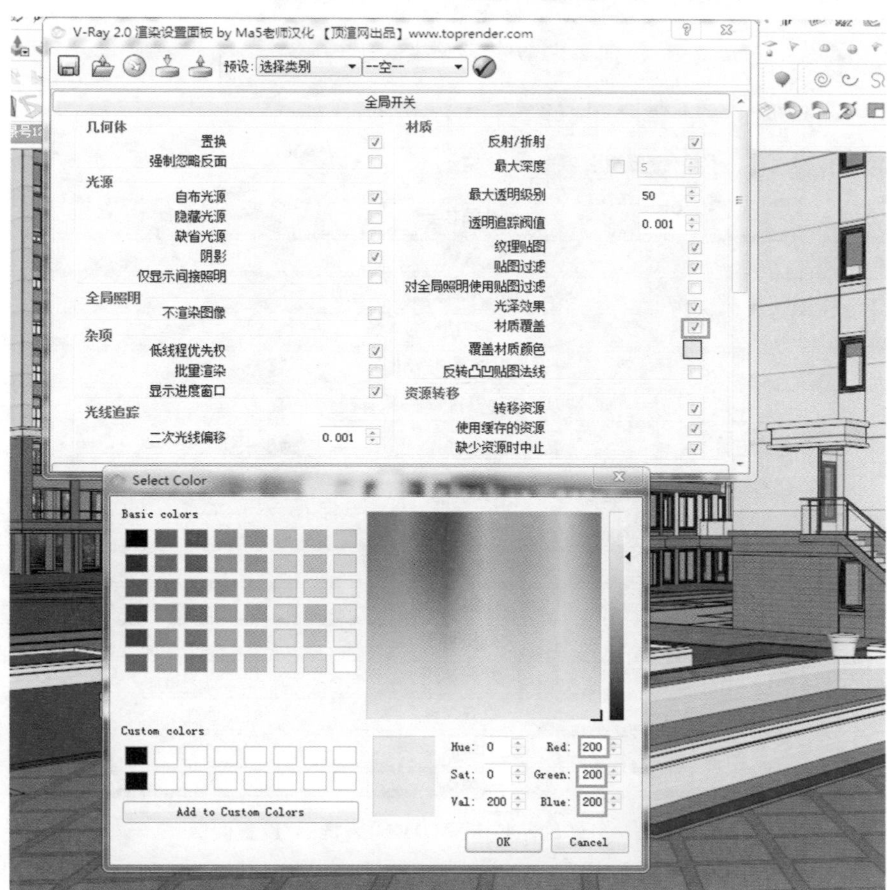

图 2-3-146　激活“覆盖材质颜色”选项

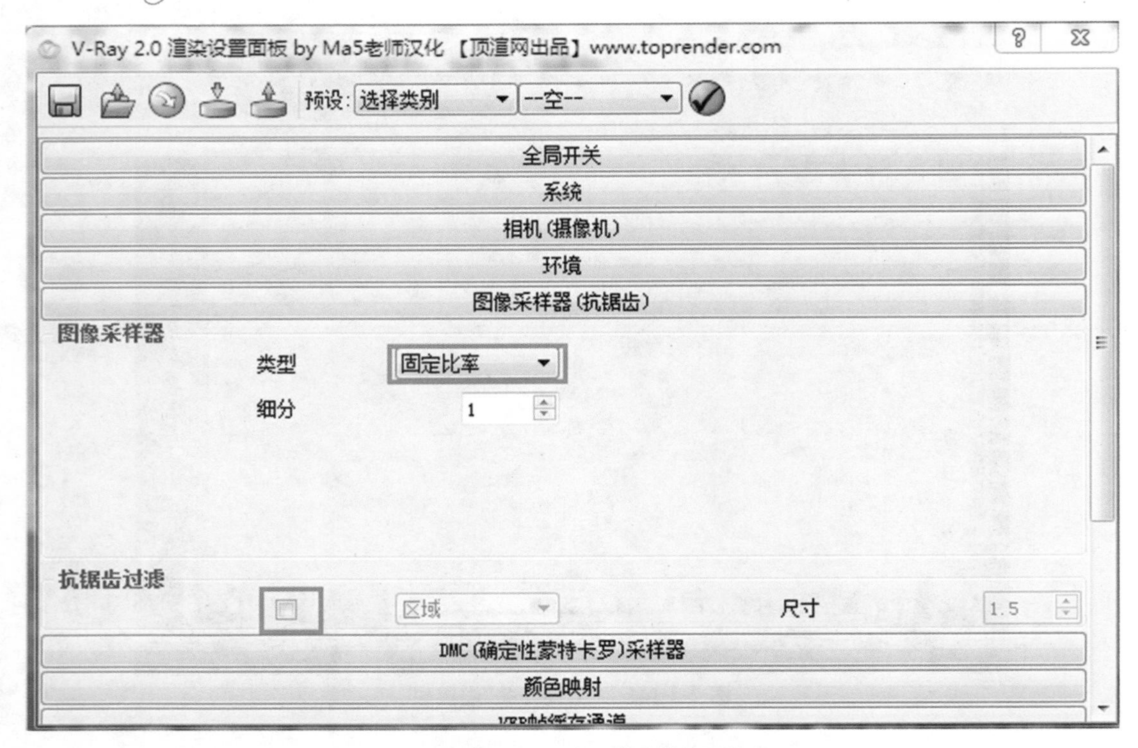

图 2-3-147 “图像采集器”卷展栏

图 2-3-148 “纯蒙特卡罗(DMC)采样器”设置面板

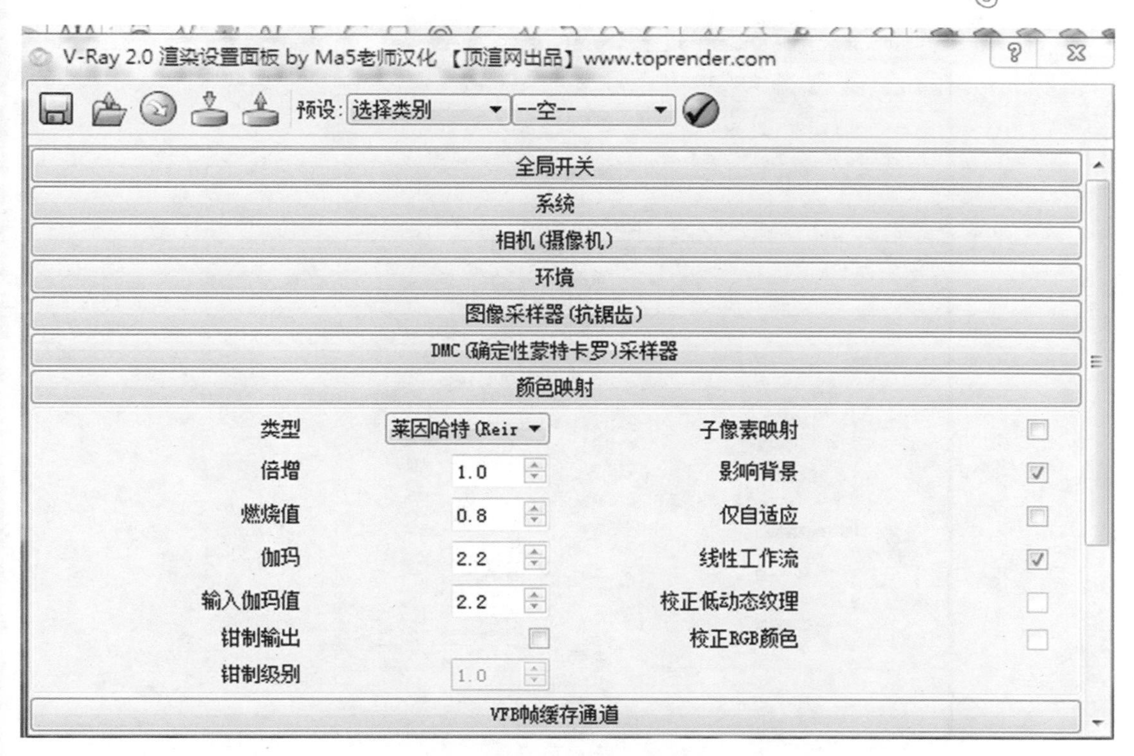

图 2-3-149　颜色映射设置

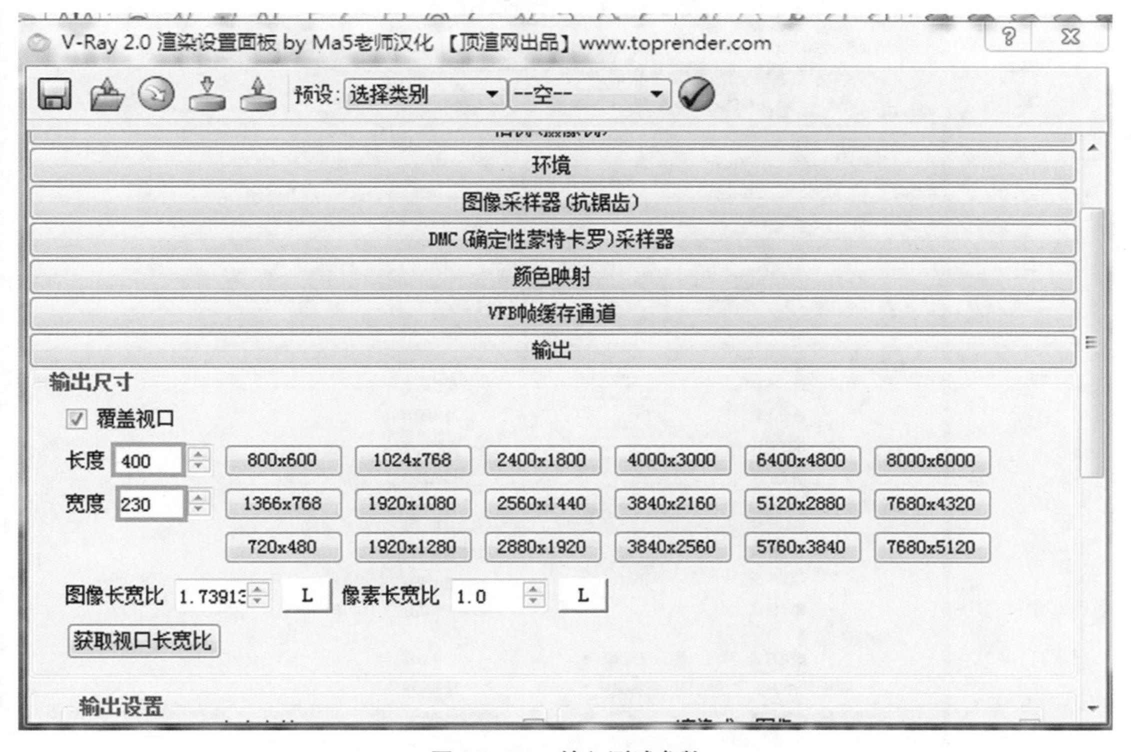

图 2-3-150　输入测试参数

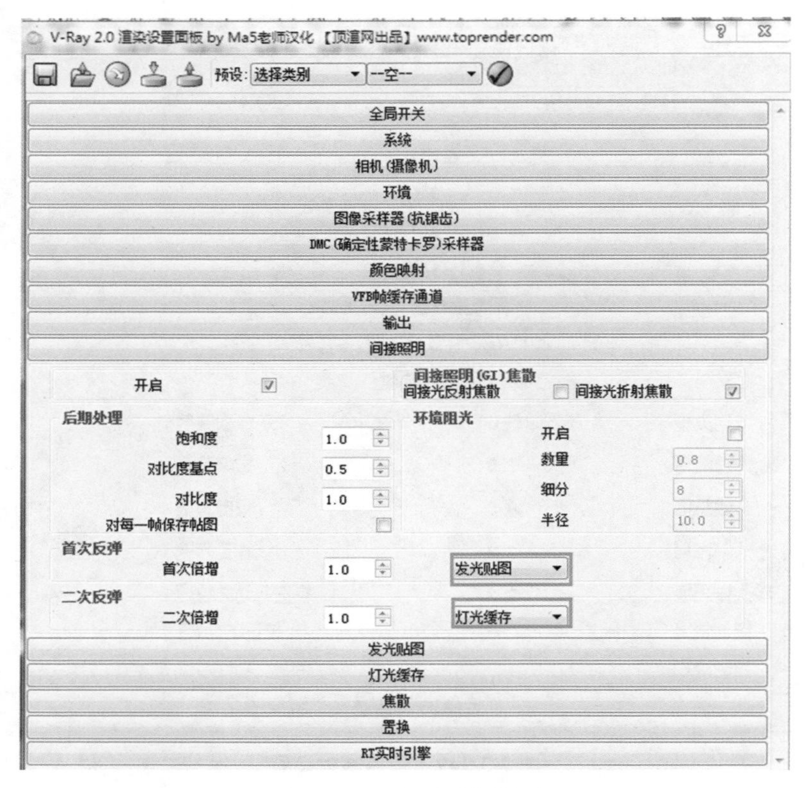

图 2-3-151　间接照明设置

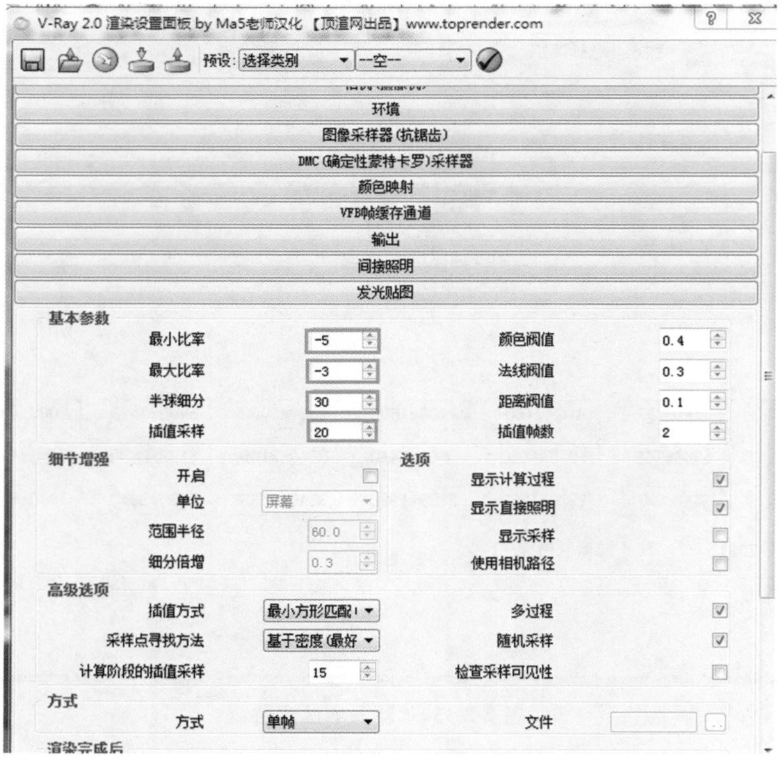

图 2-3-152　发光贴图设置

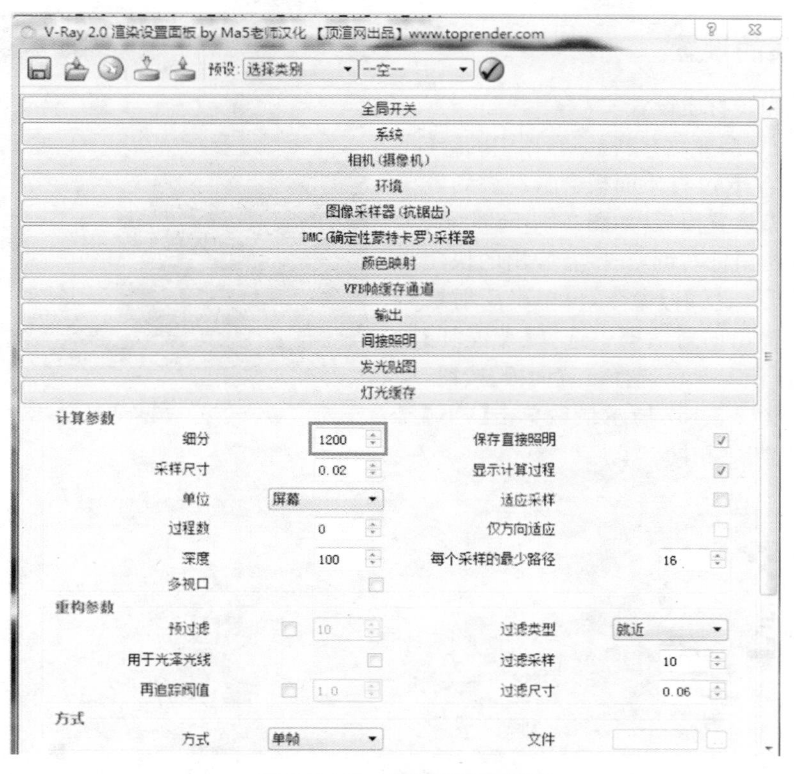

图 2-3-153　灯光缓存设置

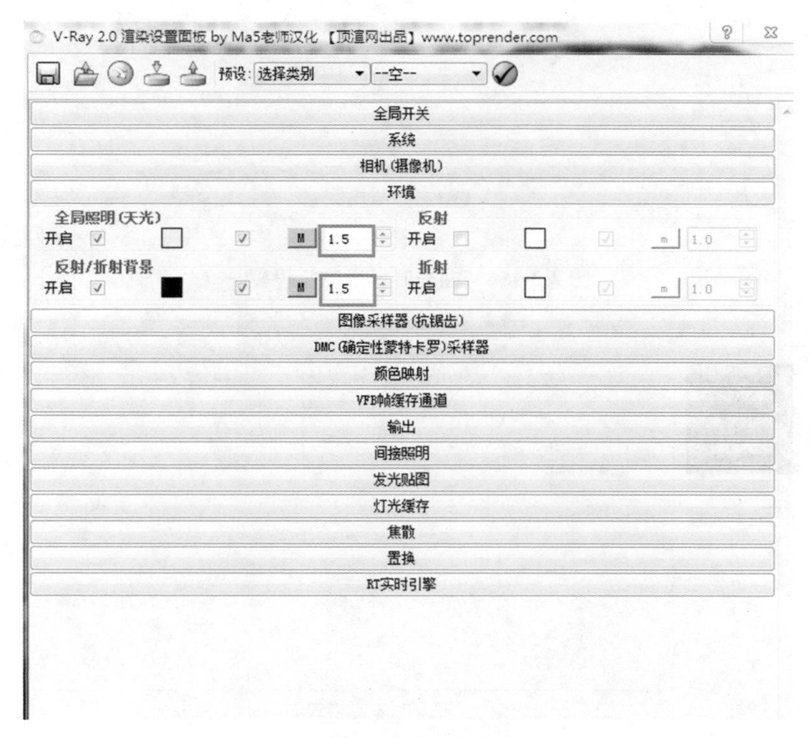

图 2-3-154　环境参数设置

3.3.6 V-Ray 材质的设置

（1）地面花岗岩抛光砖材质设置

在 SketchUp 的【使用层颜色材料】编辑器中的【样本颜色】工具吸取材质，V-Ray 材质面板会自动跳到该材质的属性上，弹出渲染设置模板，如图 2-3-156 所示。然后选择该材质，并单击鼠标右键，在接着弹出的快捷菜单中执行【创建材质层—反射】命令，再单击反射层后面的【M】符号，并在弹出的对话框中选择【菲涅耳】模式，参数设置单击【打开 V-Ray 选择设置面板】按钮，弹出渲染设置模板，如图 2-3-157 所示最后单击【OK】按钮。墙面的材质设置与之相同。

图 2-3-155　渲染效果

图 2-3-156　抛光砖材质渲染设置一

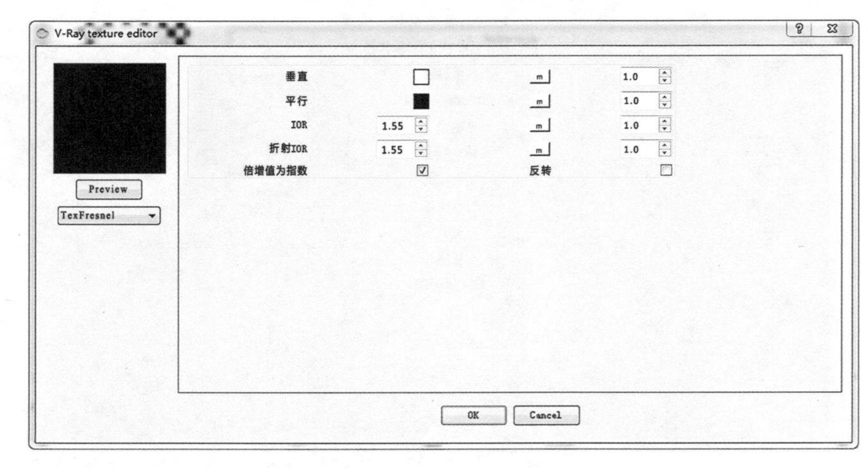

图 2-3-157　抛光砖材质渲染设置二

（2）木纹材质设置

在 SketchUp 的【使用层颜色材料】编辑器中的【样本颜色】工具吸取材质，V-Ray 材质面板会自动跳到该材质的属性上，接着单击【打开 V-Ray 选择设置面板】按钮，弹出渲染设置模板，如图 2-3-158 所示。然后选择该材质，并单击鼠标右键，在接着弹出的快捷菜单中执行【创建材质层—反射】命令，再单击反射层后面的【M】符号，并在弹出的对话框中选择【菲涅耳】模式，参数设置后单击【打开 V-Ray 选择设置面板】按钮，弹出渲染设置模板，如图 2-3-159 所示，最后单击【OK】按钮。

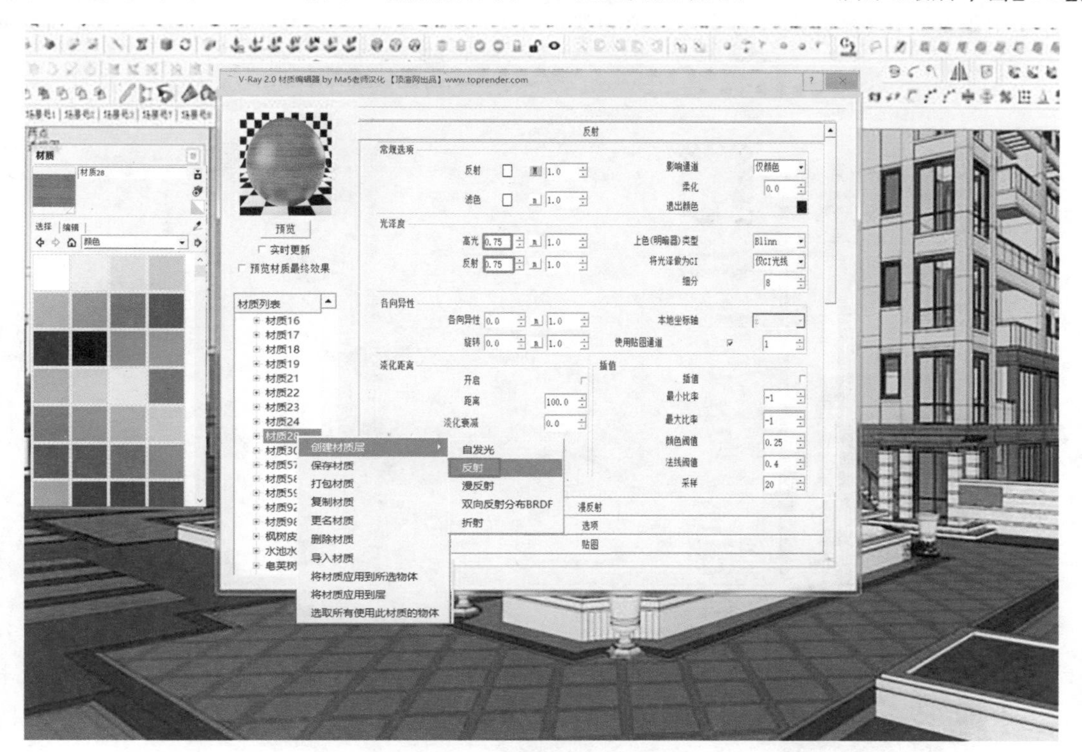

图 2-3-158　木纹材质渲染设置一

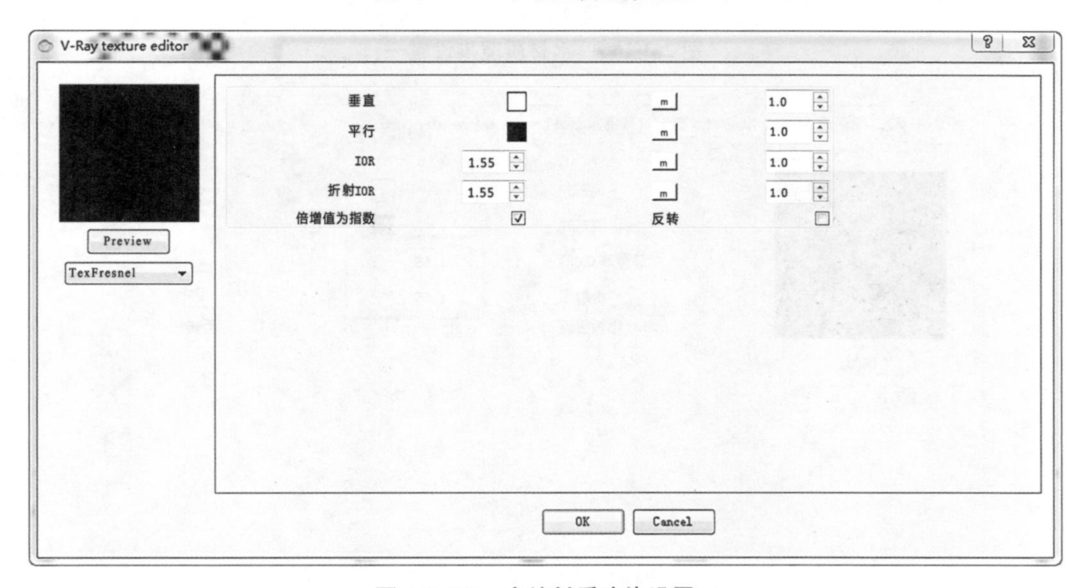

图 2-3-159　木纹材质渲染设置二

(3)水材质设置

在 SketchUp 的【使用层颜色材料】编辑器中的【样本颜色】工具吸取材质，V-Ray 材质面板会自动跳到该材质的属性上，接着单击【打开 V-Ray 选择设置面板】按钮，弹出渲染设置模板，如图 2-3-160 所示。然后选择该材质，并单击鼠标右键，接着弹出的快捷菜单中执行【创建材质层—反射—折射层】命令，单击反射层后面的【M】符号，并在弹出的对话框中选择【菲涅耳】模式，参数设置如图 2-3-161 所示，再单击折射层后面的【M】符号，设置参数如图 2-3-162、图 2-3-163 所示，最后单击【OK】按钮。

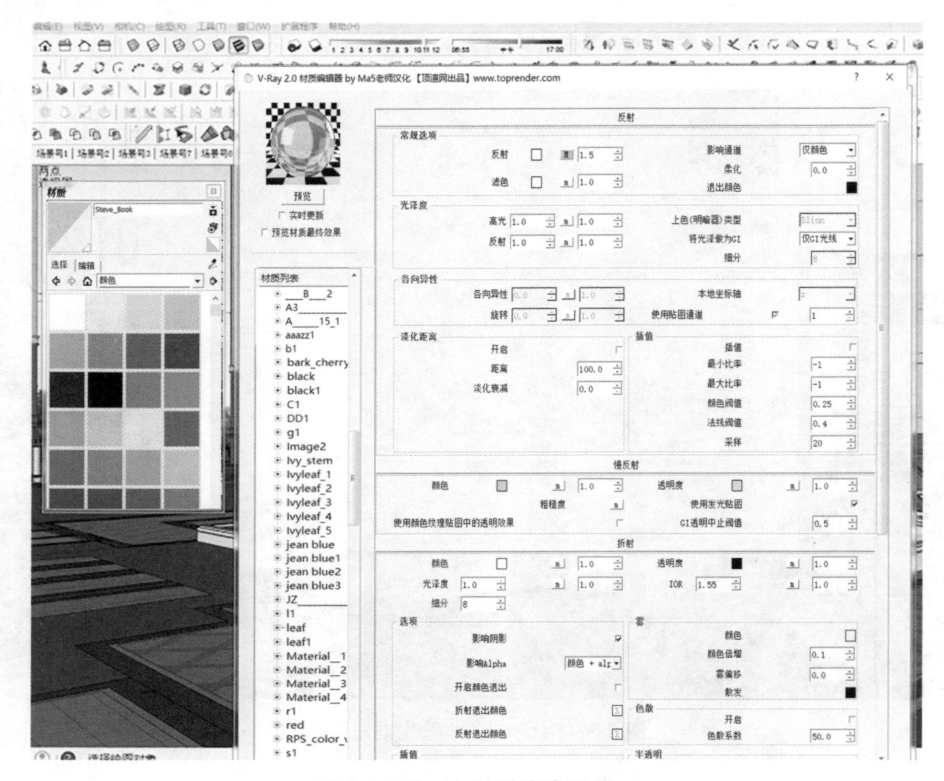

图 2-3-160　水材质渲染设置一

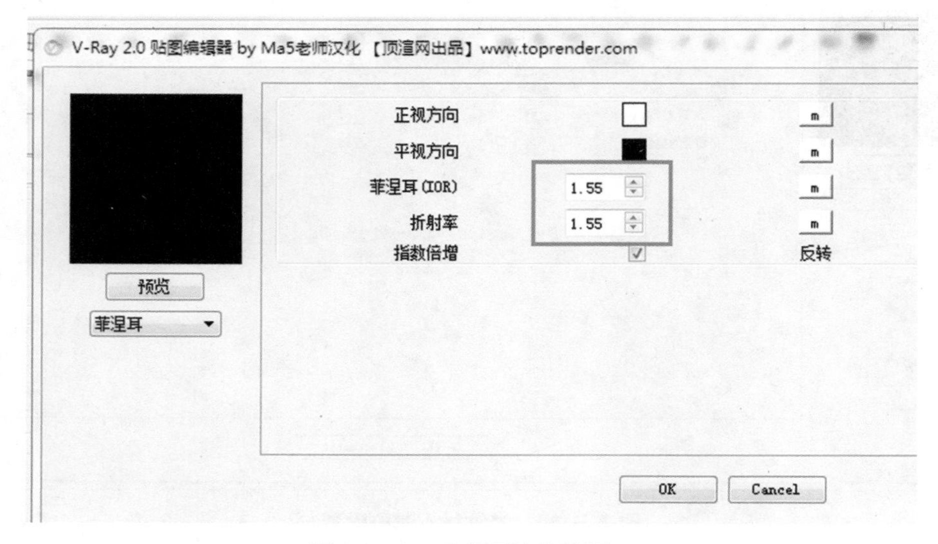

图 2-3-161　水材质渲染设置二

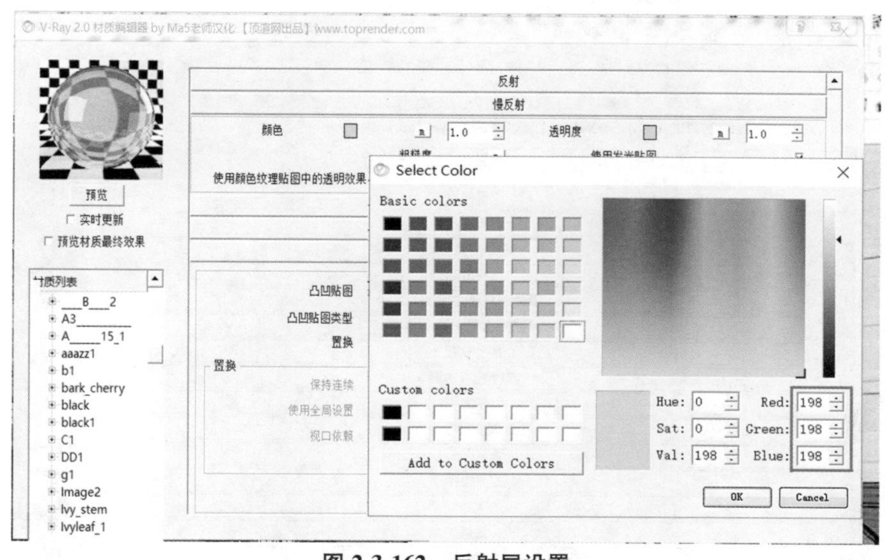

图 2-3-162　反射层设置

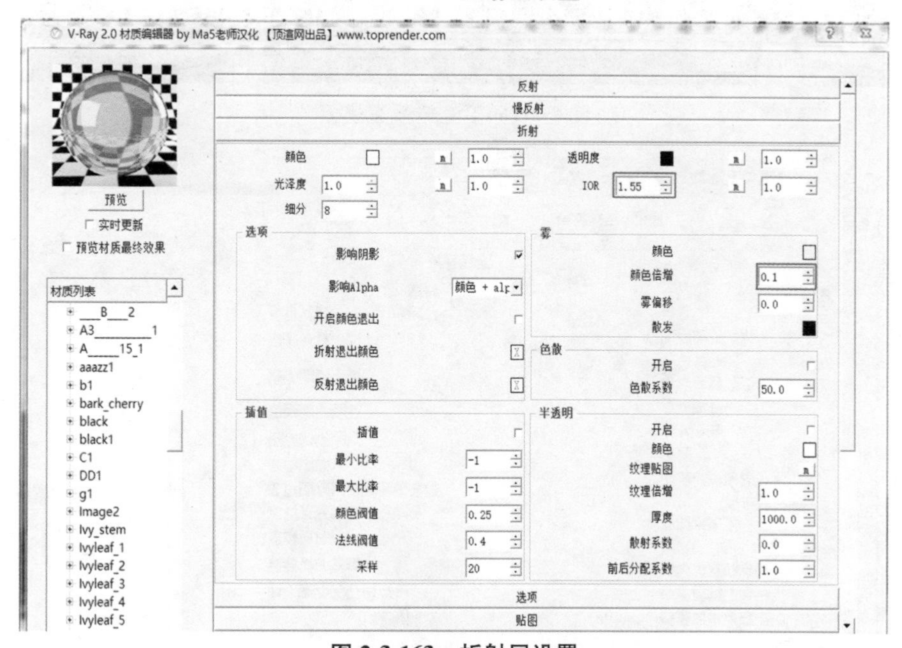

图 2-3-163　折射层设置

3.3.7　设置参数渲染出图

设定渲染参数，有的需要改动，有的不需要改动，最终渲染参数主要是解决一些与细分、采样有关的问题，因为这些关系到图像的质量，而不是解决倍增和方向的问题，为了得到一个质量更好的效果，我们往往要提高参数设置。

①单击【打开 V-Ray 选择设置面板】按钮，弹出渲染设置模板，如图 2-3-164 所示。

②在“全局开关”卷展栏中进行参数设置。打开【反射/折射】，取消【覆盖材质颜色】选项，如图 2-3-165 所示。

③点击【环境】按钮，将天空的背景的强度设置为 1.5，如图 2-3-166 所示。

④在“图像采集器”卷展栏中选择图像采集器类型为【自适应准蒙特卡罗】然后开启【抗锯齿过滤】，选择类型为【Catmull Rom】模式，如图 2-3-167 所示。

图 2-3-164　渲染设置模板

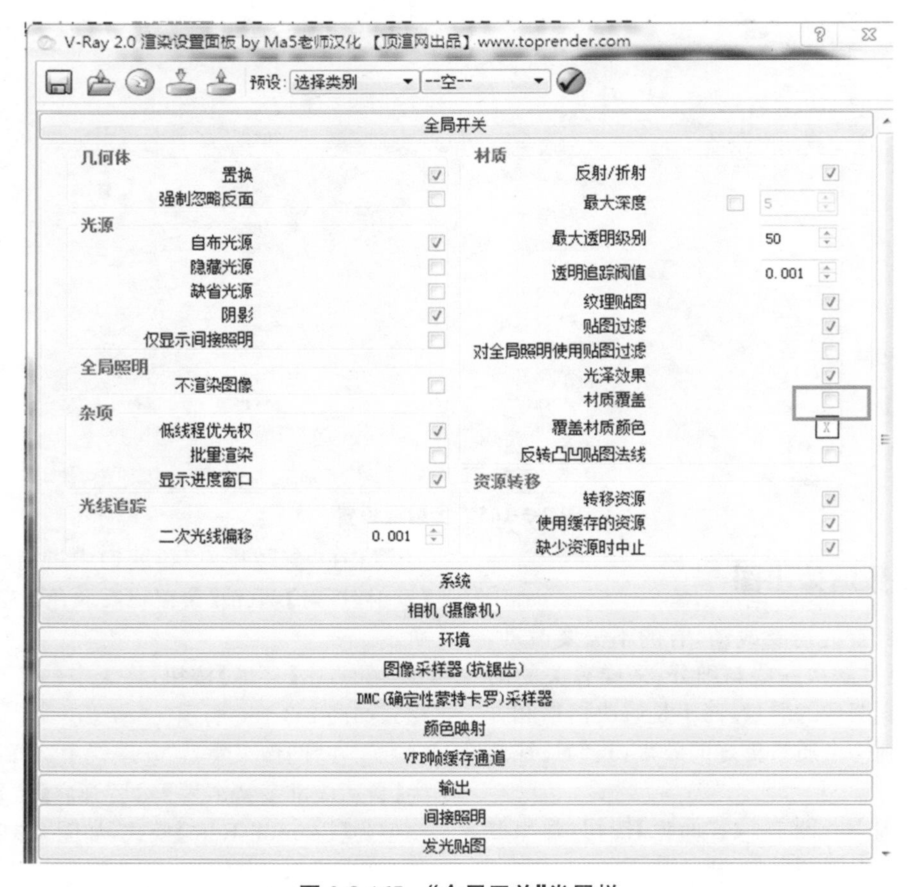

图 2-3-165　“全局开关”卷展栏

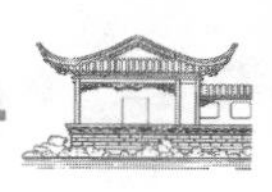

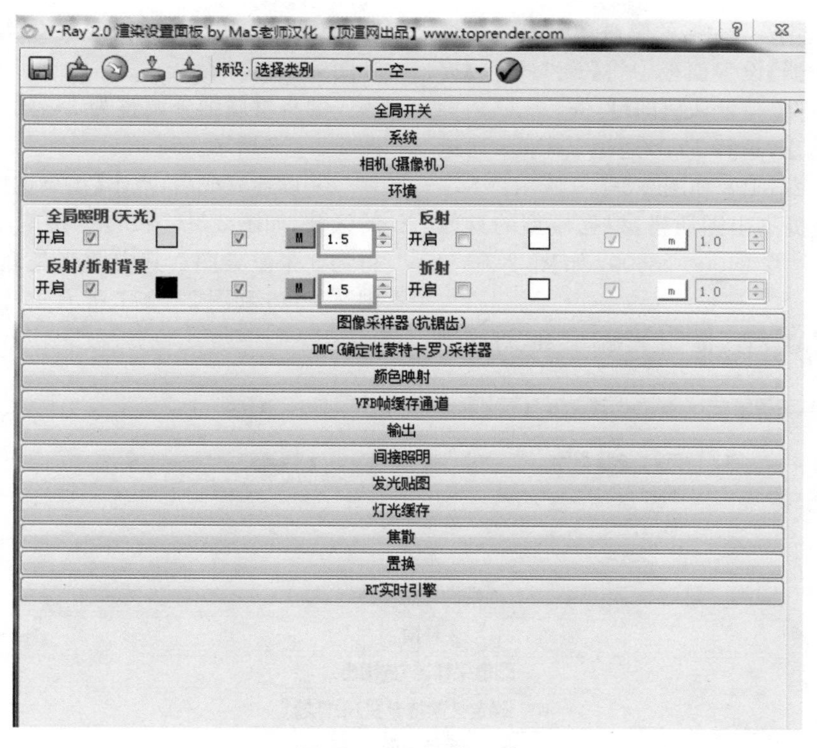

图 2-3-166　环境设置

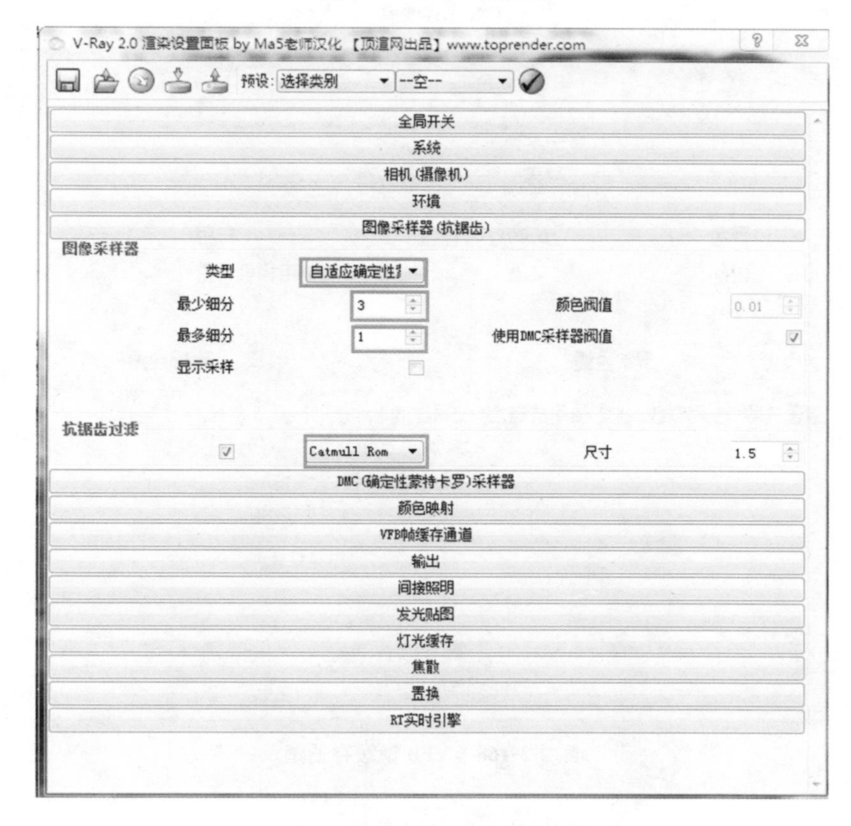

图 2-3-167　“图像采集器”卷展栏

为了不让测试效果产生太多的黑斑和噪点，在【纯蒙特卡罗(DMC)采样器】设置面板中将【最少采样】提高到12，其他参数全部保持默认值即可。

⑤VFB帧缓存通道，选择RGB通道、Alpha通道和材质ID通道，如图2-3-168和图2-3-169所示。

⑥为了尽可能地提高出图质量，根据模型的具体情况，本次输入尺寸为2400×3600，如图2-3-170所示。

⑦对于间接照明的设置，将"发光贴图"和"灯光缓存"都设定为相对比较高的数值，具体参数如图2-3-171和图2-3-172所示。

⑧将材质细分调整为24，阳光细分调整为24，如图2-3-173所示。

⑨设置完成后，点击【渲染选区】按钮，选择要渲染的区域，如图2-3-174所示，再单击【渲染】按钮就可以得到3张渲染图。其中两张是通道图，如图2-3-175、图2-3-176和图2-3-177所示。

图2-3-168　VFB帧缓存通道

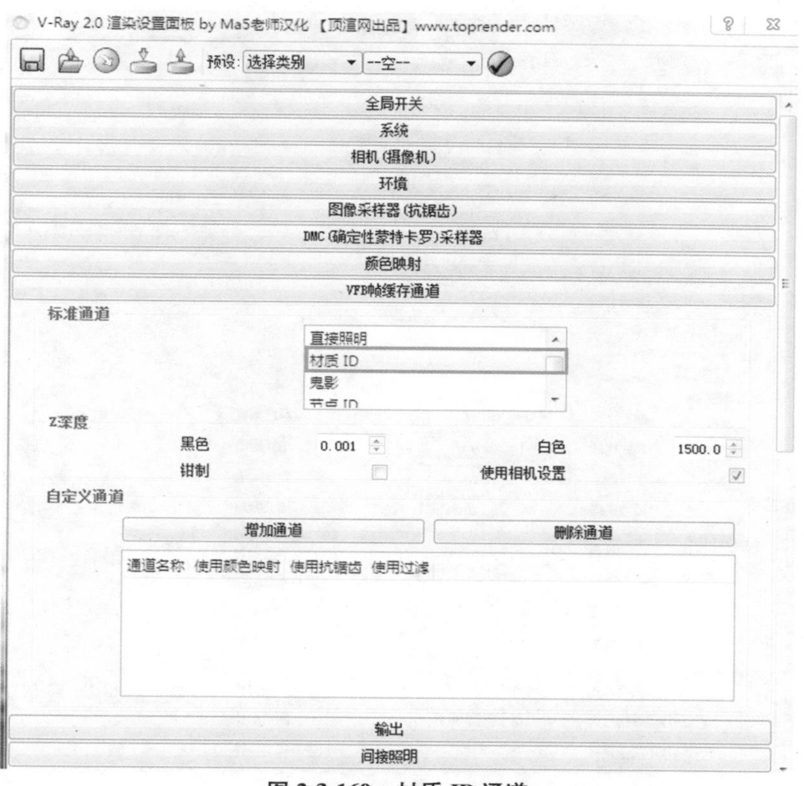

图 2-3-169　材质 ID 通道

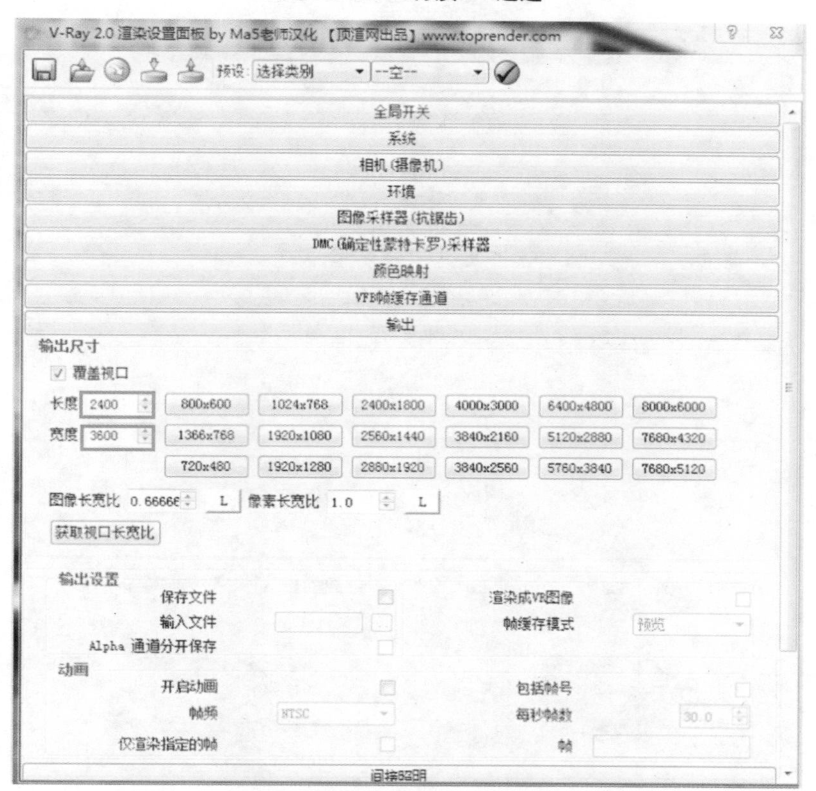

图 2-3-170　输入尺寸

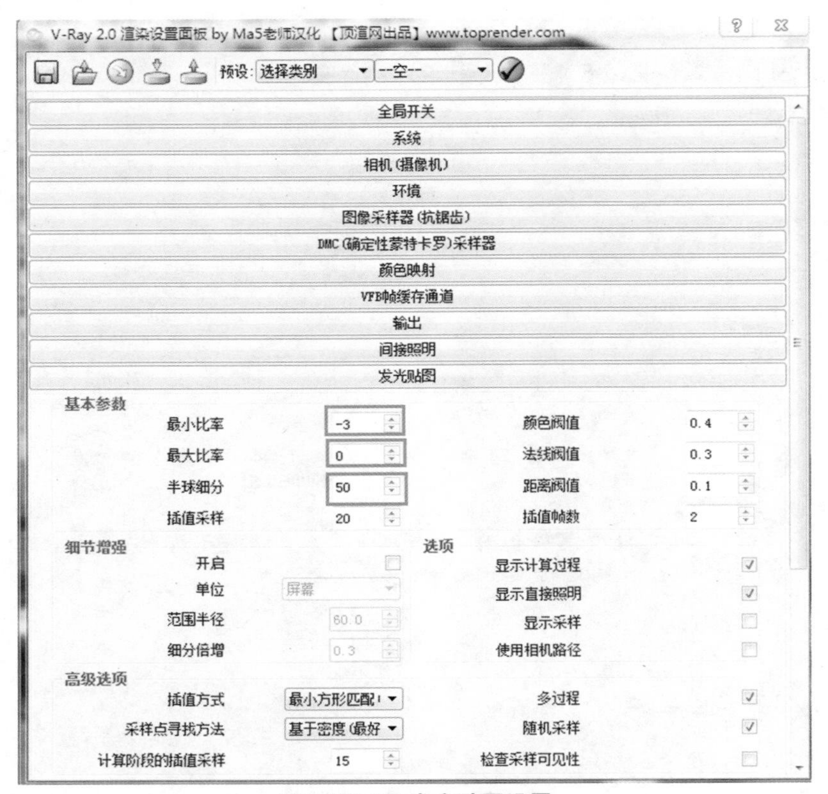

图 2-3-171　发光贴图设置

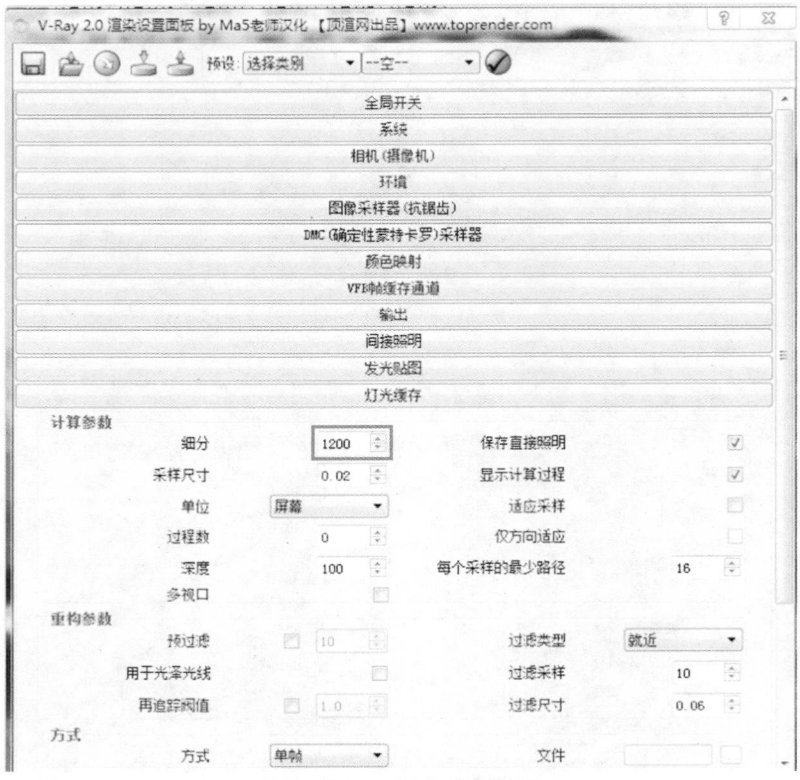

图 2-3-172　灯光缓存设置

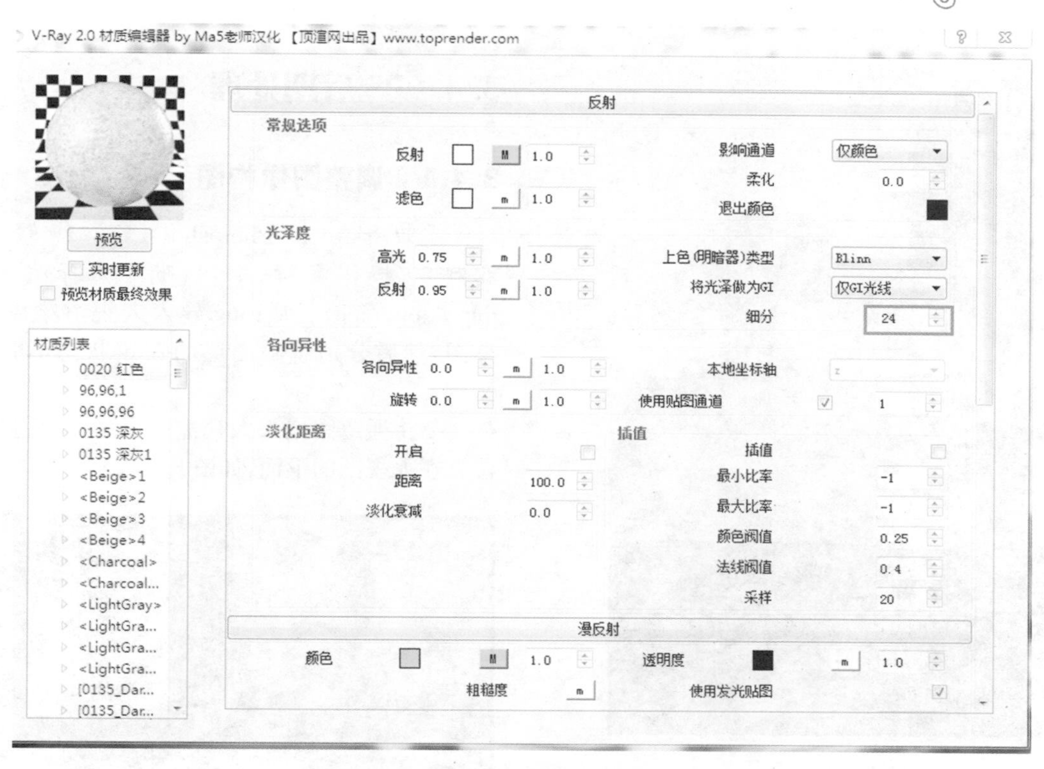

图 2-3-173　调整材质细分和阳光细分

图 2-3-174　选择渲染区域

图 2-3-175　渲染图一

图 2-3-176　渲染图二

图 2-3-177　渲染图三

3.4　PS 后期处理

3.4.1　调整图像构图

①双击 Adobe Photoshop CC 2015 软件，从光盘案例 2—操作素材—PS 后期中选择渲染效果图.jpg、Alpha.jpg、材质.jpg 导入人视渲染图和通道渲染图，然后分别解除图层的锁定状态，如图 2-3-178 所示。

②将通道图拖入人视渲染图中，然后调整图层的位置在人视图的下面，如图 2-3-179 所示。

图 2-3-178　导入素材

图 2-3-179　调整图层位置

③使用【裁切】命令，保留适当的窗口，如图 2-3-180 所示。

图 2-3-180　裁切

3.4.2　调整对比度及饱和度

①【Ctrl＋L】快捷键命令调整色阶，参数设置如图 2-3-181 所示。

②【Ctrl＋U】快捷键命令调整色相饱和度，参数设置如图 2-3-182 所示。

图 2-3-181　调整色阶

图 2-3-182　调整色相饱和度

3.4.3　添加背景天空

①进入“Alpha 通道”图层，用【魔棒】工具选择黑色部分，然后再次选择“人视图”图层，将背景天空删除，如图 2-3-183 所示。

②打开光盘案例 2—操作素材—PS 后期中的天空素材. jpg，如图 2-3-184 所示。

图 2-3-183　删除背景天空

图 2-3-184　打开素材

③将天空素材拖入人视渲染图窗口，按【Ctrl＋T】快捷键将天空素材大小进行相应调整，最终结果如图 2-3-185 所示。

图 2-3-185　调整素材大小

3.4.4　添加草地

①【Ctrl＋O】快捷键打开光盘案例 2—操作素材—PS 后期中的草地素材.jpg，如图 2-3-186 所示。

②选择材质通道图层，运用【魔棒】工具，魔棒参数设置如图 2-3-187 所示，选择渲染的草地颜色区域如图 2-3-188 所示。

③将草地素材拖动到人视渲染图中，将该图层命名为草地，按【Ctrl＋T】快捷键将草地素材大小进行相应调整，如图 2-3-189 所示。

④【Ctrl＋Shift＋I】快捷键反选选区，添加图层蒙版，再将草地图层移动到人视透视图上方，最终效果如图 2-3-190 所示。

图 2-3-186　打开素材

图 2-3-187　设置魔棒参数

图 2-3-188　选择草地区域

图 2-3-189　调整草地素材大小

图 2-3-190　草地效果

3.4.5　添加远景

①从光盘案例 2—操作素材—PS 后期中打开素材. psd，将建筑素材拖动到人视渲染图中，将该图层命名为远景建筑，按【Ctrl+T】快捷键将建筑素材大小进行相应调整，如图 2-3-191 所示。

图 2-3-191　调整建筑素材大小

②从光盘案例 2—操作素材—PS 后期中打开素材. psd，将远景素材拖动到人视渲染图中，将该图层命名为远景树丛，按【Ctrl+T】快捷键将树丛素材大小进行相应调整，如图 2-3-192 所示。

图 2-3-192　调整树丛素材大小

③从光盘案例 2—操作素材—PS 后期中打开素材. psd，将花草素材拖动到人视渲染图中，将该图层命名为地被花草，按【Ctrl+T】快捷键将花草素材大小进行相应调整，如图 2-3-193 所示。

图 2-3-193　调整花草素材大小

④从光盘案例 2—操作素材—PS 后期中打开素材.psd，将灌木球素材拖动到人视渲染图中，将图层分别命名为灌木球与盆栽花卉，按【Ctrl＋T】快捷键将灌木球和盆栽花卉素材大小进行相应调整，如图 2-3-194 所示。

图 2-3-194 调整灌木球和盆栽花卉素材大小

3.4.6 添加水景

①打开光盘案例 2—操作素材—PS 后期中素材.psd，将水面素材拖动到人视渲染图中，将该图层命名为水面，按【Ctrl＋T】快捷键将水面素材大小进行相应调整，选中材质 ID 通道，用【魔棒】工具选中水材质颜色，添加蒙版，最终效果如图 2-3-195 所示。

图 2-3-195 调整水面素材效果

②打开光盘案例 2—操作素材—PS 后期中素材.psd，将喷泉素材拖动到人视渲染图中，将该图层命名为喷泉，按【Ctrl＋T】快捷键将喷泉素材大小进行相应调整，最终效果如图 2-3-196 所示。

图 2-3-196 调整喷泉素材效果

3.4.7 添加近景

①打开光盘案例 2—操作素材—PS 后期中素材.psd，将乔木素材拖动到人视渲染图中，将该图层命名为乔木，按【Ctrl＋T】快捷键将树丛素材大小进行相应调整，如图 2-3-197 所示。复制乔木图层重新命名为树影，设置前景色参数如图 2-3-198 所示。使用【Ctrl＋T】命令，鼠标右击选择斜切模式，将阴影调整到相应的位置，再设置阴影图层的透明度为 40%，再复制相应的数量到相应的栽植位置上，最终效果如图 2-3-199 所示。

图 2-3-197　调整树丛素材大小

图 2-3-198　设置树影前景色

图 2-3-199　乔木栽植效果

②打开光盘案例 2—操作素材—PS 后期中素材.psd，将人物素材拖动到人视渲染图中，将该图层命名为人物，按【Ctrl＋T】快捷键将人物素材大小进行相应调整，如图 2-3-200 所示。复制人物图层重新命名为人影，设置前景色参数如图 2-3-201 所示，使用【Ctrl＋T】命令，鼠标右击选择斜切模式，将阴影调整到相应的位置，用同样的方法将其他人物添加到相应的位置。

③打开光盘案例 2—操作素材—PS 后期中素材.psd，将前景树素材拖动到人视渲染图中，将该图层命名为前景树，按【Ctrl＋T】快捷键将前景树素材大小进行相应调整，如图 2-3-202 所示。

④打开光盘案例 2—操作素材—PS 后期中素材.psd，将前景阴影素材拖动到人视渲染图中，将该图层命名为前景阴影，按【Ctrl＋T】快捷键将前景阴影素材大小进行相应调整，如图 2-3-203 所示。

图 2-3-200　调整人物素材大小

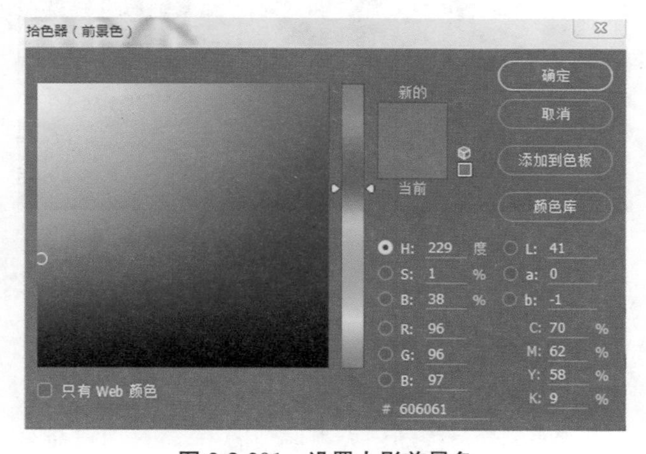

图 2-3-201　设置人影前景色

图 2-3-202　调整前景树素材大小

图 2-3-203　调整前景阴影素材大小

3.4.8　最终调整

①打开光盘案例 2—操作素材—PS 后期中素材.psd，将光晕素材拖动到人视渲染图中，将该图层命名为光晕，按【Ctrl＋T】快捷键将光晕素材大小进行相应调整，如图 2-3-204 所示。

②新建色相/饱和度图层，参数设置如图 2-3-205 所示。

③新建色彩平衡图层，参数设置如图 2-3-206 所示。

④新建亮度调整图层，参数设置如图 2-3-207 所示，最终效果如图 2-3-208 所示。

⑤按【Ctrl＋Shift＋Alt＋E】盖印图层，如图 2-3-209 所示，使用【滤镜】—【其它】—【高反差保留】命令，如图 2-3-210 所示，参数设置如图 2-3-211 所示，选中图层 25，调整图层模式为柔光模式，最终结果如图 2-3-212 所示。

图 2-3-204　调整光晕素材大小

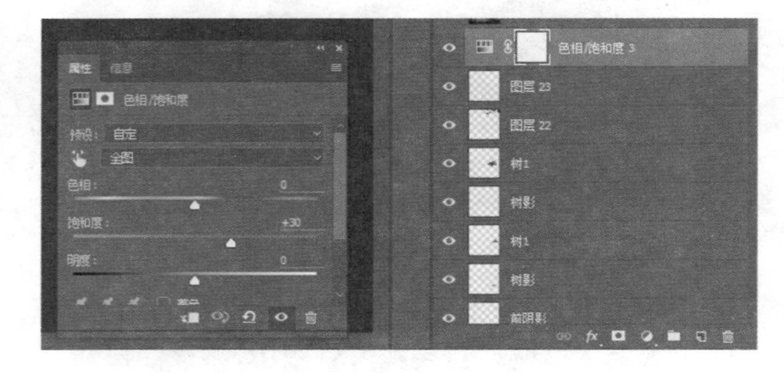

图 2-3-205　新建色相/饱和度图层

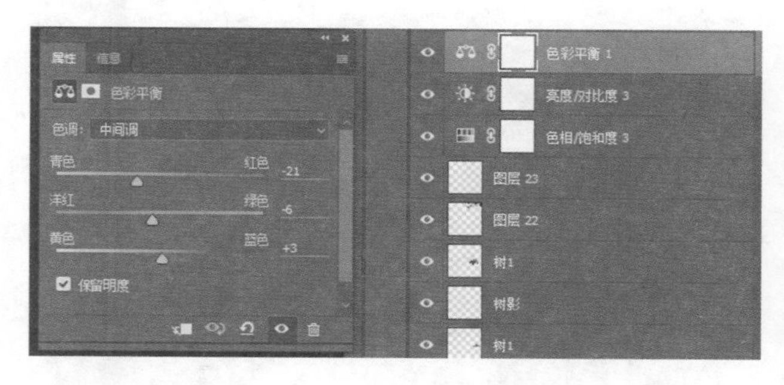

图 2-3-206　新建色彩平衡图层

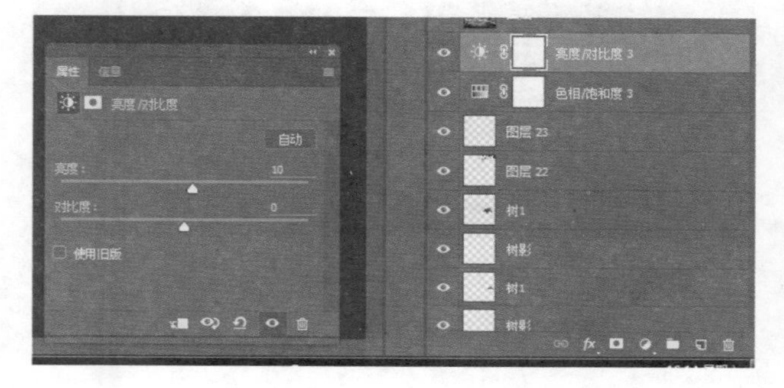

图 2-3-207　新建亮度调整图层

图 2-3-208　调整效果

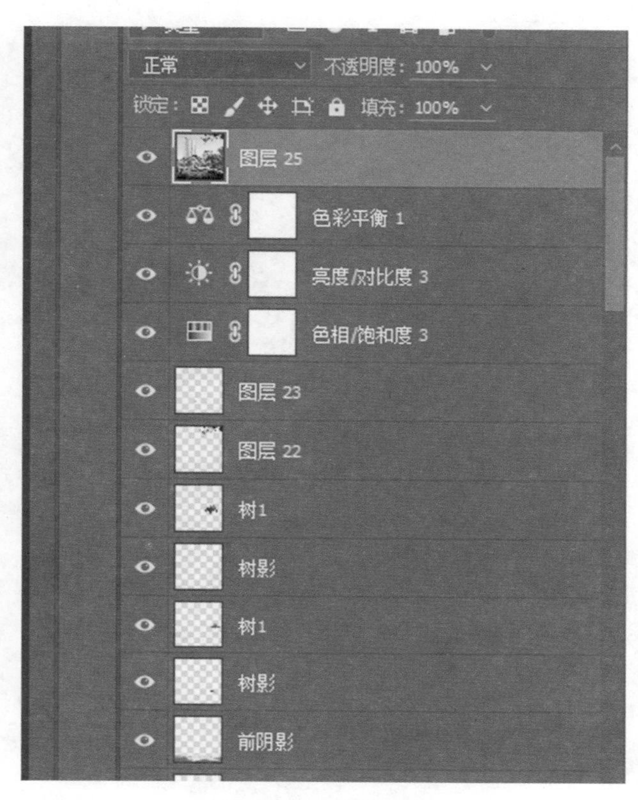

图 2-3-209　盖印图层

图 2-3-210　高反差保留命令

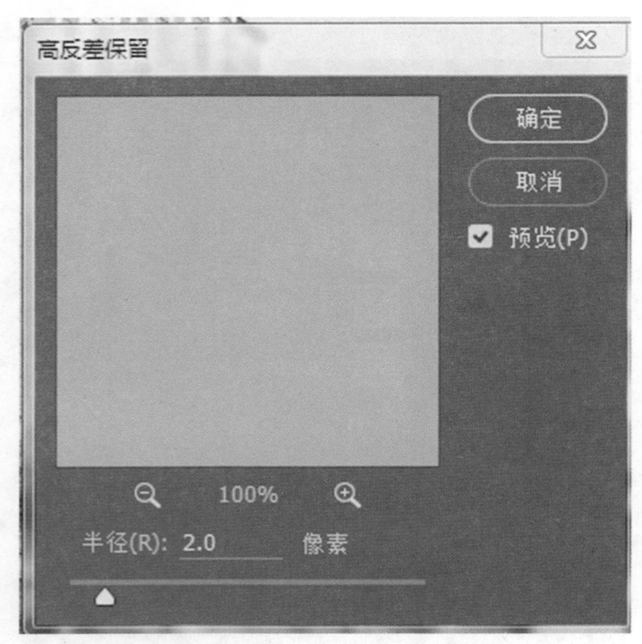

图 2-3-211　高反差保留设置参数

图 2-3-212　柔光模式

4 ID 排版

4.1 封面的制作

操作步骤如下：

①打开 ID 软件，执行【文件】—【新建】—【文档】命令，或按【Ctrl+ N】组合键，打开新建文档对话框。

②在页面大小下拉列表框中选择 A3，设置页数为 10，页面方向为横向，对页前不打勾，装订选择默认的从左到右，完成以上设置后单击右下角【边距和分栏】按钮，如图 2-4-1 所示，弹出【新建边距和分栏】对话框，设置好参数后单击【确定】按钮就可以新建一个文档，如图 2-4-2 所示。

③执行【Ctrl+D】命令，选择光盘案例 2—操作素材—ID—素材.jpg，插入页面。然后调整图片缩放到合适大小和位置，如图 2-4-3 所示。

图 2-4-1 新建文档

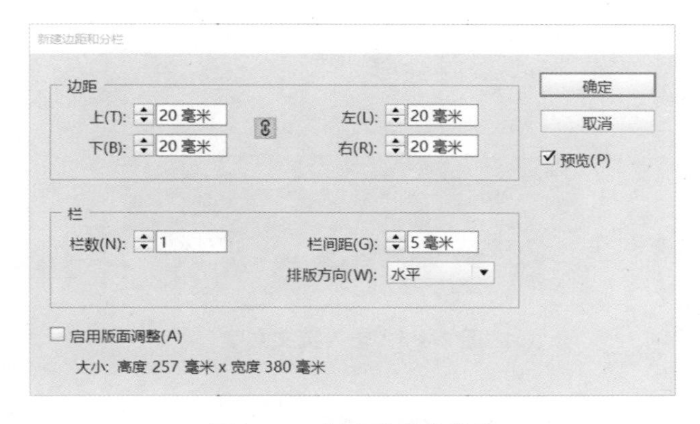

图 2-4-2 新建边距和分栏

图 2-4-3 调整素材图片

④这样就完成了封面的大体框架，接下来就是为封面配上文字，选择【文字】工具 T，拖拉出文本框，选择大小合适的无衬线字体输入相关文字，如图 2-4-4、图 2-4-5 所示。

图 2-4-4　输入中文文字

图 2-4-5　输入英文文字

4.2　目录的制作

操作步骤如下:

①选择【矩形】工具,拖拉绘制出一个矩形框,插入封面图片作为扉页边界线,如图 2-4-6 所示。

图 2-4-6　绘制矩形框

②选择【矩形】工具,拖拉绘制出一个矩形框,用浅蓝色作为背景,如图 2-4-7 所示。同时将该页效果应用到其他扉页。

图 2-4-7　绘制浅蓝色矩形框

③选择【文字】工具,拖拉出文本框,使用无衬线字体输入“目录”以及相关文字。目录最终效果如图 2-4-8 所示。

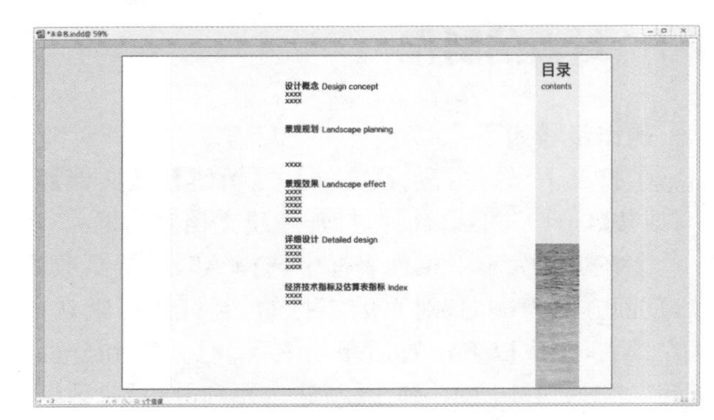

图 2-4-8　目录效果

4.3　图像内容页的制作

操作步骤如下:

①将扉页模板效果进行如下调整,作为内容页的母版,效果如图 2-4-9 所示。

图 2-4-9　调整扉页模板效果

②整理正文排版中所需的全部图纸，将它们分别导入对应的 InDesign 母板中，统一编辑制作图册。“总平图”效果如图 2-4-10 所示，“景观效果图”如图 2-4-11 所示。

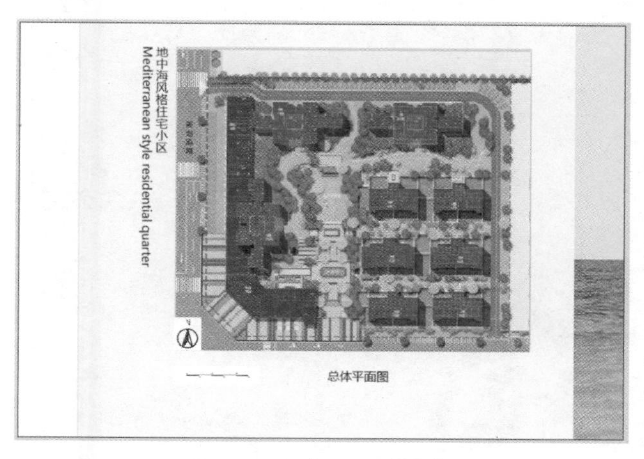

图 2-4-10 “总平图”效果

图 2-4-11 “景观效果图”效果

4.4 图册页码生成

因为封面与封底不算在图册页码内，所以一般认为封面后的一页为图册第一页。

打开在浮动面板的“页面”面板，单击鼠标右键，选择【页码和章节选项】，选择【起始页码】为 1，样式为 01，02，03，…，设置参数如图 2-4-12 所示。

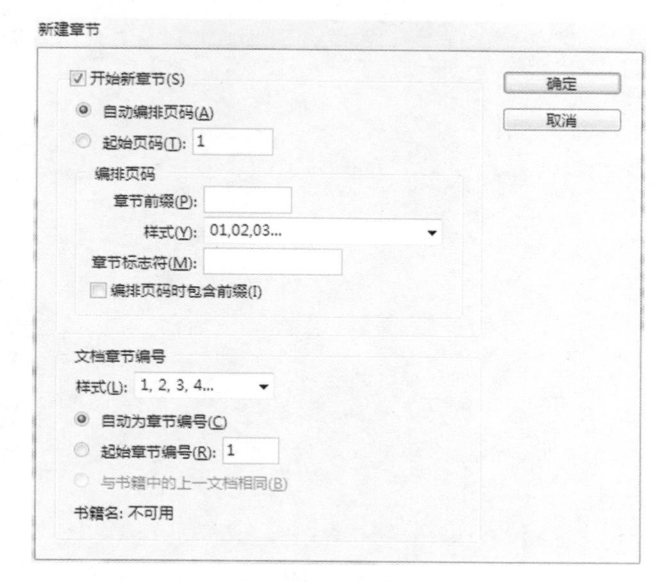

图 2-4-12 页面设置

确定后再检查，可以看到页码显示正确了。再在操作界面中微调页码的位置，完成页码设置如图 2-4-13 所示。

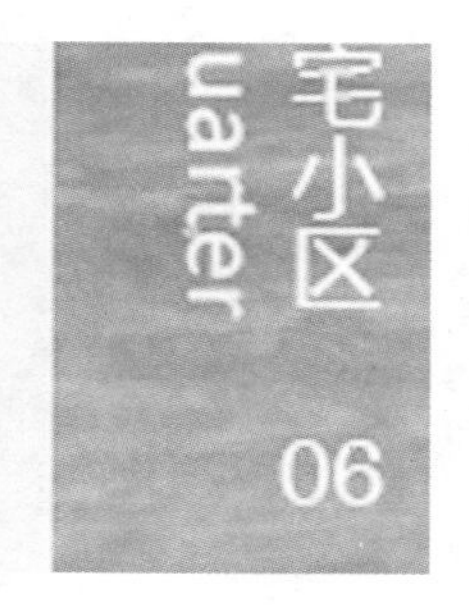

图 2-4-13 页码设置

至此该案例的园林景观设计图册制作完成。